"十三五"高等教育机电类专业规划教材

单片机原理及应用技术项目化教程

赵润林　畅福善　主　编

朱铭琳　钮玉杰　副主编

杨晓敏　王晓丽　王　建　参　编

中国铁道出版社有限公司

CHINA RAILWAY PUBLISHING HOUSE CO., LTD.

内 容 简 介

本书借鉴 CDIO 工程教育理念,采用项目驱动,紧密结合单片机应用实际情况,以实训项目为主线,理论联系实际,充分体现了高等教育的应用特色和能力本位,突出人才应用能力的创新素质的培养,内容丰富,实用性强。从技术和工程应用的角度出发,为适应不同层次、不同专业的需要,全书共设计 12 个项目,主要介绍单片机开发系统、单片机并行端口的应用、定时器/计数器、中断系统、串行通信技术、接口技术以及单片机应用系统设计方法等内容。以实例系统地介绍了单片机技术基础和技能实训内容。突出了工程实践能力的培养,可用于学生的理论与实训学习、课程设计与毕业设计。

本书适合作为高等学校、成人教育的自动化、电子信息、计算机、机械控制、数控应用技术等相关专业单片机课程的教材,也可作为广大工程技术人员培训和学习参考用书。

图书在版编目(CIP)数据

单片机原理及应用技术项目化教程/赵润林,畅福善
主编. —北京:中国铁道出版社,2018.8(2020.7重印)
"十三五"高等教育机电类专业规划教材
ISBN 978-7-113-24636-5

Ⅰ. ①单… Ⅱ. ①赵… ②畅… Ⅲ. ①单片微型计算
机-高等学校-教材 Ⅳ. ①TP368.1

中国版本图书馆 CIP 数据核字(2018)第 128956 号

书　　名:单片机原理及应用技术项目化教程
作　　者:赵润林　畅福善

策　　划:侯 伟　　　　　　　　　　**读者热线:**(010)83552550
责任编辑:何红艳　绳 超
封面设计:付 巍
封面制作:刘 颖
责任校对:张玉华
责任印制:樊启鹏

出版发行:中国铁道出版社有限公司 (100054,北京市西城区右安门西街 8 号)
网　　址:http://www.tdpress.com/51eds/
印　　刷:三河市燕山印刷有限公司
版　　次:2018 年 8 月第 1 版　　2020 年 7 月第 2 次印刷
开　　本:787 mm×1 092 mm　1/16　印张:20.5　字数:487 千
书　　号:ISBN 978-7-113-24636-5
定　　价:54.00 元

　　为了适应社会经济和科学技术的迅速发展及高等教育教学改革的需要，注重以先进的科学发展观调整和组织教学内容，增强认知结构与能力结构的有机结合，强调培养对象对职业岗位（群）的适应程度，我们经过广泛调研组织编写了本书。

　　本书主要特色如下：

　　（1）借鉴 CDIO 工程教育理念，采用"项目驱动"的编写思路，突出技能培养在课程中的主体地位。以解决实际项目的思路和操作为编写主线，贯穿多个知识点，使理论从属于技能培养。教会学生如何完成工作任务，关注学生能做什么，想学什么，知识、技能的学习，结合工作任务的完成过程来进行。在内容的选取方面，将理论和实训合二为一，以"必需"与"够用"为度，将知识点做了较为精密的整合，内容深入浅出，通俗易懂。既有利于教，又有利于学，还有利于自学。

　　（2）既适合教学，又符合企业实际工作需要。注重采用企业真实工作任务，贴近企业岗位实际需求。本书在拉近单片机教学与职业岗位需求距离的同时，兼顾知识的系统性和完整性。

　　（3）在结构的组织方面大胆打破常规，以项目为教学主线，通过设计不同的工程任务，将知识点和技能训练融于各个项目之中，各个项目按照知识点与技能要求循序渐进编排，突出技能的提高，边学边做，学练结合，努力符合职业教育的工学结合，达到真正符合职业教育的特色。

　　（4）全新的仿真教学模式，C 语言编程。本书打破了传统教材原有界限，与职业岗位基本技能融合在一起，引入 Proteus 仿真软件（软件仿真图中的电气元件图形符号与国家标准图形符号不同，二者对照关系参见附录 B），采用 C 语言编程，将学生从单片机复杂的硬件结构中解放出来，侧重学生技能和动手能力的锻炼，实现了在计算机上完成单片机电路设计、软件设计、调试与仿真。真正实现了从概念到产品的完整设计，使学生理解和掌握从概念到产品的完整过程。

　　本书由运城学院赵润林、畅福善任主编，运城学院朱铭琳、钮玉杰任副主编，运城学院杨晓敏、王晓丽，运城职业技术学院王建参与了编写。本书编写过程中得到了运城学院领导的关心与帮助，亦得到了中国铁道出版社的大力支持，在此一并表示衷心感谢。

　　由于时间仓促，加上编者水平有限，书中难免存在疏漏和不妥之处，恳请广大读者批评指正。

编　者

2018 年 3 月

項目 **①** 发光二极管 **LED 控制与实现**

 学习目标

1. 了解单片机的概念、特点、发展及应用范围。
2. 能完成单片机最小系统和输出电路设计。
3. 掌握常用的进位计数制及各种数制的转换方法。
4. 掌握原码、反码、补码的表示方法及其相互转换。
5. 掌握 8421BCD 码和 ASCII 码的表示方法。
6. 能应用 C 语言程序完成单片机输入/输出控制,实现对 LED 控制的设计、运行及调试。

项目描述

　　使用 STC89C52RC 单片机,P0.0 引脚接发光二极管(LED)的阴极,通过 C 语言程序控制,从 P0.0 引脚输出低电平,使发光二极管点亮。

知识链接

1.1　单片机技术认识

1.1.1　单片机的概念

　　单片微型计算机简称单片机,是典型的嵌入式微控制器(micro controller unit),常用英文字母的缩写 MCU 表示单片机。它是将计算机的主要部件中央处理器(CPU)、随机存储器(RAM)、只读存储器(ROM)、定时器/计数器、输入/输出接口电路等集成在一块大规模的集成电路中,形成芯片级的微型计算机。它不是完成某一个逻辑功能的芯片,而是把一个计算机系统集成到一块芯片上,和计算机相比,单片机缺少了外围设备等。概括地讲,一块芯片就成了一台计算机。自单片机问世以来,在控制领域得到广泛应用,特别是近几年来,许多功能电路都被集成在单片机内部,如 A/D(模/数)、D/A(数/模)、PWM(脉冲宽度调制)、WDT(把关定时器,俗称"看门狗")、I^2C 总线接口等,极大地提高了单片机的测量和控制能力,现在的单片机已突破了微型计算机(micro computer)的传统内容,更准确的名称为微控制器(micro controller),虽然仍称为单片机,但应把它当作是一个单片形态的微控制器。

1.1.2　单片机的历史及发展概况

　　根据单片机发展过程中各个阶段的特点,其发展历史大致可划分为以下四个阶段:

第一阶段(1974—1976 年):单片机的初级阶段。因工艺限制,单片机采用双片的形式,而且功能简单。

第二阶段(1976—1978 年):低性能单片机阶段。以 Intel 公司制造的 MCS-48 系列单片机为代表。

第三阶段(1978—1982 年):高性能单片机阶段。这个阶段推出的单片机普遍带有并行口 I/O、串行 I/O 口、多级中断处理系统、16 位定时器/计数器和片内 ROM、RAM,其中片内 ROM、RAM 容量加大,且寻址范围可达 64 KB,有的还内置有 A/D 转换器。这类单片机的代表是 Intel 公司的 MCS-51 系列,Motorola 公司的 6810 和 ZiLOG 公司的 Z8 等。

第四阶段(1982 年至今):8 位单片机的巩固发展以及 16 位单片机、32 位单片机推出阶段。此阶段的主要特征是:一方面发展 16 位单片机、32 位单片机及专用型单片机;另一方面不断完善高档 8 位单片机,改善其结构,以满足不同用户的需要。16 位单片机的典型产品如 Intel 公司生产的 MCS-96 系列单片机。而 32 位 RAM 单片机除了具有更高的集成度外,其振荡频率已达 20 MHz 或更高,这使 32 位单片机的数据处理速度比 16 位单片机快许多,性能与 8 位、16 位单片机相比,具有更大的优越性。

计算机厂家已投放市场的产品就有 70 多个系列,500 多个品种。单片机的产品已占整个微机(包括一般的微处理器)产品的 80% 以上,其中 8 位单片机的产量又占整个单片机产量的 60% 以上,由此可以看出,8 位单片机在最近的若干年里,在工业检测及控制应用上将继续占有一定的市场份额。

1.1.3 单片机的特点及应用领域

单片机已渗透到人们生活的各个领域,几乎很难找到哪个领域没有单片机的踪迹。导弹的导航装置,飞机上各种仪表的控制,计算机的网络通信和数据传输,工业自动化过程的实时控制和数据处理,广泛使用的各种智能 IC 卡,民用豪华轿车的安全保障系统,录像机、摄像机、全自动洗衣机的控制,以及程控玩具、电子宠物等等,这些都离不开单片机。更不用说自动控制领域的机器人、智能仪表、医疗器械以及各种智能机械了。因此,单片机的学习、开发与应用将造就一批计算机应用与智能化控制的科学家、工程师。

1. 单片机的特点

(1)小巧灵活、成本低、易于产品化。能组装成各种智能式测控设备及智能仪器仪表。

(2)可靠性好,应用范围广。单片机芯片本身是按工业测控环境要求所设计的,抗干扰性强,能适应各种恶劣的环境,这是其他机种无法比拟的。

(3)易扩展,很容易构成各种规模的应用系统,控制功能强。单片机的逻辑控制功能很强,指令系统有各种控制功能指令,可以对逻辑功能比较复杂的系统进行控制。

(4)具有通信功能,可以很方便地实现多机和分布式控制,形成控制网络和远程控制。

2. 单片机的应用领域

(1)工业控制:单片机具有体积小、控制功能强、功耗低、环境适应能力强、扩展灵活和使用方便等优点,用单片机可以构成形式多样的控制系统、数据采集系统、通信系统、信号检测系统、无线传感系统、测控系统、机器人等应用控制系统。例如,工厂流水线的智能化管理,电梯智能化控制、各种报警系统,与计算机联网构成二级控制系统等。

(2)智能仪器仪表:广泛应用于仪器仪表中,结合不同类型的传感器,可实现诸如电压、电流、功率、频率、湿度、温度、流量、速度、厚度、角度、长度、硬度、元素、压力等物理量的测量。采用单片机控制使得仪器仪表数字化、智能化、微型化,且功能比采用模拟或数字电路更加强大。例如,精密的测量设备(电压表、功率计、示波器、各种分析仪)。

(3)网络和通信:现在的单片机普遍具备通信接口,可以很方便地与计算机进行数据通信,为在计算机网络和通信设备间的应用等领域提供了极好的物质条件。通信设备基本上都实现了单片机智能控制,从日常工作中随处可见的手机、小型程控交换机、楼宇自动通信呼叫系统、列车无线通信,到集群移动通信、无线电对讲机等。

(4)家用电器:家用电器广泛采用了单片机控制,从电饭煲、洗衣机、电冰箱、空调、彩电、其他音响视频器材,到电子称量设备等。

(5)导弹与控制:导弹控制、鱼雷制导控制、智能武器装备、飞机导航系统。

(6)汽车电子:单片机在汽车电子中的应用非常广泛,例如,汽车中的发动机控制器,基于 CAN 总线的汽车发动机智能电子控制器、GPS 导航系统、ABS 防抱死制动系统、制动系统、胎压检测设备等。

此外,单片机在工商、金融、科研、教育、电力、通信、物流、国防和航空航天等领域都有着十分广泛的用途。

1.1.4　单片机的分类

1. 按厂家分类

(1)美国的英特尔(Intel)公司、摩托罗拉(Motorola)公司、国家半导体(NS)公司、爱特梅尔(Atmel)公司、微芯片(Microchip)公司、罗克韦尔(Rockwell)公司、齐格洛(ZiLOG)公司、仙童(Fairchild)公司、得州仪器(TI)公司等。

(2)日本的东芝(Toshiba)公司、富士通(Fujitsu)公司、松下(Panasonic)公司、日立(Hitachi)公司、日电(NEC)公司、夏普(Sharp)公司等。

(3)荷兰的飞利浦(Philips)公司,德国的西门子(Siemens)公司等。

2. 按字长分类

字长是 CPU 的主要技术指标之一,指的是 CPU 一次能并行处理的二进制位数。

(1)4 位单片机:4 位单片机的控制功能较弱,CPU 一次只能处理 4 位二进制数。这类单片机常用于计算器、各种形态的智能单元以及作为家用电器中的控制器。典型产品有 NEC 公司的 UPD75×× 系列、NS 公司的 COP400 系列、Panasonic 公司的 MN1400 系列、Rockwell 公司的 PPS/1 系列、Fujitsu 公司的 MB88 系列、Sharp 公司的 SM×× 系列、Toshiba 公司的 TMP47×× 系列等。

(2)8 位单片机:这类单片机的控制功能较强,品种最为齐全。由于其片内资源丰富和功能强大,主要在工业控制、智能仪表、家用电器和办公自动化系统中应用。代表产品有 Intel 公司的 MCS-48 系列和 MCS-51 系列、Microchip 公司的 PIC16C×× 系列和 PIC17C×× 系列以及 PIC1400 系列、Motorola 公司的 M68HC05 系列和 M68HC11 系列、ZiLOG 公司的 Z8 系列、Philips 公司的 80C51 系列(与 MCS-51 兼容)、宏晶公司的 STC89 系列(与 MCS-51 兼容)、NEC 公司的 UPD78×× 系列等。

①51 系列单片机：8031/8051/8751 是 Intel 公司早期的产品。应用早，影响很大，已成为世界上的工业标准。后来很多芯片厂商以各种方式与 Intel 公司合作，也推出了同类型的单片机，与同一种单片机的多个版本类似，虽然都在不断地改变制造工艺，但内核却相同，即这类单片机的指令系统完全兼容，绝大多数引脚也兼容；在使用上基本可以直接互换。人们统称这些与 8051 内核相同的单片机为"51 系列单片机"。51 系列单片机目前已有多种型号，中国市场上目前供货比较足的芯片还要算 STC 的 8 位芯片，Hyundai 的 GMS97 系列，Winbond 的 78e52、78e58、77e58 等。

②PIC 系列单片机：由美国 Microchip 公司推出的 PIC 系列单片机产品，首先采用了 RISC（reduced instruction set computer，精简指令集计算机）结构的嵌入式微控制器，其高速度、低电压、低功耗、大电流 LCD 驱动能力和低价位 OTP 技术等都体现出单片机产业的新趋势。

③AVR 系列单片机：AVR 系列单片机是 1997 年由 Atmel 公司研发出的增强型内置 Flash 的 RISC 精简指令集高速 8 位单片机。AVR 系列单片机可以广泛应用于计算机外围设备、工业实时控制、仪器仪表、通信设备、家用电器等各个领域。

（3）16 位单片机：CPU 是 16 位的，运算速度普遍高于 8 位单片机，有的单片机的寻址能力高达 1 MB，片内含有 A/D 和 D/A 转换电路，支持高级语言。这类单片机主要用于过程控制、智能仪表、家用电器以及作为计算机外围设备的控制器等。典型产品有 Intel 公司的 MCS-96/98 系列、Motorola 公司的 M68HC16 系列、NS 公司的 783××系列、TI 公司的 MSP430 系列等。

（4）32 位单片机：32 位单片机的字长为 32 位，是单片机的顶级产品，具有极高的运算速度。代表产品有 Intel 公司的 MCS-80960 系列、Motorola 公司的 M68300 系列、Hitachi 公司的 SuperH（简称 SH）系列等。

3. 按制造工艺分类

（1）HMOS 工艺：高密度短沟道 MOS 工艺，具有高速度、高密度的特点。

（2）CHMOS（或 HCMOS）工艺：互补的金属氧化物的 HMOS 工艺，是 CMOS 和 HMOS 的结合，具有高密度、高速度、低功耗的特点。Intel 公司产品型号中若带有字母"C"，Motorola 公司产品型号中若带有字母"HC"或"L"，通常为 CHMOS 工艺。

1.1.5 STC 系列单片机简介

STC 系列单片机传承于 Intel 8051 单片机，但在传统 8051 单片机框架基础上注入了新的血液，在性能上进行了改进，在功能上进行了扩展。STC 单片机的在线下载、编程功能（可节省仿真器、编程器）以及分系列的资源配置，增加了单片机型号的选择性。可根据单片机应用系统的功能要求选择合适的单片机，从而降低了单片机应用系统的开发难度与开发成本，使得单片机应用系统更加简单、实效，提高了产品的性能价格比。STC 系列单片机与传统的 8051 单片机相比具有更加强大的优势，它在我国应用市场中已占有较大的份额。

STC 系列单片机作为中国 MCU 的领航者，现已发展了 STC89/90 系列、STC10/11 系列、STC2 系列、STC15 系列。本书中主要应用 STC89C52RC 单片机来讲解单片机的一些简单应用。

STC 系列单片机的指令系统和标准的 8051 内核完全兼容，原来讲解 8051 单片机的师资力量可以充分发挥以前讲解单片机原理及应用课程的经验；对于具有 8051 单片机知识的读者,也不存在转型困难的问题。

1.2　单片机应用系统的开发过程

单片机应用系统指以单片机(MCU)为核心,配以一定的外围电路和软件,能实现某一种或几种功能的应用系统。单片机应用系统的开发由以下几部分组成:

(1)硬件设计;

(2)软件设计;

(3)硬件、软件的抗干扰设计;

(4)电子工艺设计;

(5)调试方案设计。

1.2.1　单片机应用系统设计过程

1. 设计前的准备工作

(1)可行性调研:分析现有参考资料,从理论上、实际条件上分析具备立项条件。

(2)系统总体方案设计:下达项目任务书及技术指标,确定系统软硬件完成功能和方法,反复推敲设计,完善总体方案设计。

2. 应用系统硬件设计内容

(1)单片机选择设计:速度、功耗、端口数量、功能选择设计。

(2)单片机系统扩展部分设计:I/O 端口、RAM、ROM 扩展部分设计。

(3)应用功能模块设计:采集、测量、控制、通信等模块设计。

3. 应用系统软件设计内容

(1)功能软件:完成各种实质性功能的程序,如测量、计算、打印、显示等。

(2)应用软件:协调功能软件与应用的关系(主程序)。

(3)应用系统的抗干扰设计:各应用系统所处环境不同,面临的干扰源也不同,采取措施也不同,但都应考虑。

4. 电子工艺设计

完成对系统整体结构、面板设计和电路板设计等,确保产品可靠性和电磁兼容性。

5. 调试方案设计

完成对系统功能、技术指标调试时所用到的调试技术、方法、数据、自检辅助电路设计。

1.2.2　单片机应用系统的传统开发方式——在线仿真技术

一个单片机应用系统经过调研、总体设计、硬件设计、软件设计、制板、元件安装,以及在系统的程序存储器中放入编制好的应用程序,系统即可运行。但一次性成功几乎是不可能的,需要通过调试来发现错误并加以改正。为了能调试程序,检查硬件、软件运行状态,就要借助某种开发工具模拟用户实际的单片机,并能随时观察运行的中间过程而不改变运行中原有的数据性能和结果,从而进行模仿现场的真实调试,完成这一在线仿真工作的开发工具就是单片机在线仿真器,如图 1-1 所示。之所以称为仿真器,是因为它们经常用来模拟嵌入式系统中的中央处理器。通常来说,它通过一个插头插在一个与 CPU 一样的底座上。由于是模拟主处理器,仿真器可以在程序员的控制下做任何处理器可以做的操作。

单片机在线仿真器必须具有以下基本功能:

(1)能输入和修改用户的应用程序。

(2)能对用户系统硬件电路进行检查与诊断。

(3)能将用户源程序编译成目标码并固化到 EPROM 中去。

(4)能以单步、断点、连续方式运行用户程序,正确反映用户程序执行的中间结果。

(5)不占用户单片机资源和 RAM 空间。

图 1-1　单片机在线仿真器

1.2.3　单片机应用系统的新开发方式——在线编程技术

随着电子技术的日益发展,芯片的规模越来越大,封装日趋小型化,相应地对系统板级调试的困难也在加大。在传统的调试方式中,频繁调试和更换程序需要频繁地插拔芯片,开发效率极低。随着单片机技术的发展,出现了可以在线编程的单片机。这种在线编程目前有两种实现方法:在线系统编程(ISP)和在线应用编程(IAP)。

ISP 一般是通过单片机专用的串行编程接口对单片机内部的 Flash 存储器进行编程;而 IAP 技术是从结构上将 Flash 存储器映射为两个存储体,当运行一个存储体上的用户程序时,可对另一个存储体重新编程,之后将控制从一个存储体转向另一个存储体。ISP 的实现一般需要很少的外部电路辅助实现,而 IAP 的实现更加灵活,通常可利用单片机的串行接口接到计算机的 RS-232 口,通过专门设计的固件程序来编程内部存储器。例如:Atmel 公司的单片机 AT89S8252 就提供了一个 SPI 串行接口对内部程序存储器编程,而 SST 公司的单片机 SST89C54 内部包含两块独立的存储区,通过预先编程在其中一块存储区中的程序就可以通过串行接口与计算机相连,使用 PC 上专用的用户界面程序直接下载程序代码到单片机的另一块存储区中。

ISP 和 IAP 为单片机的实验和开发带来了很大的方便性和灵活性,也为广大单片机爱好者带来了福音。利用 ISP 和 IAP,不需要编程器就可以进行单片机的实验和开发,单片机芯片可以直接焊接到电路板上,调试结束即成成品,甚至可以远程在线升级或改变单片机中的程序。

1.3　逻辑数据的表示

单片机作为微型计算机的一个分支,其基本功能就是对数据进行大量的算术运算和逻辑操作,但是它只能识别二进制数。对于接下来研究的 8 位单片机,数的存在方式主要有位(bit)、字节(byte,B)和字(word)。

1. 位(bit)

所谓"位"就是 1 位二进制数,是单片机内部数据处理的最小单位,即"1"或"0",用来表示信息的两种不同状态。例如,开关的"通"和"断",电平的"高"和"低"等。

2. 字节(byte)

字节是计算机中表示存储容量的最常用的基本单位。规定 1 字节由 8 个二进制位构成,即 1 字节等于 8 比特(1B=8bit),既可以表示实际的数,也可以表示多个状态的组合信息,8 位单片机处理的数据绝大部分都是 8 位二进制数,也就是以字节为单位的,单片机执行的程序也以字节形式存放在存储器中。

字节(B)是一个比较小的单位,常用的还有 KB 和 MB 等。

$$1 \text{ KB} = 1\ 024 \text{ B}$$
$$1 \text{ MB} = 1\ 024 \text{ KB} = 1\ 024 \times 1\ 024 \text{ B}$$

3. 字(word)与字长

2 字节组成 1 个字,即 16 位二进制数。它代表计算机处理指令或数据的二进制数位数,是计算机进行数据存储和数据处理的运算单位。通常称 16 位是 1 个字,32 位是 1 个双字,64 位是 2 个双字。

字长:字的位数称为字长。不同档次的机器有不同的字长。例如,一台 8 位单片机,它的 1 个字就等于 1 字节,字长为 8 位;一台 16 位单片机,它的 1 个字就是 2 字节,字长为 16 位。

1.4　单片机中数制的表示方法

了解十进制数、二进制数、十六进制数之间的关系和运算方法,是学习单片机的基础。

1.4.1　十进制数、二进制数、十六进制数

1. 十进制数(decimal)

十进制数的主要特点有:基数为 10,由 0~9 十个数码构成。进位规则是"逢十进一"。

所谓基数是指计数制中所用到的数码个数,如十进制数共有 0~9 十个数码,所以基数是 10。当某一位数计满基数时就向它邻近的高位进一,十进制数的计数规则是"逢十进一"。十进制数一般在数的后面加符号 D 表示,D 可以省略。任何一个十进制数都可以展开成幂级数形式,例如:

$$123.45 \text{ D} = 1 \times 10^2 + 2 \times 10^1 + 3 \times 10^0 + 4 \times 10^{-1} + 5 \times 10^{-2}$$

式中,10^2、10^1、10^0、10^{-1}、10^{-2} 为十进制数各数位的权。

2. 二进制数(binary)

二进制数的主要特点有:基数为 2,由 0、1 两个数码构成。进位规则是"逢二进一"。

二进制数一般在数的后面加符号 B 表示,B 不可省略。二进制数也可以展开成幂级数形式。例如:

$$1011.01 \text{ B} = 1 \times 2^3 + 0 \times 2^2 + 1 \times 2^1 + 1 \times 2^0 + 0 \times 2^{-1} + 1 \times 2^{-2} = 11.25 \text{ D}$$

式中，2^3、2^2、2^1、2^0、2^{-1}、2^{-2}为二进制数各数位的权。

3. 十六进制数（hexadecimal）

十六进制数的主要特点有：基数为 16，由 0、1、2、3、4、5、6、7、8、9、A、B、C、D、E、F 十六个数码构成，其中 A、B、C、D、E、F 分别代表十进制数的 10、11、12、13、14、15。进位规则是"逢十六进一"。

十六进制数一般在数的后面加符号 H 表示，H 不可省略。十六进制数也可以展开成幂级数形式。例如：

$$123.45 H = 1×16^2 + 2×16^1 + 3×16^0 + 4×16^{-1} + 5×16^{-2} = 291.26953125 D$$

式中，16^2、16^1、16^0、16^{-1}、16^{-2}为十六进制数各数位的权。

十六进制数与二进制数相比，大大缩短了数的位数，一个 4 位的二进制数只需要 1 位十六进制数表示，计算机中普遍用十六进制数表示，表 1-1 为十进制数、二进制数、十六进制数的对应关系。

表 1-1　十进制数、二进制数、十六进制数的对应关系

十进制数	二进制数	十六进制数	十进制数	二进制数	十六进制数
0	0000B	0H	8	1000B	8H
1	0001B	1H	9	1001B	9H
2	0010B	2H	10	1010B	AH
3	0011B	3H	11	1011B	BH
4	0100B	4H	12	1100B	CH
5	0101B	5H	13	1101B	DH
6	0110B	6H	14	1110B	EH
7	0111B	7H	15	1111B	FH

1.4.2　数制转换

1. 二进制数与十六进制数的转换

（1）二进制数转换为十六进制数。采用 4 位二进制数合成为 1 位十六进制数的方法，以小数点为界分成左侧整数部分和右侧小数部分。整数部分从小数点开始，向左每 4 位二进制数一组，不足 4 位在数的前面补 0；小数部分从小数点开始，向右每 4 位二进制数一组，不足 4 位在数的后面补 0，然后每组用十六进制数码表示，并按序相连即可。

【例 1-1】　把 111010.011110 B 转换为十六进制数。

解：$\dfrac{0011}{3}\ \dfrac{1010}{A}.\ \dfrac{0111}{7}\ \dfrac{1000}{8} = 3A.78\ H$

（2）十六进制数转换为二进制数。将十六进制数的每位分别用 4 位二进制数码表示，然后它们按序连在一起即为对应的二进制数。

【例 1-2】　把 2BD4 H 和 20.5 H 转换为二进制数。

解：2BD4 H = 0010 1011 1101 0100 B

　　20.5 H = 0010 0000.0101 B

2. 二进制数与十进制数的转换

（1）二进制数转换为十进制数。将二进制数按权展开后求和即得到相应的十进制数。

【例 1-3】 把 1001.01 B 转换为十进制数。

解： $1001.01\ B = 1\times2^3 + 0\times2^2 + 0\times2^1 + 1\times2^0 + 0\times2^{-1} + 1\times2^{-2} = 9.25$

（2）十进制数转换为二进制数。十进制数转换为二进制数一般分为两步，即将整数部分和小数部分分别转换成二进制数的整数部分和小数部分。

整数部分转换通常采用"除 2 取余法"即用 2 连续去除十进制数，每次把余数单独写出，直到商为 0，依次记下每次除的余数，然后按先得到的余数为最低位，最后得到的余数为最高位的次序依次排列，就得到转换后的二进制数。

【例 1-4】 将十进制数 47 转换成二进制数。

解：

```
                     余数
  2 | 47          1    最低位
    2 | 23        1        ↑
      2 | 11      1
        2 | 5
          2 | 2  0
            2 | 1 1    最高位
                0
```

则 47 = 101111 B。

小数部分转换通常采用"乘 2 取整法"，即依次用 2 乘小数部分，记下每次得到的整数，直到积的小数为 0，最先得到的整数为小数的最高位，最后得到的整数为小数的最低位。积的小数有可能连续乘 2 达不到 0，这时转换出的二进制小数为无穷小数，可根据精度要求保留适当的有效位数即可。

【例 1-5】 将十进制数 0.8125 转换成二进制数。

解：

```
        0.8125       整数
      ×     2
        1.6250        1     最高位
        0.6250
      ×     2
        1.2500        1
        0.2500
      ×     2
        0.5000        0       ↓
      ×     2
        1.0000        1     最低位
```

则 0.8125 = 0.1101 B。

3. 十六进制数与十进制数的转换

（1）十六进制数转换成十进制数。将十六进制数按权展开后求和即得到十进制数。

【例 1-6】 将十六进制数 3DF2 H 转换成十进制数。

解：$3DF2 \text{ H} = 3 \times 16^3 + 13 \times 16^2 + 15 \times 16^1 + 2 \times 16^0 = 15858$

（2）十进制数转换成十六进制数。十进制数转换成十六进制数的方法与十进制数转换成二进制数的方法相似，整数部分和小数部分分别转换。整数部分采用"除 16 取余法"小数部分采用"乘 16 取整法"。

【例 1-7】 将十进制数 47 转换成十六进制数。将十进制数 0.48046875 转换成十六进制数。

解：

```
16 | 47          余数
16 |  2          15(F)H      低位  ↑
   |  0           2          高位  |
```

则 47 = 2F H。

```
     0.48046875
   ×        16        整数
   ──────────────
     7.68750000       7        高位  ↓
     0.68750000
   ×        16                       
   ──────────────
    11.00000000      11(B)H    低位
```

则 0.48046875 = 0.7B H。

从例 1-7 可以看出，十进制数转换为二进制数的步骤较多，而十进制数转换为十六进制数的步骤较少，以后若要将十进制数转换为二进制数，可先将其转换为十六进制数，再由十六进制数转换为二进制数，可以减少许多计算步骤。例如：

$$47 = 2\text{F H} = 101111 \text{ B}$$

1.4.3 二进制数的运算

二进制数的运算比较简单，包括算术运算和逻辑运算，这里简要介绍一下算术运算，逻辑运算将结合单片机的逻辑运算指令在后面的项目中进行介绍。

1. 加法运算

运算规则：0+0=0，0+1=1+0=1，1+1=10（向高位进位）。

例如：

```
    01101010  B
+   00111011  B
──────────────
    10100101  B
```

2. 减法运算

运算规则:0-0=0,1-0=1,1-1=0,0-1=1(向高位借1)。

例如:

$$
\begin{array}{r}
10110101 \ \text{B} \\
- \ 01001101 \ \text{B} \\
\hline
01101000 \ \text{B}
\end{array}
$$

3. 乘法运算

运算规则:0×0=0,0×1=1×0=0,1×1=1。

两个二进制数的乘法运算与十进制数乘法类似,用乘法的每一位分别去乘被乘数的每一位,所得结果的最低位与相应乘数位对齐,最后把所得结果相应相加,就得到两个数的积。

【例 1-8】 求 1010 B×1001 B 的积。

解:

$$
\begin{array}{rl}
1010 \ \text{B} & \text{被乘数} \\
\times 1001 \ \text{B} & \text{乘数} \\
\hline
1010 & \\
0000 & \\
0000 & \\
1010 & \\
\hline
1011010 & \text{积}
\end{array}
$$

则 1010 B×1001 B=1011010 B。

从例 1-8 可以看出,二进制数的乘法运算实质上是由"加"(加被乘数)和"移位"(对齐乘数位)两种操作实现的。

4. 除法运算

除法运算是乘法运算的逆运算。与十进制数类似,从被除数的最高位开始取出除数相同的位数,减去除数,够减商记为 1,不够减商记为 0,然后将被除数的下一位移到余数上,重复前面的减除数操作,直到被除数的位数都下移为止。

【例 1-19】 求 11001011 B÷110 B 的值。

解:

$$
\begin{array}{rl}
 & 100001 \ \text{B} \quad \text{商} \\
\text{除数} \ 110 \ \text{B} \overline{)} & 11001011 \ \text{B} \quad \text{被除数} \\
 & 110 \\
\hline
 & 001011 \\
 & 110 \\
\hline
 & 101 \quad \text{余数}
\end{array}
$$

则 11001011 B÷110 B=100001 B,余数为 101 B。

综上所述,二进制数的加、减、乘、除运算,可以归纳为加、减、移位 3 种操作。后文中所要讲述的单片机都有相应的操作指令。

1.4.4 原码、反码、补码

前面已经提到,在 8 位单片机中,数是以字节为单位的,即以 8 位二进制数的形式存在,每字节存放数的范围为 0~255,这样的数又称无符号数。而现实中数是有符号的,单片机包括微型计算机表示符号数的方法:规定用最高位表示数的符号,并且规定 0 表示"+",1 表示"-"。其余位为数值位,表示数的大小,8 位有符号数的结构如图 1-2 所示。

图 1-2 8 位有符号数的结构

例如,+1 表示为 00000001 B,-1 表示为 10000001 B,为区别实际的数和它在单片机中的表示形式,把数码化了的带符号位的数称为机器数,把实际的数称为机器数的真值。00000001 B 和 10000001 B 为机器数,+1 和 -1 分别为它们的真值。双字节数和多字节数有类似的结构,最高位为符号位,其余位为数值位。单片机中机器数的表示方法有 3 种形式:原码、反码和补码。

1. 原码(true form)

符号位用 0 表示"+",用 1 表示"-",数值位与该数绝对值一样,这种表示机器数的方法称为原码表示法。

正数的原码与原来的数相同,负数的原码符号位为 1,数值位与对应的正数数值位相同。

$[+1]_原$ = 00000001 B,$[-1]_原$ = 10000001 B,显然 8 位二进制数原码表示的范围为 -127~+127。

0 的原码有两种表示方法:+0 和 -0。$[+0]_原$ = 00000000 B,$[-0]_原$ = 10000000 B。

2. 反码(one's complement)

一个数的反码可以由它的原码求得,正数的反码与正数的原码相同,负数的反码符号位为 1,数值位为对应原码的数值位按位取反。例如:

$[+1]_反$ = $[+1]_原$ = 00000001 B。

$[-1]_反$ = 11111110 B。

$[+0]_反$ = $[+0]_原$ = 00000000 B。

$[-0]_反$ = 11111111 B。

8 位二进制数反码表示的范围为 -127~+127。

3. 补码(two's complement)

补码的概念可以通过调钟表的例子来理解。假设现在钟表指示的时间是 4 点,而实际的时间是 6 点,现有两种方法来校正,一是顺时针拨 2 h,是加法运算,即 4+2=6;二是逆时针拨 10 h,是减法运算,但 4-10 不够减,由于钟表是 12 h 循环,该拨时的方法可由下式表示:12(模)+4-10=6,与顺时针拨时是一致的,数学上称为按模 12 的减法。可见 4+2 的加法运算和 4-10 按模 12 的减法是等价的。类似的还有按模的加法运算,两个数的和超过模,只保留超过的部分,模丢失。这里的 2 和 10 是互补的,数学上的关系为:$[X]_补$=模+X。

8 位二进制数满 256 向高位进位,256 自动丢失,因此 8 位二进制数模为 2^8 =256。

一个数的补码可由该数的反码求得。正数的补码与正数的反码和原码一致,负数的补码等于该数的反码加1。例如:

$[+1]_补 = [+1]_原 = [+1]_反 = 00000001$ B。

$[-1]_补 = 11111111$ B。

$[-0]_反 = 11111111$ B,加 1 得 00000000 B,所以:

$[-0]_补 = 00000000$ B $= [+0]_补$,0 的补码只有一种表示方法。

8 位二进制数补码的表示范围为 $-128 \sim +127$。8 位二进制数的原码、反码、补码的对应关系如表 1-2 所示。

表 1-2 8 位二进制数的原码、反码、补码的对应关系

二进制数	原码	反码	补码
00000000 B	+0	+0	0
00000001 B	+1	+1	+1
00000010 B	+2	+2	+2
…	…	…	…
01111101 B	+125	+125	+125
01111110 B	+126	+126	+126
01111111 B	+127	+127	+127
10000000 B	-0	-127	-128
10000001 B	-1	-126	-127
10000010 B	-2	-125	-126
…	…	…	…
11111101 B	-125	-2	-3
11111110 B	-126	-1	-2
11111111 B	-127	-0	-1

单片机指令处理数据的运算都是对机器数进行运算。请注意观察下面的例子。

【例 1-10】 单片机处理 1-2 的过程。

解:

```
    00000001 B  (+1的补码)        00000001 B  (+1的补码)
  - 00000010 B  (+2的补码)      + 11111110 B  (-2的补码)
    11111111 B  (-1的补码)        11111111 B  (-1的补码)
```

从例 1-10 可以看出,对于加减运算,数据是用补码表示的,运算的结果也是用补码表示的数。单片机(微机)处理数据时,加减法用补码,乘除法用原码。

【例 1-11】 求 -5 的补码,再将结果作为原码,求其补码。

解:

从例 1-10 可以看出...

10000101 B (-5的原码)   11111011 B (原码)
11111010 B (-5的反码)   10000100 B (反码)
11111011 B (-5的补码)   10000101 B (补码)

从例 1-11 可以看出,对于一个负数进行两次求补过程,又得到这个数本身,正数的原码和补码又是一致的,可以得出结论:原码和补码是互补的。相互转换的方法和步骤也是一样的。在进行四则运算时经常需要进行原码和补码的相互转换。

1.4.5 8421BCD 码

单片机只能对二进制数进行运算处理,而人们习惯用十进制数,人和单片机交流时就需要经常进行二进制数和十进制数的转换,既浪费时间,也会影响单片机的运行速度和效率,为避免上述情况,计算机和单片机中常用 BCD 码(binary coded decimal code),用二进制数对每位的十进制数编码,数据形式为二进制数,但保留了十进制数的权,便于人们识别。BCD 码的种类很多,最常用的是 8421BCD 码,它用 4 位二进制数的十进制数的数码进行编码,8421 分别代表每位的权,用 0000 B~1001 B 分别代表十进制数的 0~9,表 1-3 为它们的对应关系。

表 1-3 BCD 码与十进制数的对应关系

十进制数	BCD 码	十进制数	BCD 码
0	0000 B	5	0101 B
1	0001 B	6	0110 B
2	0010 B	7	0111 B
3	0011 B	8	1000 B
4	0100 B	9	1001 B

BCD 码在书写时通常加方括号,并以 BCD 作为下标,例如:52 D=$[01010010]_{BCD}$。

由于 8421BCD 码是用 4 位二进制数表示的,4 位二进制数是"逢十六进一",而 BCD 码高位和低位之间是"逢十进一",单片机在运算时把其作为二进制数处理。因此,两个 BCD 码相加时,当低 4 位向高 4 位进位,或高 4 位向更高位进位时,需要对该 4 位加 6 调整,高、低位出现非法码(即 1010~1111)时,对应 4 位也要加 6 调整。

【例 1-12】 BCD 码 $X=23$,$Y=49$,求 $X+Y$。

解:

$$
\begin{array}{r}
00100011=23 \\
+\quad 01001001=49 \\
\hline
01101100 \\
+\qquad 0110 \\
\hline
01110010=72
\end{array}
$$

低4位出现非法码

【例 1-13】 BCD 码 $X=28$,$Y=49$,求 $X+Y$。

解:

$$
\begin{array}{r}
00101000=28 \\
+\quad 01001001=49 \\
\hline
01110001 \\
+\qquad 0110 \\
\hline
01110111=77
\end{array}
$$

低4位向高4位进位

1.4.6 ASCII 码

在单片机中,除了要处理数字信息外,在某些应用场合也需要处理一些字符信息,要对这些字符信息进行二进制编码后,单片机才能识别和处理。目前普遍采用 ASCII(American Standard Code for Information Interchange,美国信息交换标准代码),ASCII 编码表如表 1-4 所示。

表 1-4 ASCII 编码表

$b_7b_6b_5$ / $b_4b_3b_2b_1$	000	001	010	011	100	101	110	111
0000	NUL	DLE	SP	0	@	P	、	p
0001	SOH	DC1	!	1	A	Q	a	q
0010	STX	DC2	"	2	B	R	b	r
0011	ETX	DC3	#	3	C	S	c	s
0100	EOT	DC4	$	4	D	T	d	t
0101	ENQ	NAK	%	5	E	U	e	u
0110	ACK	SYN	&	6	F	V	f	v
0111	BEL	ETB	'	7	G	W	g	w
1000	BS	CAN	(	8	H	X	h	x
1001	HT	EM	)	9	I	Y	i	y
1010	LF	SUB	*	:	J	Z	j	z
1011	VT	ESC	+	;	K	[	k	{
1100	FF	FS	,	<	L	\	l	|
1101	CR	GS	–	=	M	]	m	}
1110	SO	RS	·	>	N	^	n	~
1111	SI	US	/	?	O	–	o	DEL

ASCII 码用 7 位二进制数,共 128 个字符,其中包括数码 0~9,英文字母,标点符号和控制字符。数码"0"的编码为 0110000 B,即 30 H,字母 A 的编码为 1000001 B,即 41 H。

1.5 单片机应用系统入门的有效方法和基本条件

单片机是一门重要的基础课程,因此,学习单片机与学习其他课程的基本方法是一样的。就是要加强理解、强化记忆,做到在理解的基础上记忆;单片机更是一门技术,学习它的最终目标是要用好它,要能用它来解决实际问题。因此,实践环节尤其重要,只有通过实践,才能展现单片机的价值、体会到单片机的精髓,激发起学好这门课程的动力。

1. 加强理解

理解是学习和记忆一切知识的前提。学习单片机尤其要强调理解。许多学生学不好单片机,抱怨单片机太难,其根本原因就是方法不对,还像中学阶段一样在死记硬背。为了做到理解,通常要完成以下3步:

(1)课前预习,便于理解。高等教育的一个突出特点就是学时压缩,所以老师讲课的进度可能比较快,而单片机课程本身又确实比较抽象,因此建议大家养成课前预习的好习惯。缺少预习环节,听课的效率会大打折扣。

(2)课后复习,巩固理解。我们常有这样的体会:在课堂上感到挺明白的内容,课下时间一长就忘了。因此,课后必须及时巩固,加深理解。

(3)勤做练习,深入理解。高等院校的学生有个普遍特点:不愿意做练习、习题。可能大家认为,高等教育培养的是动手能力,做题是应试教育的事情。我们认为,这种想法有些偏颇。高等教育培养的动手能力是建立在一定基础之上的,而多做题多动脑恰恰是形成思路、打好基础的一种重要手段。

2. 强化记忆

学习单片机,仅做到理解还不行,该记的内容一定要记。不记忆单片机一些基本和必要的内容就谈不上应用。试想,一个连指令或语句格式都记不住的人,能编出程序吗?至少编不出好的程序。因此,我们强调的是在理解基础上的记忆。在记忆时,首先要树立一定能够牢记以上内容的自信心,根据教学经验,有的学生不是记不住而是不相信自己能记住;其次是在理解的基础上记忆,并注意要将记忆的内容转化为空间形象。

3. 多练多实践

单片机是微型计算机的一个分支,因此它的学习方法必然带有计算机的一些特点。学过计算机、用过计算机的人都有体会:计算机是"玩"出来的。只学不练,用不好计算机。单片机也是一样。因此,要求大家一定要重视实践环节,多上机练习(如果有条件,应该把所有的作业拿到单片机系统上调试出来)。那种满足于"上课能听懂,教材能看懂"的想法是要不得的。有些问题,别人讲半天,你也未必明白,拿到实验室一做自然就清楚了。有句话叫"百闻不如一见",我们说学习单片机是"百闻不如一练"。

项目实施

【技能训练】 单片机最小系统应用——控制 LED 点亮

实施步骤是通过程序使 P0.0 引脚输出低电平来点亮 LED 的。该过程是如何实现的呢?

1. 单片机最小系统应用

单片机最小系统是由 STC89C52RC 单片机、晶振电路、加电复位电路、电源电路和电源指示灯构成的。单片机最小系统只是单片机能满足工作的最低要求,它不能对外完成控制任务,实现人机对话。要进行人机对话还要一些输入/输出部件,用作控制时还要有执行部件。常见的输入部件有开关、按钮、键盘、鼠标等,输出部件有指示灯(LED)、数码管、显示器等,执行部件有继电器、电磁阀等。

2. 电路设计

控制 LED 点亮是 STC89C52RC 单片机的一种最简单的电路,它包括 3 个部分:电源电路、单片机最小系统电路和 LED 指示灯电路。电路原理图如图 1-3 所示。

图 1-3 单片机控制 LED 灯点亮原理图

3. 程序设计

(1)开关控制点亮 LED 分析。开关闭合:P0.0 = 0,LED 点亮;开关断开:P0.0 = 1,LED 熄灭。流程图如图 1-4 所示。

图 1-4 开关控制点亮 LED 流程图

(2)编写开关控制 LED 点亮程序。具体程序如下:

```
/////////////////////////////////////////////////////
//设计项目:1个LED实验                                    //
//设计人:                                              //
//设计时间:2017.5.14                                   //
//设计说明:实现一个LED指示灯亮灭                           //
//硬件连接条件:单片机P0.0口连接1个LED指示灯                  //
/////////////////////////////////////////////////////
#include<AT89X51.H>        //注:此程序采用Atmel公司头文件,且该头文件兼容Intel公司的
                           //<REG51.H>头文件。若使用STC公司的<STC89C5xRC>头文件,则
                           //程序中的位定义区需按此头文件进行
////////函数说明区/////////
void led_1(void);          //1个LED控制函数
///////SFR位定义区//////
sbit L1 = P0^0;            //定义第1个指示灯的名称为L1还可以直接采用P0_0;因
                           //为AT89X51.H内部已做定义
void main(void)            //主程序
{
////////初始化区////////
    while(1)               //进入循环,以下为无限循环程序区
    {
        led_1();           //1个LED控制函数
    }
}
////////////////////////////////////////////
//函数名称:void led_1(void)
//函数功能:1个LED(亮/灭)
//函数说明:1个LED连接P0.0
////////////////////////////////////////////
void led_1(void)           //1个LED(连续亮灭)
{
  L1 = 0;                  //第1个指示灯亮
  L1 = 1;                  //第1个指示灯灭
}
```

注:程序中的头文件可直接在STC-ISP软件中获取。获取步骤如下:

(1)打开STC-ISP软件,单击头文件。

(2)在单片机系列中选择相关单片机型号(如STC89C52RC单片机可选择STC89××/STC90××系列),如图1-5所示。

(3)保存文件,保存到相应文件夹。

图 1-5 头文件的获取

自我测试

1-1 简述单片机的发展历史及发展趋势。

1-2 简述单片机的主要应用领域。

1-3 单片机最小系统由哪几部分组成？现要求 LED 的阳极接在 P1.0 引脚上，请完成 LED 点亮电路及其 C 语言程序设计。

1-4 请完成开关控制 LED 闪烁快和慢两种效果的电路及其 C 语言程序设计。

1-5 将十进制数 120 转换为二进制数、八进制数、十六进制数。

1-6 将二进制数 0101011.001 转换为八进制数、十进制数、十六进制数。

1-7 用十六进制表示下列二进制数：

10100011 B,11001110 B,00111111 B,11110001 B

1-8 将下列十进制数转换为二进制数：

29,125,81,49

1-9 将下列十六进制数转换为二进制数：

35 H,12 H,F6 H,AB H

1-10 单片机内部采用什么数制工作？为什么？学习十六进制数的目的是什么？

1-11 什么是单片机？单片机主要应用于哪些领域？

1-12 用 BCD 码完成 15+51 的运算。

1-13 单片机有哪几个发展阶段,各有什么特点？

项目 **2** 单片机软件开发过程和 LED 的闪烁控制

学习目标

1. 熟悉仿真软件 Proteus 的使用。
2. 熟悉 Keil C51 软件的使用。
3. 了解 ISP 下载软件及其应用。
4. 掌握单片机 LED 的闪烁控制。

项目描述

本项目 P0.0 引脚接 LED(发光二极管)的阴极,通过程序控制,使 P0.0 引脚交替输出高电平和低电平,使 LED 闪烁。

知识链接

2.1 仿真软件 Proteus 的使用

2.1.1 Proteus 的主要功能特点

仿真软件 Proteus 是英国 Labcenter Electronics 公司出品的 EDA 工具软件。它不仅具有其他 EDA 工具软件的仿真功能,还能仿真单片机及外围器件。它是目前较好的仿真单片机及外围器件的工具,受到单片机爱好者、从事单片机教学的教师、致力于单片机开发应用的科技工作者的青睐。Proteus 是世界上著名的 EDA 工具(仿真软件),从原理图布图、代码调试到单片机与外围电路协同仿真,一键切换到 PCB(印制电路板)设计,真正实现了从概念到产品的完整设计。迄今为止是世界上唯一将电路仿真软件、PCB 设计软件和虚拟模型仿真软件三合一的设计平台。

仿真软件 Proteus 包括两个环境:ISIS 和 ARES。电路图设计是在 ISIS 中,ARES 用于 PCB 设计。Proteus ISIS 是基于 Windows 平台的电路分析与实物仿真软件,可以仿真、分析(SPICE)各种模拟器件和集成电路,该软件的特点如下:

(1)实现了单片机仿真和 SPICE 电路仿真相结合。具有模拟电路仿真、数字电路仿真、单片机及其外围电路组成的系统的仿真、RS-232 动态仿真、I^2C 调试器、SPI 调试器、键盘和 LCD 系统仿真的功能;有各种虚拟仪器,如示波器、逻辑分析仪、信号发生器等。

(2)支持主流单片机系统的仿真。目前支持的单片机类型有:68000 系列、8051 系列、

AVR 系列、PIC12 系列、PIC16 系列、PIC18 系列、Z80 系列、HC11 系列以及各种外围芯片。

（3）提供软件调试功能。具有全速、单步、设置断点等调试功能,同时可以观察各个变量、寄存器等的当前状态;同时支持第三方的软件编译和调试环境,如 Keil C51 μVision2 等软件。

（4）具有强大的原理图绘制功能。

2.1.2　Proteus 仿真设计快速入门

1. Proteus 7 Professional 界面简介

如图 2-1 所示,区域①为菜单及工具栏,区域②为元器件预览窗口,区域③为对象选择器窗口,区域④为图形编辑窗口,区域⑤为绘图工具栏,区域⑥为元器件调整工具栏,区域⑦为运行工具条。下面简单介绍各部分的功能:

图 2-1　仿真软件的主界面

（1）图形编辑窗口:顾名思义,它是用来绘制原理图的。区域④内为可编辑区,元件要放到它里面。注意,这个窗口是没有滚动条的,可用预览窗口来改变原理图的可视范围。

（2）预览窗口:它可显示两个内容,一个是当你在元件列表中选择一个元件时,它会显示该元件的预览图;另一个是,当你的鼠标光标落在图形编辑窗口时(即放置元件到图形编辑窗口后或在图形编辑窗口中单击后），它会显示整张原理图的缩略图，并会显示一个绿色的方框，绿色的方框里面的内容就是当前图形编辑窗口中显示的内容，因此，可用鼠标在它上面单击来改变绿色方框的位置，从而改变原理图的可视范围。

（3）绘图工具栏：左侧绘图工具栏中包括了模型选择工具栏、配件、2D 图形等。

①模型选择工具栏（mode selector toolbar）。具体如下：

▶：用于即时编辑元件参数（先单击该图标再单击要修改的元件）。

▷：选择元件（components）（默认选择）。

✚：放置连接点。

LBL：放置标签（用总线时会用到）。

▤：放置文本 。

┼┼：用于绘制总线。

▯：用于放置子电路。

②配件（gadgets）。具体如下：

▤：终端接口（terminals）。有 VCC、地、输出、输入等接口。

▷：器件引脚。用于绘制各种引脚。

▨：仿真图表（graph）。用于各种分析，如 Noise Analysis。

▭：录音机。

◎：信号发生器（generators）。

↗：电压探针。使用仿真图表时要用到，数字电路中记录逻辑电平及强度，模拟电路中记录实际值。

↗：电流探针。使用仿真图表时要用到，仅在模拟电路中使用。

▨：虚拟仪表。有示波器等。

③2D 图形（2D graphics）。具体如下：

╱：画各种直线。

▣：画各种方框。

●：画各种圆。

▢：画各种圆弧。

▨：画各种多边形。

A：写各种文本。

▣：画符号。

✚：画原点等。

（4）对象选择器窗口。用于显示所挑选元件（components）、终端接口（terminals）、信号发生器（generators）、仿真图表（graph）等。例如，当选择"元件（components）"后，单击 P 按钮会弹出挑选元件对话框，选择了一个元件后（单击 OK 按钮后），该元件会在对象选择器窗口中显示，以后要用到该元件时，只需要在元件列表中选择即可。

（5）方向工具栏。具体如下：

旋转：↻↺ ▯ 旋转角度只能是 90°的整数倍。

翻转：↔ ↕ 完成水平翻转和垂直翻转。

使用方法：先右击元件，再单击（左击）相应的旋转图标。

（6）仿真工具栏。具体如下：

▶ ：运行。　 I▶ ：单步运行。　 II ：暂停。　 ■ ：停止。

2. Proteus 仿真的基本操作步骤

1）Proteus 电路设计

（1）选取元器件。此简单实例需要如下元器件：

①单片机：AT89C51。

②发光二极管：LED-RED。

③片电容器：CAP *。

④电阻器：RES *。

⑤晶振：CRYSTAL。

⑥按钮：BUTTON。

因 Proteus 软件中没有 STC 系列的库，考虑到 AT 系列与 STC 系列兼容，这里就以 AT 系列为例进行介绍。在以下的仿真中不再一一说明。

单击图 2-2 中的 P 按钮 P ，弹出图 2-3 所示的选取元器件窗口，在此窗口左上角 Keywords（关键词）一栏中输入元器件名称，如 AT89C51，系统在对象库中进行搜索查找，并将与关键词匹配的元器件显示在 Results 栏中。在 Results 栏中的列表项中，双击 AT89C51，则可将 AT89C51 添加至对象选择器窗口。按照此方法完成其他元器件的选取，如果忘记关键词的完整写法，可以用"*"代替，如"CRY *"可以找到晶振。被选取的元器件均加入到 ISIS 对象选择器中，如图 2-4 所示。

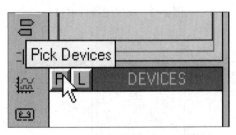

图 2-2　单击 P 按钮选取元器件

（2）放置元器件至图形编辑窗口。在对象选择器窗口中，选中 AT89C51，将光标置于图形编辑窗口该对象的欲放置的位置，单击，完成该对象的放置。同理，将 BUTTON、RES 等放置到图形编辑窗口中，如图 2-5 所示。

若元器件方向需要调整，先在 ISIS 对象选择器窗口中单击选中该元器件，再单击工具栏上相应的转向按钮 ↔ ↕ 　° ↻ ↺ ，把元器件旋转到合适的方向后再将其放置于图形编辑窗口中。

若对象位置需要移动，将光标移到该对象上，右击，此时注意到，该对象的颜色已变至红色，表明该对象已被选中，按下鼠标左键，拖动鼠标，将对象移至新位置后，松开鼠标左键，完成移动操作。

通过一系列的移动、旋转、放置等操作，将元器件放在 ISIS 编辑窗口中合适的位置，如图 2-5 所示。

图 2-3　选取元器件窗口

图 2-4　被选取的元器件均加入 ISIS 对象选择器中

图 2-5　放置元器件至图形编辑窗口中合适的位置

（3）放置终端（电源、地）。放置电源操作：单击工具栏中的终端接口按钮▤，在对象选择器窗口中选择 POWER，再在编辑区中要放电源的位置单击完成。放置地（GROUND）的操作与此类似，如图 2-6 所示。

图 2-6　放置终端符号

（4）元器件之间的连线。Proteus 的智能化可以在用户想要画线的时候进行自动检测。下面，将电阻器 R2 的下端连接到 LED1 显示器的上端，如图 2-5 所示。当鼠标的指针靠近 R2 下端的连接点时，跟着鼠标的指针就会出现一个"□"号，表明找到了 R2 的连接点，单击，移动鼠标（不用拖动鼠标），将鼠标的指针靠近 LED1 的左端的连接点时，跟着鼠标的指针就会出现一个"□"号，表明找到了 LED1 显示器的连接点，单击，完成电阻 R2 和 LED1 的连线。

Proteus 具有线路自动路径功能（简称 WAR），当选中两个连接点后，WAR 将选择一个合适的路径连线。WAR 可通过使用标准工具栏里的 WAR 命令按钮▤来关闭或打开，也可以在菜单栏的 Tools 下找到这个图标。

同理,可以完成其他连线。在此过程的任何时刻,都可以按【Esc】键或者右击来放弃画线。

(5)修改、设置元器件的属性。Proteus 库中的元器件都有相应的属性,要设置修改元器件的属性,只需要双击 ISIS 编辑区中的该元器件。例如,发光二极管的限流电阻器 R2,双击它弹出图 2-7 所示的属性窗口,在窗口中已经将电阻器的阻值修改为 1 kΩ。图 2-8 是编辑完成的"简单实例"的电路图。

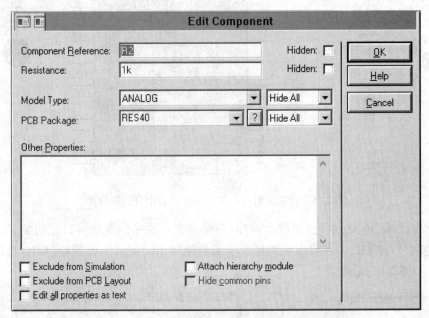

图 2-7　设置限流电阻阻值为 1 kΩ

图 2-8　编辑完成的"简单实例"的电路图

2）Proteus 仿真

（1）加载目标代码文件。双击编辑窗口的 AT89C51 器件,弹出图 2-9 所示的属性编辑对话框,在 Program File 一栏中单击打开按钮，弹出文件浏览对话框,找到 Ex2.1.HEX（用 Keil C51 软件生成）文件,单击"打开"按钮,完成文件添加。在 Clock Frequency 栏中把频率设置为 12 MHz,仿真系统则以 12 MHz 的时钟频率运行。因为单片机运行的时钟频率以属性设置中的 Clock Frequency 为准,所以在编辑区设计 AT-51 系列单片机系统电路时,可以略去单片机振荡电路,并且复位电路也可以略去。

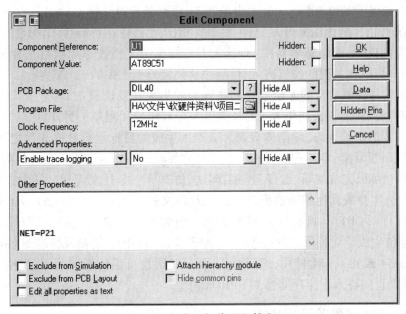

图 2-9　加载目标代码文件窗口

（2）仿真。单击按钮　▶　,启动仿真,仿真运行片段如图 2-10 所示。发光二极管间隔 500 ms 闪烁。

图 2-10　仿真运行片段

在实际仿真过程中,单片机 I/O 口采用不同颜色反映 I/O 口电平状态,红色方块代表高电平,蓝色方块代表低电平,灰色方块代表不确定电平。

2.2 Keil C51 软件的使用

2.2.1 Keil C51 软件概述

Keil C51 是美国 Keil Software 公司出品的 51 系列兼容单片机 C 语言软件开发系统。使用接近于传统 C 语言的语法来开发,与汇编语言相比,C 语言在功能性、结构性、可读性、可维护性上有明显的优势,因而易学易用,而且大大地提高了工作效率和项目开发周期,它还能嵌入汇编,用户可以在关键的位置嵌入,使程序达到接近于汇编的工作效率。

Keil C51 软件提供丰富的库函数和功能强大的集成开发调试工具,全窗口界面,使用户能在很短的时间内就能学会使用 Keil C51 来开发单片机应用程序。另外重要的一点,只要看一下编译后生成的汇编代码,就能体会到 Keil C51 生成的目标代码效率非常之高,多数语句生成的汇编代码很紧凑,容易理解。在开发大型软件时更能体现高级语言的优势。

C51 工具包可以完成编辑、编译、连接、调试、仿真等整个开发流程。开发人员可用集成开发环境(IDE)本身或其他编辑器编辑 C 或汇编源文件。然后分别由 C51 及 C51 编译器编译生成目标文件(.OBJ)。目标文件可由 LIB51 创建生成库文件,也可以与库文件一起经 LIB51 连接定位生成绝对目标文件(.ABS)。ABS 文件由 OH51 转换成标准的 hex 文件,以供调试器 dScope51 或 tScope51 使用,进行源代码级调试;也可供仿真器使用,直接对目标板进行调试;还可以直接写入程序存储器如 EPROM 中。

2.2.2 Keil C51 软件的使用步骤

双击桌面快捷图标图启动软件,启动界面如图 2-11 所示。几秒后出现软件操作界面如图 2-12 所示。

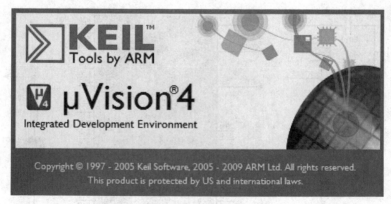

图 2-11 启动界面

1. 建立工程

(1)单击 Project 菜单,选择 New μVision Project 命令,如图 2-13 所示,弹出 Windows 文

件对话框,在"文件名"文本框中输入第一个 C 程序项目名称(只要符合 Windows 文件规则的文件名都可以),这里用 Ex2.1,在"保存在"下拉列表中选择项目保存路径,如图 2-14 所示,然后单击"保存"按钮。

图 2-12　软件操作界面

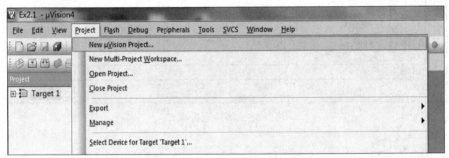

图 2-13　New μVision Project 菜单

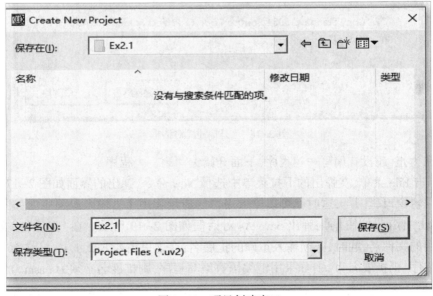

图 2-14　项目创建窗口

（2）这时会弹出一个对话框，要求用户选择单片机的型号，用户可以根据所使用的单片机来选择，虽然 Keil 几乎支持所有的单片机，但项目采用的是 STC 单片机，Keil 中不包含此单片机，由于项目中单片机是 STC 公司的 89C52RC，内核是 51 核，所以可借用常见的内核同样是 51 的 Atmel 的 89C51 单片机环境来说明，如图 2-15 所示，选择 AT89C51 之后，右边栏是对这个单片机的基本说明，单击 OK 按钮后，出现图 2-16 所示对话框，单击"否"按钮，返回主界面。

图 2-15　器件选择窗口

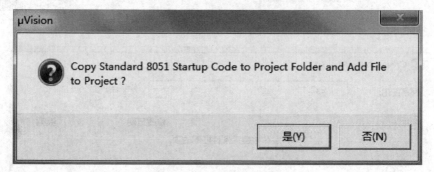

图 2-16　"是""否"对话框

到现在为止，还没有编写一句程序，下面开始编写第一个程序。

（3）单击 File 菜单，在弹出的下拉菜单中选择 New 命令，弹出的界面如图 2-17 所示。此时光标在编辑窗口里闪烁，这时就可以输入用户的应用程序了。输入源程序后如图 2-18 所示，然后单击"保存"按钮 ![save]，弹出 Save As 对话框如图 2-19 所示。在"文件名"文本框中，输入欲使用的文件名，同时，必须输入正确的扩展名，在这里输入 Ex2.1.C。（注意，如果用 C 语言编写程序，则扩展名为 .c；如果用汇编语言编写程序，则扩展名必须为 .asm。）然后，单击"保存"按钮。

图 2-17 选择 New 命令后弹出的界面

```
#include <AT89X51.H>
///////函数说明////////
void delay02s(void);              //延时0.2s子程序
void led_1(void);                 //1个LED(花色_连续亮灭)
///////变量说明////////
///////SFR位定义////////
sbit L1=P0^0;                     //定义第1个指示灯的名称为L1  还可以直接采用P0_0;因为
                                  //AT89X51.H内部已做定义,下依次类推
void main(void)                   //主程序
{
///////初始化区//////////////////
while(1)                          //进入循环//以下为无限循环程序区
{
led_1();                          //1个LED(花色_连续亮灭)
}
}
///////////////////////////////////////////////////////////
//函数名称:void led_1(void)
//函数功能:1个LED(花色_连续亮灭)
//入口参数:
//出口参数:
//函数说明:1个LED连接P0.0
///////////////////////////////////////////////////////////
void led_1(void)                  //1个LED(花色_连续亮灭)
{
L1=0;                             //第1个指示灯亮
delay02s();                       //延时0.2s
L1=1;                             //第1个指示灯灭
delay02s();                       //延时0.2s
```

图 2-18 输入用户源程序

图 2-19 Save As 对话框

（4）单击"Target1"前面的"⊞"号,出现下一层的 Source Group 1,这时的工程还是一个空的工程,里面什么文件也没有,需要把编写好的源程序加入,单击 Source Group 1 使其反白显示,然后右击,出现如图 2-20 所示的下拉菜单。选择其中的 Add Files to Group'Source Group 1'命令,弹出图 2-21 所示对话框,要求寻找源文件 Ex2.1.C,单击 Add 按钮。注意,该对话框下面的"文件类型"默认为 C Source file(*.c),也就是以 .c 为扩展名的文件,如为汇编文件,需要将文件类型改为".asm"。

图 2-20　选择添加文件选项

图 2-21　加入源文件

2. 工程设置

工程建立好以后,还要对工程进行进一步的设置,以满足要求。首先单击左边 Project 窗口的 Target 1,然后单击 Project 菜单,在弹出的下拉菜单中选择 Option for target 'target1'命令,即出现对工程设置的对话框,这个对话框可谓非常复杂,共有 8 个选项卡,要全部搞清楚可不容易。在这里只有 Target 和 Output 选项卡中有选项需要稍做修改,其余绝大部分设置默认值就可以了。

(1)设置对话框中的 Target 选项卡。Target 选项卡设置如图 2-22 所示。Target 选项卡中 Xtal (MHz)为 12.0,其余选项选择默认。Xtal (MHz)表示晶振频率值,默认值是所选目标 CPU 的最高可用频率值,根据需要进行设置。该数值与最终产生的目标代码无关,仅用于软件模拟调试时显示程序执行时间。正确设置该数值可使显示时间与实际所用时间一致,一般将其设置成与硬件所用晶振频率相同,如果没必要了解程序执行的时间,也可以不设。

图 2-22　Target 选项卡设置

(2)设置对话框中的 Output 选项卡,如图 2-23 所示。在 Output 选项卡中,选中 Create HEX File 复选框,这样能够保证在编译、连接之后能产生以 .hex 为扩展名的文件,从而供第三方软件使用,比如 Proteus 仿真软件。

图 2-23　Output 选项卡设置

(3)设置对话框中的 Debug 选项卡。Debug 选项卡设置如图 2-24 所示。该选项卡分为左右两边,左边是软件仿真设置,而右边是硬件仿真设置,当用户使用软件仿真时,选中左边的 Use Simulator 单选按钮;如果用户使用硬件仿真器,则选中右边的 Use Keil Monitor-51 Driver,同时把硬件仿真器连接到计算机串口上。在这里使用软件仿真,因此只要选中左边的 Use Simulator 单选按钮,其余选项保持默认值。

图 2-24　Debug 选项卡设置

3. 编译、连接

(1)单击图标🐝进行编译。编译成功后,源程序编译相关的信息会出现在输出窗口中,显示编译结果为 0Error(s),0Warning(s),如图 2-25 所示。如有语法错误,会给出提示,应修改出错处后,再次编译。

图 2-25　源程序编译

(2)单击 Project 菜单,在弹出的下拉菜单中选择 Built Target 命令(或者使用快捷键【F7】或单击图标 ），显示连接结果为 0Error(s),0Warning(s),同时产生了目标文件 EX2. hex,如图 2-26 所示。

(3)编译通过后,打开工程文件夹如图 2-27 所示,可以看到文件夹中有了“Ex2. hex”图标,这就是需要的最终目标文件,提供给 Proteus 仿真软件的单片机使用,或给编程器(又称烧录器)把该文件写入单片机。

4. 进入调试

(1)单击 Debug 菜单,在弹出的下拉菜单中选择 Start/Stop Debug Session 命令,这个命令可以打开调试也可以关闭调试,如图 2-28 所示。

调试窗口如图 2-29 所示。

图 2-26　连接结果

图 2-27　打开工程文件夹

图 2-28　打开/关闭调试选项

图 2-29　调试窗口

（2）单击 Peripherals 菜单，在弹出的下拉菜单中选择 I/O-Ports→P0 命令，如图 2-30 所示。这样在程序运行时，就可以观察 P0 口每位的变化。

（3）单击 [图标] 按钮进入单步执行状态，单击一次，执行一行程序，执行完该行程序以后即停止，等待命令发出后，再执行下一行程序，此时可以观察该行程序执行完以后得到的结果，是否与预期结果相同，借此可以找到程序中问题所在。下面来看看语句的执行对 P0.0 的影响。

图 2-30　选择 P0 口进行观察

从图 2-31 可以看出 P0.0 输出的电平有变化，从高电平变为低电平，对应的硬件电路中的二极管就会闪烁一次。除单步执行方式之外，还有其他方式，下面简单介绍一下：

[图标]：过程单步，是指将汇编语言中的子程序或高级语言中的函数作为一个语句来全速执行。调试光标不进入子程序的内部，而是执行完该子程序，然后直接指向下一行。

[图标]：执行完当前子程序，是指进入子程序后按此按钮，子程序中其余没有执行的指令将一次全部执行完毕，加快程序的执行进度。

图 2-31　观察 P0.0 输出的电平

{}:运行到当前行,全速执行当前地址行与当前光标行之间的程序。主要看一段程序运行情况,可以加快程序的调试。

目:全速执行,是指一行程序执行完以后紧接着执行下一行程序,中间不停止,主要是看程序执行的最终结果,如果程序有错,则难以确认错误出现在哪些程序行。

程序调试中,这几种运行方式都要用到。灵活应用这几种方法,可以大大提高查错的效率。

2.3　单片机烧写器及烧写软件的使用

2.3.1　烧写及烧写器

1. 为什么称为"烧写"

早期一般是将调试好的单片机程序写入 ROM、EPROM 中,这种操作就像刻制光盘一样,是在高电压方式下写入的,PROM 是一次性写入的,存储器内部发生变化,有些线路或元件就被烧断,不可再恢复,所以称为烧写,EPROM 可以使用紫外线将原来写入的内容擦除,重新烧写,目前大量采用 EEPROM,是可以电擦写的存储器。单片机启动时会直接运行这些芯片中的程序,完成既定的功能。

所谓烧写,其实就是对单片机中的 ROM 进行擦写。现代工艺下,ROM 已经可以进行多次擦写,但在早期,ROM 只能一次性设计好,例如早期的 PLC,把二极管上的熔丝烧断后就永久编码出 1。而我们知道,单片机程序经编译连接后传递给机器的便是机器语言,简而言之就是很多 1 和 0。在烧写过程中,用烧不烧 MOS 管和晶体管的熔丝或连不连上通道来表示这些 1 和 0。

2. 烧写的三种方式

(1)把单片机看作一个 ROM 芯片,早期的单片机都是如此。将单片机放在通用编程器上编程时,就像给 28C256 这样的 ROM 中写程序的过程一样。只是不同的单片机使用的端口,编程用的时序不一样。

(2)像 AT89C 系列单片机或 AVR 单片机一样,在单片机上有 SPI 接口,这时可用专用的下载线将程序烧写到单片机中。这时不同的是,单片机的 CPU 除了执行单片机本身的指令之外,还能执行对 ROM 进行操作的特殊指令,如 ROM 擦除、烧写和检验指令。在编程 ROM 时,下载线先通过传输这些指令给 CPU 执行(擦除 ROM、读入数据、烧写 ROM 和检验 ROM),完成对单片机的 ROM 的烧写。此外,现在普遍使用的 JTAG 仿真器也是这样,单片机的 CPU 能执行 JTAG 的特殊指令,完成对 ROM 的烧写操作。

(3)引导程序,即单片机中已经存在了一个烧写程序。启动单片机时首先运行这个程序,程序判断端口状态,如果有"要烧写 ROM"的状态,就从某个端口(串口、SPI 等)读取数据,然后写入单片机的 ROM 中。如果没有"要烧写 ROM"的状态,就转到用户的程序开始执行。如 AVR 单片机的 Bootloader 方式、STC 的串口下载方式,还有其他单片机的串口编程等都是这样。

3. 烧写器

烧写器又称编程器、烧录器,只是每个人的叫法不一样而已。烧写器实际上是一个把可编程的集成电路写上数据的工具,烧写器主要用于单片机(含嵌入式)/存储器(含 BIOS)之类的芯片的编程(又称"刷写")。

2.3.2 烧写软件

1. 单片机烧写软件简介

简单地说,就是把写好的代码(C 语言程序或者是汇编)编译成机器语言,利用某种软件通过一定的方式下载到单片机中,这种软件就称为烧写软件。烧写软件很多,方式也很多,主要是看单片机的型号。比如,STC 系列单片机需要 STC-ISP 程序下载软件。

2. STC-ISP 下载软件的使用步骤

(1)打开 STC-ISP 程序下载软件,界面如图 2-32 所示。

图 2-32 STC ISP 程序下载软件界面

（2）选择单片机型号，在单片机型号的下拉菜单中单击 STC89C52RC 系列，再选择 STC89C52RC/LE52RC。

（3）选择串口号，单击"扫描"按钮即可自动选择串口号。

（4）打开程序文件，选择需要下载的 .hex 的文件，如图 2-33 所示。

（5）单击"下载"按钮，最后启动单片机上的电源开关，程序即可下载完成。

图 2-33　选择需要下载的 .hex 的文件

2.4　C51 语言源程序的结构特点

2.4.1　概述

单片机 C51 语言是由 C 语言继承而来的。和 C 语言不同的是，C51 语言运行于单片机平台，而 C 语言则运行于普通的桌面平台。C51 语言具有 C 语言结构清晰的优点，便于学习，同时具有汇编语言的硬件操作能力。对于具有 C 语言编程基础的读者，可轻松地掌握单片机 C51 语言的程序设计。

Keil C51 是美国 Keil Software 公司出品的 51 系列兼容单片机 C 语言软件开发系统，与汇编语言相比，C51 语言在功能性、结构性、可读性、可维护性上有明显的优势，因而易学易用。Keil C51 以软件包的形式向用户提供，主要包括 C51 交叉编译器、A51 宏汇编器、BL51 连接定位器等一系列工具和基于 Windows 集成编译环境的 μVision51，软件仿真器 dScope51 等开发平台。μVision51 是一种集成化的文件管理编译环境，其中集成了文件编辑处理、编译连接、项目（project）管理、窗口和工具引用以及工作环境路径设置等多种功能。在 μVision51 中完成一个项目文件后,只要单击 Make All 按钮就可完成所有的编译工作,生成绝对目标代码。dScope 是 Windows 集成编译环境下的多窗口软件仿真调试器,可以单独应用,也可以通过 μVision51 进行调用。dScope 具有十分强大的仿真调试功能,支持软件模拟仿真和用户目标板调试两种工作方式。在软件模拟仿真方式下,不需要任何 8051 单片机硬件即可完成用户程序仿真调试,极大地提高了用户程序开发效率;与用户目标板相连时,可以直接进行硬件系统调试,可以节省用户购买昂贵硬件仿真器的费用。

2.4.2　C51 语言的基本程序结构

C51 语言源程序文件的扩展名为“.c”,如 Timer.c,EX1_2.c 等。C51 语言源程序由若干个函数单元组成,每个函数都是完成某个特殊任务的子程序段。一个 C51 语言程序必须有而且只能有一个名为 main() 的函数,它是一个十分特殊的函数,又称该程序的主函数,程序的执行都是从 main() 函数开始的。下面先来看一个简单的程序例子:

求两个输入数据中的较大者。

```
#include <stdio.h>          /*预处理命令*/
#include <reg51.h>          /*预处理命令*/
char max(char x,char y);    /*声明功能函数 max 及其形式参数*/
main()                      /*主函数*/
{
    char a,b,c;             /*主函数的内部变量类型说明*/
    SCON = 0x52;
    TMOD = 0x20;
    TCON = 0x69;
    TH1 = 0x0F3;
    scanf("%c,%c",&a,&b);   /*输入变量 a 和 b 的值*/
    c=max(a,b);             /*调用 max 函数*/
    printf("\nmax=%c\n",c); /*输出变量 c 的值*/
}                           /*主程序结束*/
char max(char x,char y)     /*定义函数 max,x,y 为形式参数*/
{
    if(x>y) return(x);      /*将计算得到的最大值返回到调用处*/
    else  return(x);
}                           /*函数 max 结束*/
```

在本程序的开始处使用了预处理命令#include,它告诉编译器在编译时将头文件 stdio.h 和 reg51.h 读入后一起编译。头文件 stdio.h 中包括了对标准输入输出函数的说明;头文件 reg51.h 中包括了 8051 单片机特殊功能寄存器的说明。

说明:本书的软件程序大都使用的是 Atmel 公司 AT89X51.H 头文件,它与 Intel 公司的 reg51.h 头文件兼容。

程序中,main 是主函数名,要执行的内容称为主函数体,主函数体用花括号“{}”括起来。主函数体中包含若干条将被执行的程序语句,每条语句都必须以分号“;”为结束符。为了使程序便于阅读和理解,可以给程序加上一些注释。C51 语言的注释分为两种,第一种是对多行内容的注释,由符号"/ * "开始,由符号" */"结束,它们之间的内容即为注释;第二种是单行注释,采用"//",即"//"后为注释内容。注释内容可在一行写完,也可以分成几行来写。注释部分不参加编译,编译时,注释的内容不产生可执行代码。注释在程序中的作用是很重要的,一个良好的程序设计者应该在程序中使用足够的注释来说明整个程序的功能、有关算法和注意事项等。需要注意的是,C 语言中的注释不能嵌套,即在"/ * "和" */"之间不允许再次出现"/ * "或" */"。

一般情况下,一个 C 语言程序除了必须有一个主函数之外,还可能有若干个其他的功能函数。本程序中除了 main( )函数之外,还用到了一个功能函数 max( )。函数 max( )的作用是求出变量 x 和 y 中较大者,并通过 return 语句将它的值返回到 main( )函数的调用处。变量 x 和 y 在函数 max( )中是一种形式变量,实际值是通过 mian( )函数中的调用语句传送过来的。此外,ANSI C 标准规定函数必须要"先说明、后调用",因此,在调用函数 max( )之前必须先进行说明。函数是 C 语言程序的基本单位。函数调用类似于子程序调用,用户可以根据实际需要编制出各种不同用途的功能函数。可以说,C 语言是函数式的语言。利用 C 语言的这一特点,可以很容易实现结构化的程序设计。

C51 编译器提供了十分丰富的库函数,本程序在 main( )函数中调用了库函数 scanf( )和 printf( )来实现变量的输入和输出。C 语言本身没有输入和输出功能,输入和输出需要通过函数调用来实现。需要注意的是,C51 提供的输入和输出库函数是通过 8051 单片机的串行接口来实现的。因此,在调用库函数 scanf( )和 printf( )之前,必须先对 8051 单片机的串行接口进行初始化。但是对于单片机应用系统来说,由于具体要求的不同,应用系统的输入和输出方式也多种多样,不可能一律采用串行接口作输入和输出。应该根据实际需要,由应用系统的研制人员自己来编写满足特定需要的输入和输出函数,这一点对于单片机应用系统的开发研制人员来说是十分重要的。

另外,C 语言规定,同一个字母由于其大小写的不同可以代表两个不同的变量,例如 SCON 和 scon 在 C 语言程序中会被认为是两个完全不同的变量,这也是 C 语言的一个特点。一般的习惯是在普通情况下采用小写字母,对一些具有特殊意义的变量或常数采用大写字母,如本程序中,8051 单片机特殊功能寄存器 SCON,TMOD, TCON 和 TH1 等均采用了大写字母。

从以上说明可以看到,C 语言程序一般具有如表 2-1 所示的结构。

C 语言程序的开始部分通常是预处理命令,如上面程序中的#include 命令。这个预处理命令通知编译器在对用户程序进行编译时,将所需要的头文件(* . h)读入后,再一起进行编译。一般在头文件中包含程序编译时的一些必要的信息。通常 C 语言编译器会提供若干个不同用途的头文件,头文件的读入是在对程序进行编译时才完成的,此外还有其他一些预处理命令。

表 2-1 C 语言程序一般具有的结构

预处理命令	#include <　>
函数定义	char　fun1( ); int　fun2( );

预处理命令	#include < >
主函数 函数体	main( ) {… … }
功能函数 1 函数体	fun1( ) {… … }
功能函数 2 函数体	fun2( ) {… … }
其他功能函数	…

一个 C 语言程序至少应包含一个主函数 main( )，也可以包含一个 main( )函数和若干个其他的功能函数。函数之间可以相互调用，但 main( )函数只能调用其他的功能函数，而不能被其他函数所调用。功能函数可以是 C 语言编译器提供的库函数，也可以由用户按实际需要自行编写。不管 main( )函数处于程序中的什么位置，程序总是从 main( )函数开始执行的。一个函数由"函数定义"和"函数体"两部分组成。函数定义部分包括函数类型、函数名、形式参数说明等。函数名后面必须跟一个圆括号( )，形式参数说明在( )内进行。函数也可以没有形式参数，如 main( )。函数体由一对花括号"{}"组成，在"{}"里面的内容就是函数体。如果一个函数有多个"{}"，则最外面的一对"{}"为函数体的范围。函数体的内容为若干条语句，一般有两类：一类为说明语句，用来对函数中将要用到的变量进行定义；另一类为执行语句，用来完成一定的功能或算法处理。有的函数体仅有一对"{}"，其中既没有变量定义语句，也没有执行语句，这也是合法的，称为"空函数"。

2.4.3　C51 语言标识符与关键字

C51 语言的标识符是用来标识源程序中某个对象名字的。这些对象可以是函数、变量、常量、数组、数据类型、存储方式、语句等。一个标识符由字母、数字和下画线等组成，第一个字符必须是字母或下画线，C 语言对大小写字母敏感，如"max"与"MAX"是两个完全不同的标识符。程序中标识符的命名应当简洁明了，含义清晰，便于阅读理解，如用标识符"max"表示最大值，用"TIMER0"表示定时器 0 等。

关键字是一类具有固定名称和特定含义的特殊标识符，有时又称保留字。在编写 C 语言源程序时，一般不允许将关键字另作别用，也就是对于标识符的命名不要与关键字相同。与其他计算机语言相比，C 语言的关键字是比较少的，ANSI C 标准一共规定了 32 个关键字，表 2-2 按用途列出了 ANSI C 标准的关键字。

C51 编译器除了支持 ANSI C 标准的关键字以外，还根据 8051 单片机自身特点扩展了如表 2-3 所示的关键字。

表 2-2　按用途列出 ANSI C 标准的关键字

关　键　字	用　　途	说　　明
auto	存储种类声明	用以声明局部变量,默认值为此
break	程序语句	退出最内层循环体
case	程序语句	switch 语句中的选择项
char	数据类型声明	单字节整形或字符型数据
const	存储种类声明	在程序执行过程中不可修改的变量
continue	程序语句	转向下一次循环
default	程序语句	switch 语句中的默认选择项
do	程序语句	构成 do…while 循环语句
double	数据类型声明	双精度浮点数
else	程序语句	构成 if…else 循环语句
enum	数据类型声明	枚举
extern	存储种类声明	在其他程序模块中声明了的全局变量
float	数据类型声明	单精度浮点数
for	程序语句	构成 for 循环语句
goto	程序语句	构成 goto 转移语句
if	程序语句	构成 if…else 循环语句
int	数据类型声明	基本数据类型
long	数据类型声明	长整型
register	存储种类声明	使用 CPU 内部寄存器的变量
return	程序语句	函数返回
short	数据类型声明	短整型
signed	数据类型声明	有符号数,二进制数据的最高位为符号位
sizeof	运算符	计算表达式或数据类型的字节数
static	存储种类声明	静态变量
struct	数据类型声明	结构类型数据
switch	程序语句	构成 switch 选择语句
typedef	数据类型声明	重新进行数据类型定义
union	数据类型声明	联合型数据
unsigned	数据类型声明	无符号数据
void	数据类型声明	无数据类型
volatile	数据类型声明	声明该变量在程序执行过程中可隐含地被修改
while	程序语句	构成 while 和 do…while 循环语句

表2-3　根据8051单片机自身特点扩展的关键字

关 键 字	用 途	说 明
_at_	地址定位	为变量进行存储器绝对空间地址的定位
alien	函数特性声明	用以声明与PL/M51兼容的函数
bdate	存储器类型声明	可位寻址的8051内部数据存储器
bit	位变量声明	声明一个位变量或位类型的函数
code	存储器类型声明	8051程序存储器空间
compact	存储器模式	指定使用8051外部分页寻址数据存储器空间
data	存储器类型声明	直接寻址的8051内部数据存储器空间
idata	存储器类型声明	间接寻址的8051内部数据存储器空间
interrupt	中断函数声明	定义一个中断服务函数
large	存储器模式	指定使用8051外部数据存储器空间
pdata	存储器类型声明	分页寻址的8051外部数据存储器
priority	多任务优先声明	规定RTX51或RTX51 Tiny的任务优先级
reentrant	再入函数声明	定义一个再入函数
sbit	位变量声明	声明一个可位寻址变量
sfr	特殊功能寄存器声明	声明一个8位特殊功能寄存器
sfr16	特殊功能寄存器声明	声明一个16位特殊功能寄存器
small	存储器模式	指定使用8051内部数据存储器空间
tasking	任务声明	定义实时多任务函数
using	寄存器组定义	定义8051的工作寄存器组
xdata	存储器类型声明	8051外部数据存储器

 项目实施

【技能训练】 LED 闪烁控制设计与实现

LED 闪烁控制设计与实现是在 STC89C52RC 单片机 P0.0 引脚接 LED(发光二极管)阴极,通过程序控制,使 P0.0 引脚交替输出高电平和低电平,使 LED 闪烁。

1. LED 闪烁功能实现分析

LED 闪烁控制电路同项目 1 技能训练图 1-3 一样,由 STC89C52RC 单片机最小系统和 LED 电路构成。

LED 的阳极通过 1 kΩ 限流电阻器后连接到 5 V 电源上,P0.0 引脚接 LED 的阴极,P0.0 引脚输出低电平时,LED 点亮;输出高电平时,LED 熄灭。电路原理图如图 2-34 所示。

LED 闪烁功能的实现过程如下:

(1)P0.0 引脚输出低电平,LED 点亮;

(2)延时;

(3)P0.0 引脚输出高电平,LED 熄灭;

(4)延时;

（5）重复第（1）步（循环），这样就可以实现 LED 闪烁。

图 2-34　LED 闪烁的电路原理图

2. LED 闪烁控制程序设计

由以上分析可以看出，LED 闪烁控制的 C 语言程序如下：

```
///////////////////////////////////////////////////////////
//设计项目:1 个 LED 闪烁实验                              //
//设 计 人:                                              //
//设计时间:2017.5.15                                     //
//设计说明:实现一个 LED 指示灯连续闪烁                    //
//硬件连接条件:单片机 P0.0 连接第 1 个 LED               //
///////////////////////////////////////////////////////////
#include <AT89X51.H>
///////函数说明////////
void delay02s(void);            //延时 0.2 s 子程序
void led_1(void);               //1 个 LED(连续亮灭)
///////变量说明////////
///////SFR 位定义////////
sbit L1=P0^0;                   //定义第 1 个指示灯的名称为 L1 还可以直接采用 P0_0;因为
```

```
                                    //AT89X51.H 内部已做定义,以下依次类推
void main(void)                     //主程序
{
///////// 初始化区 //////////////
    while(1)                        //进入循环,以下为无限循环程序区
    {
        led_1();                    //1 个 LED(连续亮灭)
    }
}
////////////////////////////////////////////////////////////
//函数名称:void led_1(void)
//函数功能:1 个 LED(连续亮灭)
///入口参数:
//出口参数:
//函数说明:1 个 LED 连接 P0.0
////////////////////////////////////////////////////////////
void led_1(void)                    //1 个 LED(连续亮灭)
{
    L1 = 0;                         //第 1 个指示灯亮
    delay02s();                     //延时 0.2 s
    L1 = 1;                         //第 1 个指示灯灭
    delay02s();                     //延时 0.2 s
}
////////////////////////////////////////////////////////
// 函数名称:void delay02s(void)
// 函数功能:延时 0.2 s 的子程序
// 入口参数:
// 出口参数:
// 函数说明:
////////////////////////////////////////////////////////
void delay02s(void)                 //延时 0.2 s 的子程序
{
    unsigned chari,j,k;             //局部变量定义
    for(i = 20;i>0;i--)             //最外层循环
    {
        for(j=20;j>0;j--)           //上层循环
        {
            for(k=248;k>0;k--) ;    //内层循环
        }
    }
}
```

程序编程说明:

（1）由于单片机执行指令的速度很快，如果不进行延时，LED 点亮之后马上就熄灭，熄灭了之后马上就点亮，速度太快，由于人眼的视觉暂留效应，根本无法分辨，所以在控制 LED 闪烁时需延时一段时间，否则就看不到"LED 闪烁"的效果了。

（2）延时函数是定义在前，使用在后。在这里使用了三条 for 语句构成三重循环（最外层循环、上层循环和内层循环），循环体是空的，实现延时的目的。如果想改变延时时间，可以通过循环次数调整来实现。

如果延时函数是使用在前，定义在后，程序应如何编写？

（3）"unsigned char i,j,k;"语句是定义 i、j 和 k 三个变量为无符号字字符型，取值范围为 0~255。

3. LED 闪烁控制调试及生成 .hex 文件

LED 闪烁程序设计好以后，还需要调试，看看是否与设计相符，首先要生成"LED 闪烁文件 .hex"文件。在以后的技能训练中不再详细叙述其具体过程。

（1）建立工程文件，选择单片机。工程文件名为"LED 闪烁"，选择单片机型号为 Atmel 的 AT89C51，即利用 Atmel 的 AT89C51 环境实现 STC 公司的 STC89C52RC 环境。

（2）建立源文件，加载源文件。源文件名为"LED 闪烁 .c"。

（3）设置工程的配置参数。Target 选项卡的晶振频率为 12 MHz，Output 选项卡选中 Create Hex Files 复选框。

（4）进行编译和连接。

（5）进入调试模式，打开 P0 口对话框。在调试模式中，单击"外围设备"→I/O-Ports→Port 0，打开 P0 口对话框。

（6）全速运行程序。选择"调试"→"运行到"命令或单击调试工具栏的"运行"按钮，通过 P0 口对话框观察 P0.0 引脚的电平变化状态，以间接分析 LED 闪烁规律是否与设计相符。

4. LED 闪烁控制用 Proteus 仿真运行调试

LED 闪烁控制用 Proteus 仿真运行调试相关内容如下：

（1）加载"LED 闪烁 .hex"目标代码文件。首先打开 Proteus 的"LED 闪烁"电路，然后双击单片机 AT89C51，在弹出的"编译元件"对话框中单击 Program File 栏的"打开"按钮，在弹出的"选择文件名"对话框中找到前面编译生成的"LED 闪烁 .hex"文件，单击"打开"按钮，完成"LED 闪烁 .hex"文件的加载。同时将 Clock Frequency 栏中的频率设为 12 MHz，单击"确定"按钮，即可完成加载目标代码文件，如图 2-9 所示。

（2）仿真运行调试。单击仿真工具栏的"单步运行"按钮，进入单步运行状态。选择"调试"→AT89C51 CPU Registers 命令及"调试"→AT89C51 CPU SFR Memory 命令，分别打开工作寄存器窗口和特殊功能寄存器窗口。单击源代码调试窗口的"单步执行"按钮一次，执行一条指令，通过各调试窗口观察指令执行后数据处理的结果，以加深对硬件结构和指令的理解。

（3）单击仿真工具栏的"运行"按钮，单片机全速运行程序。通过图形编译区 LED 闪烁电路图，观察 LED 闪烁规律是否与设计要求相符。同时可以通过 P0.0 引脚的电平变化状态，间接分析 LED 闪烁规律。LED 闪烁控制 Proteus 仿真电路图如图 2-35 所示。

　　注意:在仿真电路中,复位电路相当于运行软件的"开始"与"停止";双击"晶振"按钮,可修改单片机晶振频率。为了仿真电路更加简单、直观地显示仿真结果,所以在以后的仿真中晶振电路和复位电路可被省略。

图 2-35　LED 闪烁控制 Proteus 仿真电路图

自我测试

2-1　简述 Keil C51 和 Proteus 软件的主要功能。

2-2　叙述 Proteus 仿真软件的主要功能特点。

2-3　简述 51 单片机扩展的关键字的意义。

2-4　简述单片机的主要特点。

2-5　请完成用开关控制 LED 闪烁快和慢两种效果的电路及其 C 语言程序设计。

项目 **3** STC89C52RC 单片机的并行 I/O 口

学习目标

1. 了解 STC89C52RC 单片机结构。
2. 掌握 STC89C52RC 单片机的引脚功能。
3. 掌握单片机内部数据存储器的地址分配及特殊功能寄存器。
4. 掌握 STC89C52RC 单片机 I/O 端口及工作原理。
5. 了解 C51 语言的数据类型与运算符。
6. 会利用单片机 I/O 端口实现 LED 循环控制。

项目描述

本项目使用单片机 P0 口控制 8 个发光二极管的闪烁。用不同数据类型的数据控制 LED 的闪烁。

知识链接

3.1 STC89C52RC 单片机的内部结构和功能

单片机的内部有 CPU、RAM、ROM、定时器/计数器、输入/输出接口(并行口)电路等,这些部件是通过内部的总线连接起来的。STC89C52RC 单片机的基本结构如图 3-1 所示。

图 3-1 STC89C52RC 单片机的基本结构

STC89C52RC 单片机基本包括以下资源：

(1)STC89C52RC 与 MCS-51 系列的单片机在指令系统和引脚上完全兼容。

(2)片内有 4 KB 在线可重复编程、快擦写程序存储器。

(3)全静态工作，工作范围：0~24 MHz。

(4)128×8 位内部 RAM。

(5)32 位双向输入/输出线。

(6)2 个 16 位定时器/计数器。

(7)5 个中断源，两级中断优先级。

(8)1 个全双工的异步串行接口。

(9)间歇和掉电两种工作方式。

CPU 是单片机的核心，所有的运算和控制都由其实现，它包括两个部分：运算器和控制器。运算器包括算术逻辑单元(ALU)、累加器(ACC)、寄存器 B、状态寄存器(PSW)和暂存寄存器，实现 8 位算术运算和逻辑运算以及 1 位的逻辑运算。控制器主要由程序计数器(PC)、指令寄存器(IR)、指令译码器(ID)、堆栈指针(SP)、数据指针(DPTR)、时钟发生器及定时控制逻辑等组成。控制器是单片机的神经中枢，以振荡器的频率为基准，产生 CPU 时序，对指令进行译码，然后发出各种控制信号，实现各种操作。

3.2 STC89C52RC 单片机引脚的定义及功能

STC89C52RC 单片机有 40 个引脚，与其他 51 系列单片机引脚是兼容的，最常用的 DIP(双列直插式封装)封装形式如图 3-2 所示。其引脚分为 4 类：电源和地、时钟引脚、控制引脚和 I/O 引脚。

图 3-2　STC89C52RC 单片机引脚的 DIP 封装形式

（1）电源和地（2 个）：

V_{CC}：芯片电源接入引脚；接+5 V。

V_{SS}：接地引脚。

（2）时钟引脚（2 个）：

XTAL1：晶体振荡器接入的一个引脚（采用外部振荡器时，此引脚须接地）。

XTAL2：晶体振荡器接入的另一个引脚（采用外部振荡器时，此引脚作为外部振荡器的输入端）。

（3）控制引脚（4 个）：

RST/V_{PD}：复位信号输入引脚/备用电源输入引脚。

ALE/$\overline{PROG}$：地址锁存允许信号输出引脚/编程脉冲输入引脚。

$\overline{EA}$/V_{PP}：片内外程序存储器选择引脚/片内 Flash ROM 编程电压输入引脚。

$\overline{PSEN}$：外部程序存储器选通信号输出引脚。

（4）并行 I/O 引脚（32 个）：

P0.0~P0.7：一般 I/O 口引脚或数据/低位地址总线复用引脚。

P1.0~P1.7：一般 I/O 口引脚。

P2.0~P2.7：一般 I/O 口引脚或高位地址总线引脚。

P3.0~P3.7：一般 I/O 口引脚或第二功能引脚。

3.3　STC89C52RC 单片机存储器的空间配置及功能结构

STC89C52RC 单片机的存储器在物理结构上可以分为 4 个不同的存储空间：

（1）内部程序存储器；

（2）片内数据存储器；

（3）片外数据存储器（最大可扩展到 64 KB）；

（4）片外程序存储器（最大可扩展到 64 KB）。STC-51 ROM 配置图如图 3-3 所示。

图 3-3　STC-51 ROM 配置图

3.3.1 程序存储器

程序存储器(ROM)用于存放程序及表格常数。STC89C52RC 单片机片内驻留有 60 KB 的 Flash 存储器。片内 ROM 和外部扩展 ROM 是统一编址的。当芯片引脚$\overline{EA}$为高电平时，STC89C52RC 单片机的程序计数器(PC)在 0000H~0FFFH 范围内(即前 4 KB 地址)，CPU 执行片内 ROM 中的程序。当 PC 内容在 1000H~FFFFH 范围内(超过 4 KB 地址)时，CPU 自动转向外部 ROM 执行程序。如果$\overline{EA}$为低电平时(接地)，则所有取指令操作均在外部程序存储器中进行，这时外部扩展的 ROM 可从 0000H 开始编址。

在程序存储器中，某些特定的单元是给系统使用的。0000H 单元是复位入口，单片机复位后，CPU 总是从 0000H 单元开始执行程序。通常在 0000H~0002H 单元安排一条无条件转移指令，使之转向主程序的入口地址；0003H~002AH 是专用单元，被保留用于 5 个中断服务程序或中断入口，一般情况下用户不能用来存放其他程序。

3.3.2 数据存储器

STC89C52RC 单片机的数据存储器(RAM)，分为片外 RAM 和片内 RAM 两大部分。

(1)片外 RAM。在应用系统中，如果需要较大的数据存储器，而片内 RAM 又不能满足要求，那么就需要外接 RAM 芯片来扩展数据存储器。外部数据存储器的空间最大可扩展为 64 KB，编址为 0000H~FFFFH。如果应用系统需要超过 64 KB 的大容量数据存储器，可将外部 RAM 分组，每组地址空间重叠而且都为 64 KB，由部分 I/O 线来选择当前外部 RAM 工作组。当系统需要扩展 I/O 端口时，I/O 地址空间就要占用一部分外部数据存储器地址空间。

(2)片内 RAM。STC89C52RC 单片机内部有 128 KB 的 RAM 空间，分成工作寄存器区、位寻址区、通用 RAM(数据缓冲)区三部分。

基本型单片机片内 RAM 地址范围是 00H~FFH。除有片内地址范围在 00H~7FH 的低 128 B 的 RAM 外，还有 80H~FFH 的高 128 B 的 RAM。高 128 B 这一部分 RAM 仅能采用间接寻址方式访问(以与特殊功能寄存器 SFR 的访问相区别)。

①工作寄存器区。STC89C52RC 单片机片内 RAM 低端的 00H~1FH 共 32 B 单元分成 4 个工作寄存器组，每组占 8 B 单元。具体如下：

工作寄存器 0 组：地址 00H~07H；

工作寄存器 1 组：地址 08H~0FH；

工作寄存器 2 组：地址 10H~17H；

工作寄存器 3 组：地址 18H~1FH。

每个工作寄存器组都有 8 个寄存器，分别称为 R0，R1，…，R7。程序运行时，只能有一个工作寄存器组作为当前工作寄存器组。

当前工作寄存器组的选择由特殊功能寄存器中的程序状态字寄存器(PSW)的 RS1、RS0 位来决定。可以对这两位进行编程，以选择不同的工作寄存器组。工作寄存器组与 RS1、RS0 的关系及地址如表 3-1 所示。

表 3-1　工作寄存器组与 RS1、RS0 的关系及地址

组　　号	RS1	RS0	R7	R6	R5	R4	R3	R2	R1	R0
0	0	0	07H	06H	05H	04H	03H	02H	01H	00H
1	0	1	0FH	0EH	0DH	0CH	0BH	0AH	09H	08H
2	1	0	17H	16H	15H	14H	13H	12H	11H	10H
3	1	1	1FH	1EH	1DH	1CH	1BH	1AH	19H	18H

当前工作寄存器从某一工作寄存器组换至另一工作寄存器组时,原来工作寄存器组的各寄存器的内容将被屏蔽保护起来。利用这一特性可以方便地完成快速现场保护任务。

②位寻址区。内部 RAM 的 20H~2FH 共 16 B 单元是位寻址区。其 128 位的地址范围是 00H~7FH。对被寻址的位可进行位操作。人们常将程序状态标志和位控制变量设在位寻址区内。对于该区未用到的单元也可以作为通用 RAM 使用。STC 89C52R 单片机位地址与字节地址的关系如表 3-2 所示。

表 3-2　STC89C52RC 单片机位地址与字节地址的关系

字 节 地 址	位 地 址							
	D7	D6	D5	D4	D3	D2	D1	D0
20H	07H	06H	05H	04H	03H	02H	01H	00H
21H	0FH	0EH	0DH	0CH	0BH	0AH	09H	08H
22H	17H	16H	15H	14H	13H	12H	11H	10H
23H	1FH	1EH	1DH	1CH	1BH	1AH	19H	18H
24H	27H	26H	25H	24H	23H	22H	21H	20H
25H	2FH	2EH	2DH	2CH	2BH	2AH	29H	28H
26H	37H	36H	35H	34H	33H	32H	31H	30H
27H	3FH	3EH	3DH	3CH	3BH	3AH	39H	38H
28H	47H	46H	45H	44H	43H	42H	41H	40H
29H	4FH	4EH	4DH	4CH	4BH	4AH	49H	48H
2AH	57H	56H	55H	54H	53H	52H	51H	50H
2BH	5FH	5EH	5DH	5CH	5BH	5AH	59H	58H
2CH	67H	66H	65H	64H	63H	62H	61H	60H
2DH	6FH	6EH	6DH	6CH	6BH	6AH	69H	68H
2EH	77H	76H	75H	74H	73H	72H	71H	70H
2FH	7FH	7EH	7DH	7CH	7BH	7AH	79H	78H

③通用 RAM(数据缓冲)区。位寻址区之后的 30H~7FH 共 80 B 单元为通用 RAM 区。这些单元可以作为数据缓冲器使用。这一区域的操作指令非常丰富,数据处理方便灵活。

在实际应用中,常需要在 RAM 区设置堆栈。STC89C52RC 的堆栈一般设在 30H~7FH 的范围内。栈顶的位置由堆栈指针(SP)指示。复位时 SP 的初值为 07H,在系统初始化时可以重新设置。

3.3.3 特殊功能寄存器

在 STC89C52RC 中设置了与片内 RAM 统一编址的 21 个特殊功能寄存器(SFR),它们离散地分布在 80H~FFH 的地址空间中。字节地址能被 8 整除的(即十六进制的地址码尾数为 0 或 8 的)单元是具有位地址的寄存器。在 SFR 地址空间中,有效的位地址共有 83 个,如表 3-3 所示。

特殊功能寄存器的每一位的定义和作用与单片机各部件直接相关。这里先概要说明一下,详细用法将在相应的项目中进行说明。

(1) 与运算相关的寄存器(3 个)。详述如下:

累加器(ACC)为 8 位寄存器,它是 STC89C52RC 单片机中最繁忙的寄存器,用于向 ALU 提供操作数,许多运算的结果也存放在累加器中。

寄存器 B 为 8 位寄存器,主要用于乘、除法运算,也可以作为 RAM 的一个单元使用。

程序状态字寄存器(PSW)为 8 位寄存器,且这 8 位都有特殊的定义和作用,用来反映指令执行后累加器 ACC 的状态信息,供程序查询或判断使用,起一定的标志作用。PSW 中的 CY、AC、OV、P 的状态是根据指令的执行结果由硬件自动生成的,F0、F1、RS1、RS0 的状态由用户根据需要用软件方法进行设定。其各位含义如下:

CY:进位、借位标志。有进位、借位时 CY=1;否则,CY=0。

AC:辅助进位、借位标志(高半字节与低半字节间的进位或借位)。

F0、F1:用户标志位,由用户自己定义。

RS1、RS0:当前工作寄存器组选择位。

OV:溢出标志位。有溢出时 OV=1;否则,OV=0。

P:奇偶标志位。存于累加器中的运算结果有奇数个 1 时 P=1;否则,P=0。

表 3-3 STC89C52RC 特殊功能寄存器位地址及字节地址表

SFR	位地址/位符号(有效位 83 个)								字节地址
P0	87H	86H	85H	84H	83H	82H	81H	80H	80H
	P0.7	P0.6	P0.5	P0.4	P0.3	P0.2	P0.1	P0.0	
SP									81H
DPL									82H
DPH									83H
PCON	按字节访问,但相应位有特定含义(见串行接口的内容)								87H
TCON	8FH	8EH	8DH	8CH	8BH	8AH	89H	88H	88H
	TF1	TR1	TF0	TR0	IE1	IT1	IE0	IT0	
TMOD	按字节访问,但相应位有特定含义(见中断系统和定时器/计数器的内容)								89H
TL0									8AH
TL1									8BH
TH0									8CH
TH1									8DH

SFR	位地址/位符号(有效位 83 个)								字节地址
P1	97H	96H	95H	94H	93H	92H	91H	90H	90H
	P1.7	P1.6	P1.5	P1.4	P1.3	P1.2	P1.1	P1.0	
SCON	9FH	9EH	9DH	9CH	9BH	9AH	99H	98H	98H
	SM0	SM1	SM2	REN	TB8	RB8	TI	RI	
SBUF									99H
P2	A7H	A6H	A5H	A4H	A3H	A2H	A1H	A0H	A0H
	P2.7	P2.6	P2.5	P2.4	P2.3	P2.2	P2.1	P2.0	
IE	AFH	—	—	ACH	ABH	AAH	A9H	A8H	A8H
	EA	—	—	ES	ET1	EX1	ET0	EX0	
P3	B7H	B6H	B5H	B4H	B3H	B2H	B1H	B0H	B0H
	P3.7	P3.6	P3.5	P3.4	P3.3	P3.2	P3.1	P3.0	
IP	—	—	—	BCH	BBH	BAH	B9H	B8H	B8H
	—	—	—	PS	PT1	PX1	PT0	PX0	
PSW	D7H	D6H	D5H	D4H	D3H	D2H	D1H	D0H	D0H
	CY	AC	F0	RS1	RS0	OV	—	P	
ACC	E7H	E6H	E5H	E4H	E3H	E2H	E1H	E0H	E0H
	ACC.7	ACC.6	ACC.5	ACC.4	ACC.3	ACC.2	ACC.1	ACC.0	
B	F7H	F6H	F5H	F4H	F3H	F2H	F1H	F0H	F0H
	B.7	B.6	B.5	B.4	B.3	B.2	B.1	B.0	

(2)指针类寄存器(3 个)。详述如下：

堆栈指针(SP)为 8 位寄存器,它总是指向栈顶。STC89C52RC 单片机的堆栈常设在 30H~7FH 这一段 RAM 中。堆栈操作遵循"后进先出"的原则,入栈操作时,SP 先加 1,数据再压入 SP 指向的单元。出栈操作时,先将 SP 指向的单元的数据弹出,然后 SP 再减 1,这时 SP 指向的单元是新的栈顶。由此可见,STC89C52RC 单片机的堆栈区是向地址增大的方向生成的(这与常用的 80×86 微机不同)。

数据指针(DPTR)为 16 位寄存器,用来存放 16 位的地址,它由两个 8 位的寄存器 DPH 和 DPL 组成。间接寻址或变址寻址可对片外的 64 KB 范围的 RAM 或 ROM 数据进行操作。

程序计数器(PC)为 16 位寄存器。用于指出程序的地址,因此又称地址指针。CPU 每从 ROM 中读出 1 B,PC 自动加 1。当执行转移指令时,PC 会根据该指令修改下一次读 ROM 的新地址。

(3)与并行口相关的寄存器(7 个)。详述如下：

并行 I/O 接口 P0、P1、P2、P3,均为 8 位。通过对这 4 个寄存器的读/写,可以实现数据从相应接口的输入/输出。

串行接口数据缓冲器(SBUF)；

串行接口控制寄存器(SCON)；

串行通信波特率倍增寄存器(PCON),由于一些位还与电源控制相关,所以又称电源控制寄存器。

(4)与中断相关的寄存器(2个)。详述如下:

中断允许控制寄存器(IE);

中断优先级控制寄存器(IP)。

(5)与定时器/计数器相关的寄存器(6个)。详述如下:

定时器/计数器 T0 的两个 8 位计数初值寄存器 TH0、TL0,它们可以构成 16 位的计数器,TH0 存放高 8 位,TL0 存放低 8 位;

定时器/计数器 T1 的两个 8 位计数初值寄存器 TH1、TL1,它们可以构成 16 位的计数器,TH1 存放高 8 位,TL1 存放低 8 位;

定时器/计数器的工作方式寄存器(TMOD);

定时器/计数器的控制寄存器(TCON)。

3.4 STC89C52RC 单片机 I/O 接口及工作原理

STC89C52RC 单片机有 4 个 8 位的并行 I/O 接口 P0、P1、P2 和 P3。每个端口均由锁存器、输出驱动器和输入缓冲器组成。各端口除可以作为字节输入/输出外,它们的每一条端口线也可以单独地用作位输入/输出线。各端口编址于特殊功能寄存器中,既有字节地址又有位地址。对端口锁存器的读/写操作,就可以实现端口的输入/输出操作。

当不需要外部程序存储器和数据存储器扩展时,P0 口、P2 口可用作通用的输入/输出口;当需要外部程序存储器和数据存储器扩展时,P0 口作为分时复用的低 8 位地址/数据总线接口,P2 口作为高 8 位地址总线接口。

虽然各端口的功能不同,且结构也存在一些差异,但每个端口的位结构是相同的。所以,端口结构的介绍均以其位结构进行说明。

3.4.1 P0 口的结构

P0 口由 1 个输出锁存器、1 个转换开关 MUX、2 个三态输入缓冲器、输出驱动电路和 1 个与门及 1 个反相器组成,P0 口的位结构如图 3-4 所示。

图 3-4 P0 口的位结构

图 3-4 中的控制信号 C 的状态决定转换开关的位置。当 C=0 时,开关处于图 3-4 所示位置;当 C=1 时,开关拨向反相器输出端位置。

(1)P0 口用作通用 I/O 接口。当系统不进行片外的 ROM 扩展,也不进行片外 RAM 扩展时,P0 口用作通用 I/O 接口。在这种情况下,单片机硬件自动使控制信号 C=0,转换开关 MUX 接向锁存器的反相输出端。另外,与门输出的"0"使输出驱动器的上拉场效应晶体管 VT1 处于截止状态。因此,作为输出驱动时,须工作在外接上拉电阻的漏极开路方式。

作输出接口时,CPU 执行端口的输出指令,内部数据总线上的数据在"写锁存器"信号的作用下由 D 端进入锁存器,经锁存器的反相端送至场效应晶体管 VT2,再经 VT2 反相,在 P0.X 引脚出现的数据正好是内部总线的数据。

作输入接口时,数据可以读端口的锁存器,也可以读端口的引脚。这要根据输入操作采用的是"读锁存器"指令还是"读引脚"指令来决定。读端口锁存器可以避免因外围电路原因使原接口引脚的状态发生变化造成的误读。

(2)P0 口用作地址/数据总线。当系统进行片外的 ROM 扩展(此时 $\overline{EA}$=0)或进行片外 RAM 扩展时,P0 口用作地址/数据总线。在这种情况下,单片机内硬件自动使控制信号 C=1,转换开关 MUX 接向反相器的输出端,这时与门的输出由地址/数据总线的状态决定。

CPU 在执行输出指令时,低 8 位地址信息和数据信息分时出现在地址/数据总线上。若地址/数据总线的状态为"1",则场效应晶体管 VT1 导通、VT2 截止,引脚状态为"1";若地址/数据总线的状态为"0",则场效应晶体管 VT1 截止、VT2 导通,引脚状态为"0"。可见 P0.X 引脚的状态正好与地址/数据总线的信息相同。

CPU 在执行输入指令时,首先低 8 位地址信息出现在地址/数据总线上,P0.X 引脚的状态与地址/数据总线的地址信息相同。然后,CPU 自动地使转换开关 MUX 拨向锁存器,并向 P0 口写入 FFH,同时"读引脚"信号有效,数据经缓冲器进入内部数据总线。

由此可见,P0 口作为地址/数据总线使用时是一个真正的双向接口。

3.4.2 P1 口的结构

P1 口是 STC89C52RC 唯一的单功能接口,仅能用作通用的数据输入/输出接口。P1 口的位结构如图 3-5 所示。

图 3-5 P1 口的位结构

由图 3-5 可见,P1 口由 1 个输出锁存器、2 个三态输入缓冲器和 1 个输出驱动电路组成。输出驱动电路与下面将要介绍的 P2 口相同,内部设有上拉电阻。

P1 口是通用的准双向 I/O 接口。输出高电平时,能向外提供上拉电流负载,不必再接上拉电阻;当接口用作输入时,须向锁存器写入"1"。

3.4.3 P2 口的结构

P2 口由 1 个输出锁存器、1 个转换开关 MUX、2 个三态输入缓冲器、输出驱动电路和 1 个反相器组成。P2 口的位结构如图 3-6 所示。

图 3-6　P2 口的位结构

图 3-6 中的控制信号 C 的状态决定转换开关的位置。当 C=0 时,开关处于图 3-6 所示位置;当 C=1 时,开关拨向地址线位置。由图可见,输出驱动电路与 P0 口不同,内部设有上拉电阻。

(1)P2 口用作通用 I/O 接口。当不需要在单片机芯片外部扩展程序存储器,仅可能扩展 256 B 的片外 RAM 时,只用到了地址线的低 8 位,P2 口仍可以作为通用 I/O 接口使用。

CPU 在执行输出指令时,内部数据总线的数据在"写锁存器"信号的作用下由 D 端进入锁存器,经反相器反相后送至场效应晶体管 VT,再经 VT 反相,在 P2.X 引脚出现的数据正好是内部数据总线的数据。

P2 口用作输入时,数据可以读端口的锁存器,也可以读端口的引脚。这要根据输入操作采用的是"读锁存器"指令还是"读引脚"指令来决定。

CPU 在执行"读—修改—写"类输入指令时,内部产生的"读锁存器"操作信号使锁存器 Q 端数据进入内部数据总线,在与累加器 ACC 进行逻辑运算之后,结果又送回 P2 口锁存器并出现在引脚上。

CPU 在执行输入指令时,内部产生的操作信号是"读引脚",这时应在执行输入指令前把锁存器写入"1",目的是使场效应晶体管 VT 截止,从而使引脚处于高阻抗输入状态。

所以,P2 口用作通用 I/O 接口时,属于准双向接口。

(2)P2 口用作地址总线。当需要在单片机芯片外部扩展程序存储器或扩展的 RAM 容量超过 256 B 时,单片机内硬件自动使控制信号 C=1,转换开关 MUX 接向地址线,这时 P2.X 引脚的状态正好与地址线的信息相同。

3.4.4　P3 口的结构

P3 口是双功能接口,除具有数据输入/输出功能外,每一接口线还具有特殊的第二功能。

P3 口的位结构如图 3-7 所示。P3 口由 1 个输出锁存器、3 个输入缓冲器(其中 2 个为三态)、输出驱动电路和 1 个与非门组成。输出驱动电路与 P2 口和 P1 口相同,内部设有上拉电阻。

图 3-7　P3 口的位结构

(1)P3 口用作第一功能的通用 I/O 接口。当 CPU 对 P3 口进行字节或位寻址时(多数应用场合是把几条接口线设为第二功能,另外几条接口线设为第一功能,这时宜采用位寻址方式),单片机内部的硬件自动将第二功能输出线的 W 置"1"。这时,对应的接口线为通用 I/O 接口方式。

作为输出时,锁存器的状态(Q 端)与输出引脚的状态相同;作为输入时,也要先向 P3 口锁存器写入"1",使引脚处于高阻输入状态。输入的数据在"读引脚"信号的作用下,进入内部数据总线。所以,P3 口在作为通用 I/O 接口时,也属于准双向接口。

(2)P3 口用作第二功能使用。当 CPU 不对 P3 口进行字节或位寻址时,单片机内部硬件自动将接口锁存器的 Q 端置"1"。这时,P3 口可以作为第二功能使用。各引脚的定义如下:

①P3.0:RXD(串行接口输入);

②P3.1:TXD(串行接口输出);

③P3.2:$\overline{\text{INT0}}$(外部中断 0 输入);

④P3.3:$\overline{\text{INT1}}$(外部中断 1 输入);

⑤P3.4:T0(定时器/计数器 0 的外部输入);

⑥P3.5:T1(定时器/计数器 1 的外部输入);

⑦P3.6:$\overline{\text{WR}}$(片外数据存储器"写"选通控制输出);

⑧P3.7:$\overline{\text{RD}}$(片外数据存储器"读"选通控制输出)。

P3 口相应的接口线处于第二功能,应满足的条件如下:

①串行 I/O 接口处于运行状态(RXD、TXD);

②外部中断已经打开（$\overline{INT0}$、$\overline{INT1}$）；

③定时器/计数器处于外部计数状态（T0、T1）；

④执行读/写外部 RAM 的指令（$\overline{RD}$、$\overline{WR}$）。

作为输出功能的接口线（如 TXD），由于此时该位的锁存器已自动置"1"，与非门对第二功能输出是畅通的，即引脚的状态与第二功能输出是相同的。

作为输入功能的接口线（如 RXD），由于此时该位的锁存器和第二功能输出线均为"1"，场效应晶体管 VT 截止，该接口引脚处于高阻输入状态。引脚信号经输入缓冲器（非三态）进入单片机内部的第二功能输入线。

3.4.5　并行 I/O 接口的负载能力

P0 口、P1 口、P2 口、P3 口的输入和输出电平与 CMOS 电平和 TTL 电平均兼容。

P0 口的每一位接口线可以驱动 8 个 LSTTL 负载。在作为通用 I/O 接口时，由于输出驱动电路是开漏方式，由集电极开路（OC 门）电路或漏极开路电路驱动时须外接上拉电阻；当作为地址/数据总线使用时，接口线输出不是开漏方式，无须外接上拉电阻。

P1 口、P2 口、P3 口的每一位能驱动 4 个 LSTTL 负载。它们的输出驱动电路设有内部上拉电阻，所以可以方便地由集电极开路（OC 门）电路或漏极开路电路驱动，而无须外接上拉电阻。

STC89C52RC 单片机每个 I/O 口的驱动能力均可达到 20 mA，但是 40 引脚单片机整个芯片最大工作电流不要超过 120 mA。

3.5　C51 语言的数据类型与运算符

3.5.1　C51 语言的数据类型

每写一个程序，总离不开数据的应用，在学习 C51 语言的过程中理解掌握数据类型也是很关键的。表 3-4 中列出了 Keil C51 语言编译器所支持的数据类型。在标准 C 语言中，基本的数据类型为 char、int、short、long、float 和 double，而在 Keil C51 语言编译器中 int 和 short 相同，float 和 double 相同，这里就不列出说明了。

表 3-4　Keil C51 语言编译器所支持的数据类型

数 据 类 型	长 度	值 域
unsigned char	单字节	0~255
signed char	单字节	−128~+127
unsigned int	双字节	0~65 535
signed int	双字节	−32 768~+32 767
unsigned long	四字节	0~4 294 967 295
signed long	四字节	−2 147 483 648~+2 147 483 647
float	四字节	±1.175 494E−38~±3.402 823E+38

数 据 类 型	长 度	值 域
*	1~3 字节	对象的地址
bit	位	0 或 1
sfr	单字节	0~255
sfr16	双字节	0~65 535
sbit	位	0 或 1

1. char（字符类型）

char 数据类型的长度是 1 B，通常用于定义字符数据的变量或常量，分无符号字符类型 un-signed char 和有符号字符类型 signed char，默认值为 signed char 类型。unsigned char 类型用字节中所有的位来表示数值，所能表达的数值范围是 0~255。signed char 类型用字节中最高位字节表示数据的符号，"0"表示正数，"1"表示负数，负数用补码表示。所能表示的数值范围是 −128~+127。unsigned char 常用于处理 ASCII 字符或用于处理小于或等于 255 的整型数。

正数的补码与原码相同，负数的补码等于它的绝对值按位取反后加 1。

2. int（整型）

int 数据类型的长度是 2B，用于存放 1 个双字节数据，分为有符号整型 signed int 和无符号整型 unsigned int，默认值为 signed int 类型。signed int 表示的数值范围是 −32 768~+32 767，字节中最高位表示数据的符号，"0"表示正数，"1"表示负数。unsigned int 表示的数值范围是 0~65 535。

3. long（长整型）

long 数据类型的长度是 4 B，用于存放 1 个四字节整型数据，分为有符号长整型 signed long 和无符号长整型 unsigned long，默认值为 signed long 类型。signed int 表示的数值范围是 −2 147 483 648~+2 147 483 647，字节中最高位表示数据的符号，"0"表示正数，"1"表示负数。unsigned long 表示的数值范围是 0~4 294 967 295。

4. float（浮点型）

float 数据类型在十进制中具有 7 位有效数字，是符合 IEEE 754 标准的单精度浮点型数据，占用 4B。

5. *（指针型）

指针型本身就是一个变量，在这个变量中存放指向另一个数据的地址。这个指针变量要占据一定的内存单元，对不一样的处理器长度也不尽相同，在 C51 语言中它的长度一般为 1~3 B。指针变量也具有类型，在以后的课程中再做探讨，这里就不详细介绍了。

6. bit（位标量）

bit 位标量是 C51 编译器的一种扩充数据类型，利用它可定义一个位标量，但不能定义位指针，也不能定义位数组。它的值是 1 个二进制位 0 和 1，类似一些高级语言中的 Boolean 类型中的 True 和 False。

7. sfr（特殊功能寄存器）

sfr 也是一种扩充数据类型，占用 1 个内存单元，值域为 0~255。利用它能访问 51 单片机内部的所有特殊功能寄存器。

如用 sfrP1＝0x90 这一句定义 P1 为 P1 口在片内的寄存器,在后面的语句中可以用 P1＝255(对 P1 口的所有引脚置高电平)之类的语句来操作特殊功能寄存器。

8. sfr16(16 位特殊功能寄存器)

sfr16 占用 2 个内存单元,值域为 0~65 535。sfr16 和 sfr 一样用于操作特殊功能寄存器,所不一样的是它用于操作占 2 B 的寄存器,如定时器 T0 和 T1。

9. sbit(可寻址位)

sbit 也是单片机 C 语言的一种扩充数据类型,利用它能访问芯片内部 RAM 中的可寻址位或特殊功能寄存器中的可寻址位。

如已定义 sfr P1＝0x90,则 sbit P1_1＝P1^1 表示 P1_1 为 P1 中的 P1.1 引脚,同样也可以用 P1.1 的地址去定义,如 sbit P1_1＝0x91,这样在以后的程序语句中就能用 P1_1 来对 P1.1 引脚进行读/写操作了。

通常这些能直接使用编译系统提供的预处理文件,里面已定义好每个特殊功能寄存器的简单名字,直接引用就可以了。当然也可以自己写定义文件,用自己认为好记的名字命令即可。

3.5.2 C51 语言的运算符与表达式

C51 语言的运算符(见表 3-5)按其表达式中与运算符的关系可分为单目运算符,双目运算符和三目运算符。单目运算符就是指需要有一个运算对象,双目运算符就要求有两个运算对象,三目运算符则要有三个运算对象。表达式则是由运算符及运算对象所组成的具有特定含义的式子。C 语言是一种表达式语言,表达式后面加";"就构成了一个表达式语句。

表 3-5　C51 语言的运算符

运　算　符		范例	说　明
算数运算符	+	a+b	a 变量值和 b 变量值相加
	-	a-b	a 变量值和 b 变量值相减
	*	a*b	a 变量值乘以 b 变量值
	/	a/b	a 变量值除以 b 变量值
	%	a%b	取 a 变量值除以 b 变量值的余数
赋值运算符	=	a=4	将 4 赋给 a 变量,即 a 变量值等于 4
复合赋值运算符	+=	a+=b	等同于 a=a+b,将 a 与 b 相加的结果又存回 a
	-=	a-=b	等同于 a=a-b,将 a 与 b 相减的结果又存回 a
	*=	a*=b	等同于 a=a*b,将 a 与 b 相乘的结果又存回 a
	/=	a/=b	等同于 a=a/b,将 a 与 b 相除的结果又存回 a
	%=	a%=b	等同于 a=a%b,将 a 除以 b 的余数又存回 a
自增、自减运算符	++	a++	a 的值加 1,即 a=a+1
	--	a--	a 的值减 1,即 a=a-1
关系运算符	>	a>b	测试 a 是否大于 b
	<	a<b	测试 a 是否小于 b
	==	a==b	测试 a 是否等于 b
	>=	a>=b	测试 a 是否大于或等于 b
	<=	a<=b	测试 a 是否小于或等于 b
	!=	a!=b	测试 a 是否不等于 b

续表

运 算 符		范 例	说 明
逻辑运算符	&&	a&&b	a 和 b 做逻辑与
	‖	a‖b	a 和 b 做逻辑或
	!	! a	将变量 a 的值取反,即真变为假,假变为真
位运算符	>>	a>>b	将 a 按位右移 b 个位
	<<	a<<b	将 a 按位左移 b 个位,右侧补"0"
	|	a|b	a 和 b 按位做或运算
	&	a&b	a 和 b 按位做与运算
	^	a^b	a 和 b 按位做异或运算
	~	a~b	将 a 的二进制数按位取反,即 1 变为 0,0 变为 1
指针、地址运算符	&	a=&b	将变量 b 的地址存入变量 a
	*	* a	用来读取变量 a 所指地址单元内的值
条件运算符	?:	Max=(a>b)? a:b	将 a 和 b 中较大者赋给变量 max

1. 赋值运算符

在 C 语言中,符号"="是一个特殊的运算符,称为赋值运算符。赋值运算符的作用是将一个数据的值赋给一个变量,利用赋值运算符将一个变量与一个表达式连接起来的式子称为赋值表达式,在赋值表达式的后面加一个分号";"便构成了赋值语句。赋值语句的格式如下:

$$变量=表达式;$$

该语句的意义是先计算出右边表达式的值,然后将该值赋给左边的变量。上式中的"表达式"还可以是另一个赋值表达式,即 C 语言允许进行多重赋值。例如:

    x=9;   /＊将常数 9 赋给变量 x＊/
    x=y=8;   /＊将常数 8 同时赋给变量 x 和 y＊/

上述都是合法的赋值语句。在使用赋值运算符"="时,应注意不要与关系运算符"＝＝"相混淆,关系运算符"＝＝"用来进行相等关系运算。

2. 算术运算符

C 语言中的算术运算符有:+(加或取正值运算符)、-(减或取负值运算符)、＊(乘法运算符)、/(除法运算符)、%(取余运算符又称模运算符)。

上面这些运算符中,加、减、乘、除为双目运算符,它们要求有两个运算对象。加、减和乘法符合一般的算术运算规则。除法运算有所不同:如果是两个整数相除,其结果为整数,舍去小数部分,例如,5/3 的结果为 1,5/10 的结果为 0;如果是两个浮点数相除,其结果为浮点数,例如,5.0/10.0 的结果为 0.5。取余运算要求两个运算对象均为整型数据,例如,7 % 4 的结果为 3。取正值和取负值为单目运算符,它们的运算对象只有一个,分别是取运算对象的正值和负值。

用算术运算符将运算对象连接起来的式子即为算术表达式。单独的一个运算数据也可视为算术表达式。

例如,x+y/(a-b),(a+b)＊(x-y)都是合法的算术表达式。C 语言中规定了运算符的优先级和结合性,在求一个表达式的值时,要按运算符的优先级别进行。算术运算符中取负值

(−)的优先级最高,其次是乘法(＊)、除法(∕)和取余(％)运算符,加法(＋)和减法(−)运算符的优先级最低。需要时可在算术表达式中采用圆括号来改变运算符的优先级,例如在计算表达式 x+y/(a−b)的值时,首先计算(a−b),然后再计算 y/(a−b),最后计算 x+y/(a−b)。如果在一个表达式中各个运算符的优先级别相同,则计算时按规定的结合方向进行。例如计算表达式 x+y−z 的值,由于+和−优先级别相同,计算时按"从左至右"的结合方向,先计算 x+y,再计算(x+y)−z。这种"从左至右"的结合方向称为"左结合性",此外还有"右结合性"。

3. 增量和减量运算符

在 C 语言中,除了基本的加、减、乘、除运算符之外,还提供了一种特殊的运算符:++(增量运算符)和−−(减量运算符)。

增量和减量运算符是 C 语言中特有的一种运算符,作用是分别对运算对象进行加 1 和减 1 运算。例如,++i,i++,−−j,j−−等。

看起来++i 和 i++的作用都是使变量 i 的值加 1,但是由于运算符++所处的位置不同,使变量 i 加 1 的运算过程也不同。++i(或−−i)是先执行 i+1(或 i−1)操作,再使用 i 的值,而 i++(或 i−−)则是先使用 i 的值,再执行 i+1(或 i−1)操作。

增量运算符"++"和减量运算符"−−"只能用于变量,不能用于常数或表达式。

4. 关系运算符

C 语言中有 6 种关系运算符:>(大于)、<(小于)、>=(大于或等于)、<=(小于或等于)、==(等于)、!=(不等于)。前 4 种关系运算符具有相同的优先级,后 2 种关系运算符也具有相同的优先级,但前 4 种的优先级高于后 2 种。用关系运算符将两个表达式连接起来即成为关系表达式。关系表达式的一般形式如下:

表达式 1   关系运算符   表达式 2

例如:x>y、x+y>z、(x=3)>(y=4)都是合法的关系表达式。

关系运算符通常用来判别某个条件是否满足,关系运算的结果只有 0 和 1 两种值。当所指定的条件满足时,结果为 1;条件不满足时,结果为 0。

5. 逻辑运算符

C 语言中有 3 种逻辑运算符:‖(逻辑或)、&&(逻辑与)、!(逻辑非)。

逻辑运算符用来求某个条件式的逻辑值。用逻辑运算符将关系表达式或逻辑量连接起来就是逻辑表达式。逻辑运算的一般形式如下:

逻辑与:条件式 1&& 条件式 2

逻辑或:条件式 1‖条件式 2

逻辑非:! 条件式

例如:x&&y、a‖b、! z 都是合法的逻辑表达式。

进行逻辑与运算时,首先对条件式 1 进行判断,如果结果为真(非 0 值),则继续对条件式 2 进行判断,当结果也为真时,表示逻辑运算的结果为真(值为 1);反之,如果条件式 1 的结果为假,则不再判断条件式 2,而直接给出逻辑运算的结果为假(值为 0)。进行逻辑或运算时,只要两个条件式中有一个为真,逻辑运算的结果便为真(值为 1),只有当条件式 1 和条件式 2 均不成立时,逻辑运算的结果才为假(值为 0)。进行逻辑非运算时,对条件式的逻辑值直接取反。逻辑运算符的优先级为(由高至低):!(非)→&&(与)→‖(或),即逻辑非的优先级最高。

6. 位运算符

能对运算对象进行按位操作是 C 语言的一大特点,正是由于这一特点,使 C 语言具有了汇编语言的一些功能,从而使之能对计算机的硬件直接进行操作。C 语言中共有 6 种位运算符:~(按位取反)、<<(左移)、>>(右移)、&(按位与)、^(按位异或)、|(按位或)。

位运算符的作用是按位对变量进行运算,并不改变参与运算的变量的值。若希望按位改变运算变量的值,则应利用相应的赋值运算。另外,位运算符不能用来对浮点型数据进行操作。位运算符的优先级从高到低依次是:按位取反(~)→左移(<<)和右移(>>)→按位与(&)→按位异或(^)→按位或(|)。位运算的一般形式如下:

变量 1　　位运算符　　变量 2

表 3-6 列出了按位取反、按位与、按位或和按位异或的逻辑真值。

表 3-6　按位取反、按位与、按位或和按位异或的逻辑真值

a	b	~a	~b	a&b	a│b	x^y
0	0	1	1	0	0	0
0	1	1	0	0	1	1
1	0	0	1	0	1	1
1	1	0	0	1	1	0

7. 复合赋值运算符

在赋值运算符"="的前面加上其他运算符,就构成了所谓的复合赋值运算符:+=(加法赋值)、-=(减法赋值)、*=(乘法赋值)、/=(除法赋值)、%(取模赋值)、<<=(左移位赋值)、>>=(右移位赋值)、&=(逻辑与赋值)、|=(逻辑或赋值)、^=(逻辑异或赋值)、~=(逻辑非赋位)。

复合赋值运算首先对变量进行某种运算,然后将运算的结果再赋给该变量。复合运算的一般形式如下:

变量　复合赋值运算符　表达式

例如,a+=3 等价于 a=a+3;x*=x+8 等价于 x=x*(x+8)。凡是二目运算符,都可以和赋值运算符一起组合成复合赋值运算符。采用复合赋值运算符,不仅可以使程序简化,同时还可以提高程序的编译效率。

8. 逗号运算符

在 C 语言中,逗号","是一个特殊的运算符,可以用它将两个(或多个)表达式连接起来,称为逗号表达式。逗号表达式的一般形式如下:

表达式 1,表达式 2,…,表达式 n

程序运行时,对于逗号表达式的处理是从左至右依次计算出各个表达式的值,而整个逗号表达式的值是最右边表达式(即表达式 n)的值。

9. 条件运算符

条件运算符"?:"是 C 语言中唯一的一个三目运算符。它要求有 3 个运算对象,用它可以将 3 个表达式连接构成一个条件表达式。条件表达式的一般形式如下:

逻辑表达式？　表达式 1:表达式 2

其功能是首先计算逻辑表达式,当值为真(非 0 值)时,将表达式 1 的值作为整个条件表达式的值;当逻辑表达式的值为假(0 值)时,将表达式 2 的值作为整个条件表达式的值。例如,条件表达式 max=(a>b)？a:b 的执行结果是将 a 和 b 中较大者赋值给变量 max。另外,条件表达式中逻辑表达式的类型可以与表达式 1 和表达式 2 的类型不一样。

10. 指针和地址运算符

指针是 C 语言中一个十分重要的概念,在 C 语言的数据类型中专门有一种指针类型。变量的指针就是该变量的地址,另外,还可以定义一个指向某个变量的指针变量。为了表示指针变量和它所指向的变量地址之间的关系,C 语言提供了两个专门的运算符:∗(取内容)和 &(取地址)。取内容和取地址运算的一般形式分别如下:

变量 = ∗指针变量;

指针变量=& 目标变量;

取内容运算的含义是将指针变量所指向的目标变量的值赋给左边的变量;取地址运算的含义是将目标变量的地址赋给左边的变量。注意,指针变量中只能存放地址(即指针型数据),不要将一个非指针型数据赋值给一个指针变量。

11. 强制类型转换运算符

C 语言中的圆括号"( )"也可作为一种运算符使用,这就是强制类型转换运算符。它的作用是将表达式或变量的类型强制转换成为所指定的类型。在 C 语言程序中进行算术运算时,需要注意数据类型的转换。一般有两种数据类型转换方式,即隐式转换和显式转换,隐式转换是在对程序进行编译时由编译器自动处理的。隐式转换遵循以下规则:

(1)所有 char 型的操作数转换成 int 型。

(2)用运算符连接的两个操作数如果具有不同的数据类型,则按以下次序进行转换:如果一个操作数是 float 类型,则另一个操作数也转换成 float 类型;如果一个操作数是 long 类型,则另一个操作数也转换成 long 类型;如果一个操作数是 unsigned 类型,则另一个操作数也转换成 unsigned 类型。

(3)在对一变量赋值时发生的隐式转换将赋值号"="右边的表达式类型转换成赋值号左边变量的类型。例如,如果把整型数赋值给字符型变量,则整型数的高 8 位将丢失;如果把浮点数赋值给整型变量,则小数部分将丢失。在 C 语言中,只有基本数据类型(即 char,int,long 和 float)可以进行隐式转换,其余的数据类型不能进行隐式转换。例如,不能把一个整型数利用隐式转换赋值给一个指针变量,在这种情况下,就必须利用强制类型转换运算符来进行显式转换。强制类型转换运算符的一般形式如下:

(类型) 表达式

显式转换在给指针变量赋值时特别有用。例如,预先在 STC89C52RC 单片机的片外数据存储器(xdata)中定义了一个字符型指针变量 px,如果想给这个指针变量赋初值 0xB000,则可以写成 px=(char xdata ∗)0xB000。这种方法特别适合于用标识符来存取绝对地址,

12. sizeof 运算符

C 语言中提供了一种用于求取数据类型、变量以及表达式的字节数的运算符,该运算符的一般形式如下:

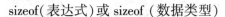

$$sizeof(表达式)或 sizeof (数据类型)$$

应该注意的是,sizeof 是一种特殊的运算符,不要错误地认为它是一个函数。实际上,字节数的计算在程序编译时就完成了,而不是在程序执行的过程中才计算出来的。

前面对 C 语言中的各种运算符分别进行了介绍,此外还有 3 个运算符:数组下标运算符"[ ]"、存取结构或联合体变量的运算符"→"或"·",它们将在后面项目中予以介绍。表3-7 给出了运算符在使用过程中的优先级和结合性。

表 3-7　运算符在使用过程中的优先级和结合性

优先级	类　别	运算符名称	运　算　符	结　合　性
1	强制转换	强制类型转换	( )	自左向右
	数组	下标	[ ]	
	结构、联合	存取结构或联合体成员	→或 ·	
2	逻辑	逻辑非	!	自右向左
	字位	按位取反	~	
	增量	自加 1	++	
	减量	自减 1	−−	
	指针	取地址	*	
		取内容	&	
	算数	单目减	−	
	长度计算	长度计算	sizeof	
3	算术	乘	*	
		除	/	
		取模	%	
4	算术和指针运算	加	+	
		减	−	
5	字位	左移	<<	
		右移	>>	
6	关系	大于或等于	>=	自左向右
		大于	>	
		小于或等于	<=	
		小于	<	
7		恒等于	==	
		不等于	! =	
8	字位	按位与	&	
9		按位异或	^	
10		按位或			
11	逻辑	逻辑与	&&	
12		逻辑或	||	

续表

优先级	类别	运算符名称	运 算 符	结 合 性
13	条件	条件运算	?:	
14	赋值	赋值	=	自右向左
		复合赋值	op(Op 表示操作符)=	
15	逗号	逗号运算	,	自左向右

项目实施

【技能训练 3.1】 P0 口控制 8 个发光二极管(LED)依次亮灭

实施步骤是使用单片机 P0 口控制 8 个 LED 依次亮灭(即形成流水灯),P0 口作为普通的 I/O 口使用,所采用的电路原理图如图 3-8 所示。

图 3-8　P0 口流水点亮 8 个 LED 电路原理图

1. 实现方法

通过对 P0 口的 8 个引脚进行写操作,当某个引脚写入"0"时,与该引脚相连的 LED 就处于点亮状态;当某个引脚写入"1"时,与该引脚相连的 LED 就处于熄灭状态。因此,要形成流水灯,就必须先向 P0.0 写入"0",其他引脚写入"1",此时 D1 亮,其他灭;然后向 P0.1 写入"0",其他引脚写入"1",此时 D2 亮,其他灭;依次类推……

2. P0 口控制 8 个发光二极管(LED)依次亮灭程序设计

先建立文件夹"Ex3.2",然后建立"Ex3.2"工程项目,最后建立源程序文件"Ex3.2.c"。

输入如下源程序：

```
///////////////////////////////////////////////////////////
//设计项目：P0 口控制 8 个 LED 依次亮灭              //
//设 计 人：                                      //
//设计时间：2017.5.15                             //
//设计说明：实现多个 LED 指示灯，按照不同要求花色运行        //
//硬件连接条件：单片机 P0.0～P0.7 依次连接第 1 个 LED～第 8 个 LED  //
///////////////////////////////////////////////////////////
#include <STC89C52RC.H>
///////函数说明///////
void delay02s(void);            //延时 0.2 s 子程序
void led_8_yc(void);            //8 个 LED(花色_依次点亮，依次熄灭)
///////SFR 位定义///////
sbit L1=P0^0;                   //定义第 1 个指示灯的名称为 L1 还可以直接采用 P0_0；因为
                                //STC89C52RC.H 内部已做定义，下依次类推
sbit L2=P0^1;                   //定义第 2 个指示灯的名称为 L2
sbit L3=P0^2;                   //定义第 3 个指示灯的名称为 L3
sbit L4=P0^3;                   //定义第 4 个指示灯的名称为 L4
sbit L5=P0^4;                   //定义第 5 个指示灯的名称为 L5
sbit L6=P0^5;                   //定义第 6 个指示灯的名称为 L6
sbit L7=P0^6;                   //定义第 7 个指示灯的名称为 L7
sbit L8=P0^7;                   //定义第 8 个指示灯的名称为 L8
void main(void)                 //主程序
{
///////初始化区//////////////
    while(1)                    //进入循环，以下为无限循环程序区
    {
      led_8_yc();               //8 个 LED(花色_依次点亮，依次熄灭)
    }
}
///////////////////////////////////////////////////////////
//函数名称：void led_8_yc(void)
//函数功能：8 个 LED(花色_同时连续亮灭)
//入口参数：
//出口参数：
//函数说明：1 个 LED 接 P0.0；8 个 LED 依次接 P0.0～P0.7
///////////////////////////////////////////////////////////
void led_8_yc(void)             //8 个 LED(花色_依次点亮，依次熄灭)
{
    ///////依次点亮第 8 个 LED 花色//////////
    //////////////亮//////////////
    L1=0;                       //第 1 个指示灯亮
```

```
    delay02s();                    //延时 0.2 s
    L2 = 0;                        //第 2 个指示灯亮
    delay02s();                    //延时 0.2 s
    L3 = 0;                        //第 3 个指示灯亮
    delay02s();                    //延时 0.2 s
    L4 = 0;                        //第 4 个指示灯亮
    delay02s();                    //延时 0.2 s
    L5 = 0;                        //第 5 个指示灯亮
    delay02s();                    //延时 0.2 s
    L6 = 0;                        //第 6 个指示灯亮
    delay02s();                    //延时 0.2 s
    L7 = 0;                        //第 7 个指示灯亮
    delay02s();                    //延时 0.2 s
    L8 = 0;                        //第 8 个指示灯亮
    delay02s();                    //延时 0.2 s
    ///////////////灭///////////////////
    L1 = 1;                        //第 1 个指示灯灭
    delay02s();                    //延时 0.2 s
    L2 = 1;                        //第 2 个指示灯灭
    delay02s();                    //延时 0.2 s
    L3 = 1;                        //第 3 个指示灯灭
    delay02s();                    //延时 0.2 s
    L4 = 1;                        //第 4 个指示灯灭
    delay02s();                    //延时 0.2 s
    L5 = 1;                        //第 5 个指示灯灭
    delay02s();                    //延时 0.2 s
    L6 = 1;                        //第 6 个指示灯灭
    delay02s();                    //延时 0.2 s
    L7 = 1;                        //第 7 个指示灯灭
    delay02s();                    //延时 0.2 s
    L8 = 1;                        //第 8 个指示灯灭
    delay02s();                    //延时 0.2 s
}
///////////////////////////////////////////
//函数名称:void delay02s(void)
//函数功能:延时 0.2 s 的子程序
//入口参数:
//出口参数:
//函数说明:
///////////////////////////////////////////
void delay02s(void)                //延时 0.2 s 的子程序
{
```

```
unsigned char i,j,k;          //局部变量定义
for(i=20;i>0;i--)             //最外层循环
{
  for(j=20;j>0;j--)           //上层循环
  {
    for(k=248;k>0;k--);       //内层循环
  }
}
}
```

3. 利用 Proteus 软件仿真

经 Keil C51 软件编译通过后,可用 Proteus 软件进行仿真。根据原理图(图 3-8),在 Proteus ISIS 编辑环境中绘制仿真电路图,将编译好的"Ex3.1.hex"文件载入到单片机中。启动仿真,如图 3-9 所示,即可看到与 P0 口相连接的 8 个 LED 呈现流水灯状态。

图 3-9　仿真电路图

4. 采用实验板试验

程序仿真无误后,将 Keil C51 软件编译通过后产生的"Ex3.1.hex"文件下载到 STC89C52RC 芯片中,再将下载好的单片机插入实验板,通电运行即可看到和仿真类似的试验结果。

【技能训练 3.2】　用不同数据类型的数据控制 LED 的闪烁

实施步骤是使用无符号整型数据和无符号字符型数据来设计延时函数,分别用以控制原理图(图 3-10)中 LED2 和 LED3 的闪烁,从而研究这两种数据的不同效果。

1. 实现方法

为比较这两种数据的使用效果，将延时函数的循环次数设置相同，然后通过比较延时效果，直观地看出两种数据类型的使用效果。

2. 程序设计

先建立文件夹"Ex3.2"，然后建立"Ex3.2"工程项目，最后建立源程序文件"Ex3.2.c"。输入如下源程序：

```
/////////////////////////////////////////////////////////////
//设计项目：用不同数据类型的数据控制灯闪烁时间              //
//设 计 人：                                                //
//设计时间：2017.5.15                                       //
//设计说明：用 int 型和 char 型定义延时变量，观察 LED 的亮灭情况  //
//硬件连接条件：单片机 P0.0~P0.1 依次连接第 1、2 个 LED        //
/////////////////////////////////////////////////////////////
#include<STC89C52RC.H>              //包含单片机寄存器的头文件
///////SFR 位定义////////
sbit L1 = P0^0;                     //定义第 1 个指示灯的名称为 L1
sbit L2 = P0^1;                     //定义第 2 个指示灯的名称为 L2
//////函数定义////////
void int_delay(void);
void char_delay(void);
void main(void)                     //主函数
{
    unsigned char i;
    while(1)
    {
        for(i=0;i<3;i++)
        {
          L1 = 0;                   //P0.0 口的指示灯点亮
          int_delay();              //延时一段较长的时间
          L1 = 1;                   //熄灭
          int_delay();              //延时一段较长的时间
        }
        for(i=0;i<3;i++)
        {
        L2 = 0;                     //P0.1 口的指示灯点亮
        char_delay();               //延时一段较长的时间
        L2 = 1;                     //熄灭
        char_delay();               //延时一段较长的时间
        }
    }
}
```

```
//////////////////////////////////////////////
// 函数名称:void int_delay(void)
// 函数功能:用整型数据延时一段时间
// 入口参数:
// 出口参数:
// 函数说明:
//////////////////////////////////////////////
void int_delay(void)
{
  unsigned int m;                    //定义无符号整型变量,双字节数据,值域为 0~65 535
  for(m=0;m<36000;m++);
}
//////////////////////////////////////////////
// 函数名称:void char_delay(void)
// 函数功能:用字符型数据延时一段较短的时间
// 入口参数:
// 出口参数:
// 函数说明:
//////////////////////////////////////////////
void char_delay(void)
{
  unsigned char i,j;                 //定义无符号字符型变量,单字节数据,值域为 0~255
  for(i=0;i<200;i++)
  {
    for(j=0;j<180;j++);
  }
}
```

3. 利用 Proteus 软件仿真

经 Keil C51 软件编译通过后,可利用 Proteus 软件进行仿真。根据图 3-10 在 Proteus ISIS 编辑环境中绘制仿真电路图,然后载入编译好的"Ex3.2.hex"文件。启动仿真,如图 3-11 所示, 即可看到 L1 的闪烁时间明显慢于 L2,即整型数据实现的延时函数延时时间明显较长。由于 整型数据占 2B,而无符号字符型数据仅占 1B,因此对无符号整型数据进行操作花费的时间 就要长一些。例如,整型数据实现 100 次循环,消耗的时间约为 800 个机器周期;而用无符号 字符型数据同样实现 100 次循环,消耗的时间只有 300 个机器周期。所以,为了提高程序的 运行速度,尽可能采用无符号字符型数据。

4. 采用实验板试验

程序仿真无误后,将 Keil C51 软件编译通过后产生的"Ex3.2.hex"文件下载到 STC89C52RC 芯片中,再将下载好的单片机插入实验板,通电运行即可看到和仿真类似的试 验结果。

图 3-10　不同数据类型控制 LED 闪烁的电路原理图

图 3-11　仿真电路图

自我测试

3-1 单片机每个 I/O 口的最大工作电流是多少?

3-2 输出时,P0 口为什么要外接上拉电阻才能有高电平输出?

3-3 STC-51 单片机有哪几个存储空间? 是如何分布的?

3-4 STC-51 单片机的内部 RAM 分成几个不同区域? 地址范围分别是什么?

3-5 PSW 的作用是什么? 常用的状态标志有哪几位? 其作用分别是什么? 能否进行位寻址?

3-6 bit 和 sbit 有什么区别?

3-7 在 C 语言里,sbit P1_0 = 0x90 语句的作用是什么? 能不能直接使用 P1.0(说明原因)?

项目 **4** **LED 数码管显示控制与实现**

学习目标

1. 掌握 LED 数码管的结构、工作原理和显示方式。
2. 掌握 LED 数码管动态显示的原理、电路设计及程序设计。
3. 掌握 LED 数码管静态显示的原理、电路设计及程序设计。
4. 掌握单片机与 LED 数码管的接口技术。
5. 能完成单片机的 LED 数码管动态及静态显示电路设计。
6. 掌握 C 语言的语句结构、数组及函数的相关知识；能完成 LED 数码管动态和静态显示的 C 语言程序的设计、运行与调试。

项目描述

本项目是利用 STC89C52RC 单片机的 P0 口的 P0.0～P0.7 七个引脚,依次连接到两个 74HC573 锁存器的 1D～8D 引脚,用 P2.6 和 P2.7 分别连接到两个锁存器的 LE 使能引脚。通过锁存器来实现下述功能：

(1)LED 数码管循环显示数字 5；

(2)LED 数码管循环显示 0～9 十个数字；

(3)LED 数码管慢速、快速实现动态显示数字"1234"；

(4)数码秒表设计；

(5)LED 数码管时钟数字显示；

(6)LED 数码管显示按键次数；

(7)用 if、swtich 语句控制 P0 口 8 个 LED 的点亮状态,用 while 语句控制 P0 口 8 个 LED 闪烁花样,用 do…while 语句控制 P0 口 8 个 LED 流水点亮。

知识链接

在工业控制、智能仪表、家用电器等领域,单片机系统需要配接 LED 数码管、显示器、键盘等外接器件。接口技术就是解决单片机与外接器件的信息传输问题,以完成初始设置、数据输入,以及控制量输出、结果存储和显示等功能。本项目主要介绍 STC89C52RC 单片机与 74HC573 锁存器、LED 数码管、按键等接口的技术技巧应用。

4.1　74HC573 锁存器

4.1.1　74HC573 锁存器的内部结构及工作原理

　　74HC573 是拥有 8 路输出的透明锁存器,输出为三态门,是一种高性能硅栅 CMOS 器件。器件的输入是和标准 CMOS 输出兼容的,加上上拉电阻能和 TTL 输出兼容。其内部结构及引脚图如图 4-1 所示。

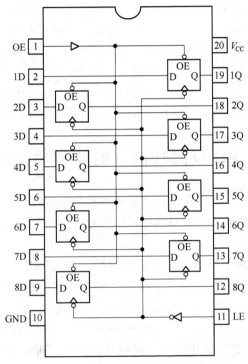

图 4-1　74HC573 内部结构及引脚图

　　M54HC563/74HC563/M54HC573/74HC573 的 8 个锁存器都是透明的 D 锁存器,当使能(LE)为高时,Q 端输出将随 D 端数据输入而变;当使能为低时,输出将锁存在已建立的数据电平上。输出控制不影响锁存器的内部工作,即旧的数据可以保持,甚至当输出被关闭时,新的数据也可以置入。这种电路可以驱动大电容或低阻抗负载,可以直接与系统总线接口连接并驱动总线,而不需要外接口。特别适用于缓冲寄存器、I/O 通道、双向总线驱动器和工作寄存器。

4.1.2　74HC573 锁存器的特点

　　(1)I/O 口能直接接到 CMOS、NMOS 和 TTL 接口上。

　　(2)工作电压范围:2.0~6.0 V;缓冲控制输入。

　　(3)最低输入电流:1.0 μA。

　　(4)三态总线驱动输出。

（5）置数全并行存取。

（6）缓冲控制输入。

（7）使能输入有改善抗扰度的滞后作用。

74HC573引脚功能表如表4-1。

表4-1　74HC573引脚功能表

引脚号	符号	名称及功能
1	OE	三态输出使能输入（低电平）
2,3,4,5,6,7,8,9	D0~D7	数据输入
12,13,14,15,16,17,18,19	Q0~Q7	三态锁存输出
11	LE	锁存使能输入
10	GND	接地（0 V）
20	V_{CC}	电源电压

4.2　LED数码管接口的原理和接口电路

在单片机系统中,通常用LED数码管来显示各种数字或符号。由于它具有显示清晰、亮度高、使用电压低、使用寿命长的特点,因此使用广泛。

1. LED数码管显示器

LED数码管显示器结构是由8个发光二极管组成的,其中7个发光二极管构成a、b、c、d、e、f和g七段,由此得名七段数码管。还有一个发光二极管构成DP段,一般用于小数点,少数资料称为八段数码管。当发光二极管导通时,相应的一个笔画或一个点就发光。控制相应的二极管导通,就能显示出对应字符,如图4-2所示。各段LED显示器需要由驱动电路驱动。由于驱动方式不同,这类数码管有共阴和共阳两种。通常在七段LED显示器中,将各段发光二极管的阴极或阳极连在一起作为公共端COM,称为数码管的位,这样可以使驱动电路。将各段发光二极管阳极连在一起的称为共阳极显示器,用低电平驱动;将各段发光二极管阴极连在一起的称为共阴极显示器,用高电平驱动。

<table>
<tr><td>（a）数码管外形及引脚</td><td>（b）共阴极</td><td>（c）共阳极</td></tr>
</table>

图4-2　七段LED数码管

要使 LED 数码管显示某一字符,就需要对它的段和位加上适当的信号。LED 数码管内部二极管的工作特性和普通的发光二极管一样,正向压降为 1.8 V 左右,静态扫描显示时电流小于 10 mA 为宜,动态扫描显示时电流可适当大一些。大型 LED 数码管的笔段是由多个发光二极管串、并联构成的,在使用时根据厂家提供的技术资料,施加合适的段和位的控制信号。

2. LED 数码管的编码方式

LED 数码管的公共端一般接地或电源,或者是通过控制电路控制它的接地或电源,比较简单。LED 数码管要显示不同的字符是通过控制加在段上的信息实现的,在单片机的应用电路里是用一个 8 位的 I/O 去控制,一般按图 4-3 的方式对应。

D7	D6	D5	D4	D3	D2	D1	D0
DP	g	f	e	d	c	b	a

图 4-3　LED 数码管引脚与 I/O 的对应关系

用 8 位的二进制数可以组成 LED 数码管显示的字符信息,其中用"1"或者"0"表示笔段的亮或灭。例如,共阴极 LED 数码管若要显示"0",需要 a、b、c、d、e、f 段亮,g、DP 段灭,可以用 00111111B 表示,这种用二进制数据表示的字符显示信息称为 LED 数码管的字段码。表 4-2 为 LED 数码管的编码表。

表 4-2　LED 数码管的编码表

显示字符	共阳极 LED 数码管				共阴极 LED 数码管			
	DP	gfedcb	a	十六进制	DP	gfedcb	a	十六进制
0	1	100000	0	C0H	0	011111	1	3FH
1	1	111100	1	F9H	0	000011	0	06H
2	1	010010	0	A4H	0	101101	1	5BH
3	1	011000	0	B0H	0	100111	1	4FH
4	1	001100	1	99H	0	110011	0	66H
5	1	001001	0	92H	0	110110	1	6DH
6	1	000001	0	82H	0	111110	1	7DH
7	1	111100	0	F8H	0	000011	1	07H
8	1	000000	0	80H	0	111111	1	7FH
9	1	001000	0	90H	0	110111	1	6FH

从表 4-2 中可以看出共阴、共阳极 LED 数码管字段码之间是互为取反的关系,这与它们的结构关系是一致的,因此只要掌握了共阴极 LED 数码管的字段码编制,就可以推出共阳极的字段码。在实际应用中,也有其他形式的引脚排列顺序,编码时需要根据 PCB 的设计来确定对应关系,编码时笔段信息不变,只是与二进制数位的对应关系改变。

下面以数字"5"的显示为例,介绍共阳极 LED 数码管显示数字的方法。

要形式数字"5",LED 数码管中点亮的字段应当是 a、f、g、c 和 d,即 LED 数码管的输入端 a、f、g、c 和 d 需要通低电平;而字段 b、e 和 DP 不亮,即 LED 数码管的输入端 b、e 和 DP 通高电平。如果将字段 a、b、c、d、e、f、g 和 DP 分别接在 P0.0、P0.1、P0.2、P0.3、P0.4、P0.5、P0.6

和 P0.7 这 8 个单片机引脚上,则各引脚输出的电平信号如表 4-3 所示。

表 4-3 共阳极数码管显示数字"5 的字段控制信号表"

字段	a	b	c	d	e	f	g	DP
电平	低电平	高电平	低电平	低电平	高电平	低电平	低电平	高电平
对应引脚	P0.0	P0.1	P0.3	P0.3	P0.4	P0.5	P0.6	P0.7
输出信号	0	1	0	0	1	0	0	1

根据表 4-3,可得 P0=10010010=92H。即只要让单片机 P0 口输出"0x92",就可以让共阳极 LED 数码管显示数字"5"。同样地,可得出所有数字的段码,结果如表 4-4 所示。

表 4-4 共阳极 LED 数码管表

数字	0	1	2	3	4	5	6	7	8	9	.(小数点)
段码	0xc0	0xf9	0xa4	0xb0	0x99	0x92	0x82	0xf8	0x80	0x90	0x7f

3. 七段 LED 数码管与 74HC573 锁存器接口原理

如图 4-4 所示,为使七段 LED 数码管正常工作,需要用 74HC573 锁存器来驱动 LED 数码管。因此 LED 数码管导通状态受单片机 P2.6 和 P2.7 引脚对锁存器 LE 使能引脚的输出电平控制。当单片机 P0 口数据准备完毕后,用 P2.6 引脚给锁存器一个使能脉冲(P2.6=0;P2.6=1;P2.6=0),P0 口的数据即可存进锁存器并输出到数码管 A~H 端,使数码管准备好要显示的数据。用 P2.7 引脚给锁存器一个使能脉冲(P2.7=0;P2.7=1;P2.7=0),P0 口的数据即可存进锁存器并输出到数码管 Q0~Q7 端,来让某一位数码管导通显示。P0.0~P0.7 引脚既能输出电平控制数码管亮灭状态,又可控制 8 位中任何一位或多位状态显示,只要让 P0 口输出规定的控制信号,就可以使这些字段按照要求亮灭,显示出不同的数字。

图 4-4 七段 LED 数码管和 74HC573 锁存器的接口电路原理图

4.3　C51 常量和变量

常量就是在程序运行过程中不能改变值的量,而变量是能在程序运行过程中不断变化的量。变量的定义能使用所有 C51 编译器支持的数据类型,而常量的数据类型只有整型、浮点型、字符型、字符串型和位标量。

4.3.1　常量的数据类型

1. 整型常量

整型常量能表示为十进制,如 123、0、-89 等。十六进制则以 0x 开头,如 0x34、-0x3B 等。长整型就在数字后面加字母 L,如 104L、034L、0xF340L 等。

2. 浮点型常量

浮点型常量可分为十进制和指数表示形式。十进制由数字和小数点组成,如 0.888、3345.345、0.0 等,整数或小数部分为 0,能省略但必须有小数点。指数表示形式为[±]数字[. 数字]e[±]数字,[ ]中的内容为可选项,其中内容根据具体情况可有可无,但其余部分必须有,如 125e3、7e9、-3.0e-3。

3. 字符型常量

字符型常量是单引号内的字符,如'a'、'd'等,不能显示的控制字符,可在该字符前面加一个反斜杠"\"组成专用转义字符。常用转义字符表如表 4-5 所示。

4. 字符串型常量

字符串型常量由双引号内的字符组成,如"test"、"OK"等。当引号内的没有字符时,为空字符串。在使用特殊字符时同样要使用转义字符,如双引号\"。在 C 语言中字符串常量是作为字符型数组来处理的,在存储字符串时系统会在字符串尾部加上 \0 转义字符以作为该字符串的结束符。字符串常量"A"和字符常量'A'是不一样的,前者在存储时多占用 1B 的字间。

表 4-5　常用转义字符表

转 义 字 符	含 义	ASCII 码(十六进制/十进制)
\0	空字符(NULL)	00H/0
\n	换行符(LF)	0AH/10
\r	回车符(CR)	0DH/13
\t	水平制表符(HT)	09H/9
\b	退格符(BS)	08H/8
\f	换页符(FF)	0CH/12
\'	单引号	27H/39
\"	双引号	22H/34
\\	反斜杠	5CH/92

5. 位标量

位标量,它的值是一个二进制。

常量可用在不必改变值的场合,如固定的数据表、字库等。常量的定义方式有几种,下面加以说明。

```
#define False 0x0;          //用预定义语句能定义常量
#define True 0x1;           //这里定义 False 为 0,True 为 1
                           //在程序中用到 False 编译时自动用 0 替换,同理 True 替换为 1
unsigned int code a=100;    //这一句用 code 把 a 定义在程序存储器中并赋值
const unsigned int c=100;   //用 const 定义 c 为无符号 int 常量并赋值
```

以上两句的值都保存在程序存储器中,而程序存储器在运行中是不允许被修改的,所以如果在这两句后面用了类似 a=110,a++ 这样的赋值语句,编译时将会出错。

4.3.2　变量

要在程序中使用变量必须先用标识符作为变量名,并指出所用的数据类型和存储模式,这样编译系统才能为变量分配相应的存储空间。定义一个变量的格式如下:

[存储种类]　数据类型　[存储器类型]　变量名表

1. 变量的存储种类

在定义格式中除了数据类型和变量名表是必要的,其他都是可选项。存储种类有 4 种:自动存储(auto)、外部存储(extern)、静态存储(static)和寄存器存储(register),默认类型为自动存储(auto)。

(1)auto(自动)。使用 auto 定义的变量称为自动变量,其作用范围在定义它的函数体或复合语句内部,当定义它的函数体或复合语句执行时,C51 才为该变量分配内存空间,结束时占用的内存空间释放。自动变量一般分配在内存的堆栈空间中。定义变量时,如果省略存储种类,则该变量默认为自动(auto)变量。自动变量定义的一般形式为

[auto]　类型标识符　变量列表

(2)extern(外部变量)。使用 extern 定义的变量称为外部变量。在一个函数体内,要使用一个已在该函数体外或其他程序中定义过的外部变量时,该变量在该函数体内要用 extern 说明。外部变量被定义后分配固定的内存空间,在程序整个执行时间内都有效,直到程序结束才释放。

(3)static(静态变量)。使用 static 定义的变量称为静态变量。如果在一个函数中声明一个静态变量,静态变量的空间不在堆栈里面,而是存储在静态空间里,这个函数结束后,静态变量的值依旧存在,内存不会收回此变量占用的内存空间,而是等整个程序都结束后才收回静态变量空间。

(4)register(寄存器变量)。使用 register 定义的变量称为寄存器变量。计算机中只有寄存器中的数据才能直接参与运算,而一般变量是放在内存中的,变量参与运算时,需要先把变量从内存中取到寄存器中,然后再计算。register 定义的变量存放在 CPU 内部的寄存器中,处理速度快,但数目少。C51 编译器编译时能自动识别程序中使用频率最高的变量,并自动将其作为寄存器变量,用户无须专门声明。

2. 变量的数据类型

这里的数据类型就是前面学习到的各种数据类型。

3. 变量的存储器类型

说明了一个变量的数据类型后,还可选择说明该变量的存储器类型。存储器类型的说明就是指定该变量在单片机 C 语言硬件系统中所使用的存储区域,并在编译时准确定位。表 4-6 中是 Keilμ Vision4 所能识别的存储器类型。

如果省略存储器类型,系统则会按编译模式 Small、Compact 或 Large 所规定的默认存储器类型去指定变量的存储区域。无论什么存储模式都能声明变量在任何的 8051 存储区范围,然而把最常用的命令如循环计数器和队列索引放在内部数据区能显著地提高系统性能。还要指出的就是变量的存储种类与存储器类型是完全无关的。

表 4-6　存储器类型

存储器类型	说　明
data	直接访问内部数据存储器(128 B),访问速度最快
bdata	可位寻址内部数据存储器(16 B),允许位与字节混合访问
idata	间接访问内部数据存储器(256 B),允许访问全部内部地址
pdata	分页访问外部数据存储器(256 B),用 MOVX@ Ri 指令访问
xdata	外部数据存储器(64 KB),用 MOVX@ DPTR 指令访问
code	程序存储器(64 KB),用 MOVC@ A+DPTR 指令访问

4. 变量的存储模式

存储模式决定了没有明确指定存储类型的变量、函数参数等的默认存储区域,存储模式在单片机 C 语言编译器的选项中进行选择,共有 3 种。

(1)Small 模式:所有默认变量参数均装入内部 RAM,优点是访问速度快,缺点是空间有限,只适用于小程序。

(2)Compact 模式:所有默认变量参数均位于外部 RAM 区的一页(256 B),具体哪一页可由 P2 口指定,在 STARTUP. A51 文件中说明,也可用 pdata 指定,优点是空间较 Small 模式大,速度较 Small 模式慢,较 Large 模式要快,是一种中间状态。

(3)Large 模式:所有默认变量参数可放在多达 64 KB 的外部 RAM 区,优点是空间大,可存变量多;缺点是速度较慢。

4.3.3　局部变量与全局变量

从变量的作用范围来区分,变量可以被分为局部变量和全局变量,局部变量只是在进入某个函数时才开始存在,而全局变量在程序运行过程中是始终存在的。

1. 局部变量

局部变量是在某个函数中存在的变量,又称内部变量,它只在该函数内部有效。局部变量可以分为动态局部变量和静态局部变量,使用关键字 auto 定义动态局部变量(auto 可以省略),使用关键字 static 定义静态局部变量,例如:

```
auto int a;

static unsigned char j;
```

动态局部变量在程序执行完毕后其存储空间被释放,而静态局部变量在程序执行完成后其存储空间并不释放,而且其值保持不变。如果该函数再次被调用,则该函数初始化后其初始值为上次调用结束时的数值。

动态局部变量和静态局部变量的区别如下:

(1)动态局部变量在函数被调用时分配存储空间和初始化,每次函数调用时都需要初始化;静态局部变量在编译程序时分配存储空间和初始化,仅初始化一次。

(2)动态局部变量存放在动态存储区,在每次退出所属函数时释放;静态局部变量存放在静态存储区,每次调用后函数不释放,保持函数执行完毕之后的数值到下一次调用。

(3)如果在建立时动态局部变量没有初始化,则为一个不确定的数;静态局部变量没有初始化,则它们的值为 0 或者是空字符。

2. 全局变量

全局变量是整个源文件中都存在的变量,又称外部变量。全局变量的有效区间是从定义点开始到源文件结束,其中的所有函数都可以直接访问该变量,如果定义点之前的函数需要访问该变量,则需要使用 extern 关键字对该变量进行声明,如果全局变量声明文件之外的源文件需要访问该变量,也需要使用 extern 关键字进行声明。

全局变量是整个文件都可以访问的变量,可以用于在函数之间共享大量的数据,存在周期长,在程序编译时就存在,如果两个函数需要在不互相调用时共享数据,则可以使用全局变量进行参数传递;C51 语言程序的函数只支持一个函数返回值,如果一个函数需要返回多个值,除了使用指针外,还要使用全局变量;使用全局变量进行参数传递可以减少从实际参数向形式参数传递时所必需的堆栈操作;在一个文件中,如果某个函数的局部变量和全局变量同名,则在这个局部变量的作用范围内局部变量不起作用,全局变量起作用;全局变量一直存在,占用了大量的内存单元,并且加大了程序的耦合性,不利于程序的移植或复用。

3. 全局变量与静态局部变量的区别

(1)静态局部变量的作用范围仅仅是在定义的函数内,不能被其他的函数访问,全局变量的作用范围是整个程序,静态全局变量的作用范围是该变量定义的文件。

(2)静态局部变量是在函数内部定义,全局变量是在所有函数外部定义。

(3)静态局部变量仅仅在第 1 次调用时被初始化,再次调用时使用上次调用结束时的数值,全局变量在程序运行时建立,值为最近一条访问该全局变量的语句执行的结果。

4.3.4 C 语言的基本语句

1. 表达式语句

C 语言是一种结构化的程序设计语言,提供了十分丰富的程序控制语句。表达式语句是最基本的一种语句。在表达式的后边加一个分号";"就构成了表达式语句。下面的语句都是合法的表达式语句:

```
x=8;y=7;
z=(x+y)/a;
++i;
```

表达式语句也可以仅由一个分号";"组成,这种语句称为空语句。空语句是表达式语句的一个特例。空语句在程序设计中有时很有用。当程序在语法上需要有一个语句,但在语义上并不要求有具体的动作时,便可以采用空语句。

2. 复合语句

复合语句是由若干条语句组合而成的一种语句,用一个大括号"{}"将若干条语句组合在一起而形成的一种功能块。复合语句不需要以分号";"结束,但它内部的各条单语句仍需以分号";"结束。复合语句的一般形式如下:

```
{
局部变量定义;
    语句 1;
    语句 2;
    …
    语句 n;
}
```

复合语句在执行时,其中的各条单语句依次顺序执行。整个复合语句在语法上等价于一条单语句,因此在 C 语言程序中可以将复合语句视为一条单语句。复合语句允许嵌套,即在复合语句内部还可以包含其他复合语句。通常复合语句都出现在函数中,实际上函数的执行部分(即函数体)就是一个复合语句,复合语句中的单语句一般是可执行语句,此外还可以是变量的定义语句(说明变量的数据类型),在复合语句内所定义的变量称为该复合语句中的局部变量,它仅在当前这个复合语句中有效。利用复合语句将多条单语句组合在一起以及在复合语句中进行局部变量定义是 C 语言的一个重要特征。

3. if 条件语句

条件语句又称分支语句,是用关键字 if 构成的。C 语言提供了 3 种形式的条件语句:

(1)单分支 if 语句。单分支 if 语句的基本形式如下:

```
if(表达式)语句
```

其含义为:若条件表达式的结果为真(非 0),就执行后面的语句;反之,就不执行后面的语句。这里的语句也可以是复合语句。单分支 if 语句流程图如图 4-5(a)所示。

(2)双分支 if 语句。双分支 if 语句的基本形式如下:

```
if(表达式)语句 1
else    语句 2
```

其含义为:若条件表达式的结果为真(非 0),就执行语句 1;反之,就执行语句 2。这里的语句 1 和语句 2 均可以是复合语句。双分支 if 语句流程图如图 4-5(b)所示。

(3)多分支 if 语句。多分支 if 语句的基本形式如下:

```
if(表达式 1) 语句 1
else if(条件式表达 2) 语句 2
else if(条件式表达 3) 语句 3
…
else if(条件表达式 n) 语句 n
else 语句 n+1
```

这种条件语句常用来实现多方向条件分支,其执行过程的流程图如图 4-5(c)所示。

4. switch 语句

switch 语句也是一种用来实现多方向条件分支的语句。虽然采用条件语句也可以实现

图 4-5　条件语句执行过程

多方向条件分支,但是当分支较多时,会使条件语句的嵌套层次太多,程序冗长,可读性降低。switch 语句直接处理多分支选择,使程序结构清晰,使用方便。switch 语句是用关键字 switch 构成的,一般形式如下:

```
switch(表达式)
{
    case 常量表达式 1:语句组 1;break;
    case 常量表达式 2:语句组 2;break;
    …
    case 常量表达式 n:语句组 n;break;
    default:语句组 n+1;
}
```

该语句的执行过程是:首先计算表达式的值,并逐个与 case 后的常量表达式的值相比较,当表达式的值与某个常量表达式的值相等时,则执行对应该常量表达式后的语句组,再执行 break 语句,跳出 switch 语句的执行,继续执行下一条语句。如果表达式的值与所有 case 后的常量表达式均不相同,则执行 default 后的语句组。

5. 循环语句

实际应用中很多地方需要用到循环控制,如对于某种操作需要反复进行多次等,这时可以用循环语句来实现。在 C 语言程序中,用来构成循环控制的语句有:while 语句、do…while 语句、for 语句以及 goto 语句。

（1）采用 while 语句构成循环结构的一般形式如下：

while(条件表达式)循环体语句;

while 语句用来实现"当型"循环,执行过程是:首先判断条件表达式,当条件表达式的值为真(非 0)时,反复执行循环体语句;当条件表达式的值为假(0)时,执行循环体外面的语句。这种循环结构是先检查条件表达式所给出的条件,再根据检查的结果,决定是否执行后面的循环体语句。如果条件表达式的结果一开始就为假,则后面的循环体语句一次也不会被执行。这里的循环体语句可以是复合语句。图 4-6(a)所示为 while 语句执行过程流程图。

（2）采用 do…while 语句构成循环结构的一般形式如下:

do 循环体语句 while(条件表达式);

do…while 语句用来实现"直到型"循环,执行过程是:先无条件执行一次循环体语句,然后判断条件表达式,当条件表达式的值为真(非 0)时,返回执行循环体语句,直到条件表达式为假(0)为止。这种循环结构的特点是先执行给定的循环体语句,然后再检查条件表达式的结果。因此,用 do…while 语句构成的循环结构在任何条件下,循环体语句至少会被执行一次。图 4-6(b)所示为 do…while 语句执行过程流程图。

（3）采用 for 语句构成循环结构的一般形式如下:

for(表达式 1;表达式 2;表达式 3)

{循环体语句;}

for 循环语句的执行过程如下:

第一步:求解表达式 1,表达式 1 通常为循环变量赋初值,它用来给循环控制变量赋初值;

第二步:求解表达式 2,表达式 2 为循环条件表达式,它决定什么时候退出循环。若其值为真,则执行循环体;若其值为假,则循环语句结束,执行后续语句。

第三步:求解表达式 3。并转到第二步继续执行,直至条件为假时结束循环。表达式 3 通常为循环变量的修改,定义循环控制变量每循环一次后按什么方式变化。for 语句的执行过程如图 4-6(c)所示。

（4）goto 语句是一个无条件转向语句,它的一般形式如下:

goto 语句标号;

其中,语句标号是一个带冒号":"的标识符。将 goto 语句和 if 语句一起使用,可以构成一个循环结构。但更常见的是在 C 语言程序中采用 goto 语句来跳出多重循环,需要注意的是,只能用 goto 语句从内层循环跳到外层循环,而不允许从外层循环跳到内层循环。

6. 返回语句

返回语句用于终止函数的执行,并控制程序返回到调用该函数时所处的位置。返回语句有两种形式:

（1）return(表达式);

（2）return;

如果 return 语句后边带有表达式,则要计算表达式的值,并将表达式的值作为该函数的返回值。若使用不带表达式的第(2)种形式,则被调用函数返回主调用函数时,函数值不确定。一个函数的内部可以含有多个 return 语句,但程序仅执行其中的一个 return 语句而返回主调用函数。一个函数的内部也可以没有 return 语句,在这种情况下,当程序执行到最后一个界限符"}"处时,就自动返回主调用函数。

（a）while语句　　　（b）do…while语句　　　（c）for语句

图 4-6　循环结构流程图

7. 其他语句

（1）break 语句。通常在循环语句中使用,break 语句的作用是在循环体中测试到指定条件为真时,控制程序立即跳出当前循环结构,转而执行循环语句的后续语句。

（2）continue 语句。continue 语句只能用于循环结构中,作用是结束本次循环。一旦执行了 continue 语句,程序就跳过循环体中位于该语句后的所有语句,提前结束本轮循环并开始下一轮循环。

4.4　C 语言的数组

前面介绍了 C 语言的基本数据类型,如整型、字符型、实数（浮点）型等,除此之外,C 语言还提供一种构造类型的数据。构造类型数据是由基本类型数据按一定规则组合而成的,C 语言中的构造类型数据有数组类型、结构类型以及联合类型等。这里主要介绍数组类型的数据。

4.4.1　数组的定义与引用

数组是一组有序数据的集合,数组中的每一个数据都属于同一种数据类型。数组中的各个元素可以用数组名和下标来唯一地确定。一维数组只有一个下标,多维数组有两个以上的下标。在 C 语言中,数组必须先定义,然后才能使用。一维数组的定义形式如下:

数据类型　数组名[常量表达式];

其中,"数据类型"说明了数组中各个元素的类型;"数组名"是整个数组的标识符,它的定名方法与变量的定名方法一样;"常量表达式"说明了该数组的长度,即该数组中的元素个数。常量表达式必须用方括号"[ ]"括起来,而且其中不能含有变量。下面是几个定义一维数组的例子:

```
char x[7];      /*定义字符型数组 x,它具有 7 个元素 */
int y[10];      /*定义整型数组 y,它具有 10 个元素 */
float z[15];    /*定义浮点型数组 z,它具有 15 个元素 */
```

定义多维数组时,只要在数组名后面增加相应于维数的常量表达式即可。二维数组的定义形式如下:

数据类型　数组名[常量表达式 1][常量表达式 2];

例如,要定义一个 10×10 的整数矩阵 A,可以采用如下的定义方法:

```
int A[10][10];
```

需要指出的是,C 语言中,数组的下标是从 0 开始的,因此对于数组 char x[5]来说,其中的 5 个元素是 x[0]~x[4],不存在元素 x[5],这一点在引用数组元素时应当加以注意。C 语言规定,在引用数值数组时,只能逐个引用数组中的各个元素而不能一次引用整个数组,但如果是字符数组,则可以一次引用整个数组。

4.4.2　字符数组

用来存放字符数据的数组称为字符数组,是 C 语言中常用的一种数组。字符数组中的每个元素都是一个字符,因此可用字符数组来存放不同长度的字符串。字符数组的定义方法与一般数组相同,下面是两个定义字符数组的例子:

```
char menu[20];
char string[50];
```

在 C 语言中,字符串是作为字符数组来处理的。一个一维的字符数组可以存放一个字符串,这个字符串的长度应小于或等于字符数组的长度。为了测定字符串的实际长度,C 语言规定以'\0'作为字符串结束标志,对字符串常量也自动加一个'\0'作为结束符。因此,字符数组 char menu[20]可存储一个长度小于或等于 19 的字符串。在访问字符数组时,遇到'\0'就表示字符串结束,因此在定义字符数组时,应使数组长度大于它允许存放的最大字符串的长度。另外,符号'\0'是一个表示 ASCII 码值为 0 的字符,它不是一个可显示字符,而是一个"空操作符",在这里仅仅起一个结束标志的作用。

对于字符数组的访问可以通过数组中的元素逐个进行访问,也可以对整个数组进行访问。

🍲 项目实施

【技能训练 4.1】　用 LED 数码管循环显示数字 0~9

用 LED 数码管循环显示数字 0~9,采用的硬件电路原理图如图 4-7 所示。

1. 实现方法

循环显示数字 0~9 是显示随机检测结果的基础。如果要让 LED 数码管显示某一位数字,必须给 LED 数码管输送该数字的段码。根据本训练任务的要求,需将 0~9 这 10 个数字的段码存入以下数组:

图 4-7   4 位 LED 数码管显示接口电路原理图

unsigned char code Tab[10]={0xc0,0xf9,0xa4,0xb0,0x99,0x92,0x82,0xf8,0x80,0x90};

//0~9 的段码;关键词"code"可大大减小数组的存储空间。

因为数组元素 Tab[0]存储的是数字"0"的段码,Tab[1]存储的是数字"1"的段码,所以,要显示数字"i",只要把 Tab[i]中存储的段码送入数码管即可(i=0,1,…,9)。

为了看清数字的显示,需要在显示一个数字后延时一段时间。

2. 用 LED 数码管循环显示数字 0~9 的程序设计

先建立文件夹"Ex4.1",然后建立"Ex4.1"工程项目,最后建立源程序文件"Ex4.1.c"输入如下源程序:

//技能训练 4.1:用 LED 数码管循环显示数字 0~9

//

//设计项目:用 LED 数码管循环显示数字 0~9   //

//设计人: //

//设计时间:2017.5.15   //

//设计说明:设计一个 0~9 计数器,实现 0~9 循环计数功能   //

```c
//硬件连接条件:(1)单片机 P0.0~P0.7 依次接两个 74HC573 锁存器 1D~8D  //
//             (2)锁存器输出接 LED 数码管 a、b、c、d、e、f、g、DP 端口//
//             (3)P2.6 接段锁存器的 LE 口,p2.7 接位锁存器的 LE 口///
/////////////////////////////////////////////////////////////
#include<STC89C52RC.H>
///////函数说明///////
void delay1s(void);              //延时 1 s 子程序
void delay500us(void);           //延时 500 μs 子程序
void display_seg(void);          //LED 数码管显示函数
///////参数定义///////
unsigned char count;             //数值计数器
unsigned char code table[]={0x3f,0x06,0x5b,0x4f,0x66,0x6d,0x7d,0x07,0x7f,0x6f};
                                 //LED 数码管码表 0、1、2、3、4、5、6、7、8、9
void main(void)                  //主程序
{
  while(1)                       //进入循环,以下为无限循环程序区
  {
    for(count = 0;count<10;count++)
    {
        display_seg();           //调用 LED 数码管显示函数
        delay1s();
      }
    }
}
/////////////////////////////////////////////////////
// 函数名称:void display_seg(void)
// 函数功能:LED 数码管显示函数
// 入口参数:
// 出口参数:
// 函数说明:
/////////////////////////////////////////////////////
void display_seg(void)           //显示函数
{
  /////////第 8 位显示/////////////////////////
  P0 = table[count];             //数据从 P0 口送出到 IC7,即 74HC573 锁存器
  P2_6 = 0;
  P2_6 = 1;
  P2_6 = 0;                      //IC7 数据锁存
  P0 = ~0x80;                    //位码从 P0 口送出到 IC6,即 74HC573 锁存器
  P2_7 = 0;
  P2_7 = 1;
  P2_7 = 0;                      //IC6 位码数据锁存
```

```
        delay500us();                        //延时 500 μs
}
/////////////////////////////////////////////////
//函数名称:void delay500us(void)
//函数功能:延时 500 μs 的子程序
//入口参数:
//出口参数:
//函数说明:
/////////////////////////////////////////////////
void delay500us(void)                  //延时 500 μs 的子程序
{
    unsigned char k;                   //局部变量定义
    for(k=248;k>0;k--);                //内层循环
}
/////////////////////////////////////////////////
//函数名称:void delay1s(void)
//函数功能:延时 1 s 的子程序
//入口参数:
//出口参数:
//函数说明:
/////////////////////////////////////////////////
void delay1s(void)                     //延时子程序
{
    unsigned char h,i,j,k;             //局部变量定义
    for(h=5;h>0;h--)
    {
      for(i=20;i>0;i--)                //最外层循环
      {
        for(j=20;j>0;j--)              //中层循环
        {
          for(k=248;k>0;k--);          //内层循环
        }
      }
    }
}
```

3. 利用 Proteus 软件仿真

经 Keil C51 软件编译通过后,可利用 Proteus 软件进行仿真。根据图 4-7,在 ProteusI SIS 编辑环境中绘制仿真电路图,将编译好的"Ex4. 1hex"文件载入单片机。启动仿真,即可看到数字 0~9 不断地被循环显示。仿真电路图如图 4-8 所示。

4. 采用实验板试验

程序仿真无误后,将 Keil C51 软件编译通过后产生的"Ex4. 1. hex"文件下载到

STC89C52RC 芯片中,再将下载好的单片机插入实验板,通电运行即可看到和仿真类似的实验结果。

图 4-8 仿真电路图

【技能训练 4.2】 用 LED 数码管慢速动态扫描显示数字"1234"

使用 4 个 LED 数码管(S1~S4)慢速动态扫描显示数字"1234",采用的接口电路原理图如图 4-7 所示。

1. 实现方法

要用 LED 数码管显示"1234"的多位数字(如某电炉的温度为"1 045 ℃"),可采用图4-7所示的接口电路。图中有 4 个 LED 数码管,它们的字段控制端口都接在 P0 口,P2.6 和 P2.7分别控制两个 74HC573 锁存器,用来锁存 P0 口的段码和位码。

若要动态扫描显示数字"1234",可先给 LED 数码管 S1 通电,显示数字"1",然后延时约200 ms;接着再给 LED 数码管 S2 通电,显示数字"2",再延时约 200 ms;类似地,再给 LED 数码管 S3 与 S4 通电,待显示完数字"4"后,再重新开始循环显示。

2. 用 LED 数码管慢速动态扫描显示数字"1234"的程序设计

先建立文件夹"Ex4.2",然后建立"Ex4.2"工程项目,最后建立源程序文件"Ex4.2.c"输入如下源程序:

```
//技能训练 4.2:用 LED 数码管慢速动态扫描显示数字"1234"
/////////////////////////////////////////////////////////////
//设计项目:LED 数码管慢速动态扫描显示数字"1234"            //
//设计人:                                                  //
//设计时间:2017.5.15                                       //
//设计说明:设计一 LED 数码管显示"1234"实验电路,实现慢速数字扫描  //
//硬件连接条件:(1)单片机 P0.0~P0.7 依次接两个 74HC573 锁存器 1D~8D //
```

　　　　　　　　　　(2)锁存器输出接 LED 数码管 a、b、c、d、e、f、g、DP 端口　　　//
　　　　　　　　　　(3)P2.6 接段锁存器的 LE 口,P2.7 接位锁存器的 LE 口　　　//
//

```
#include<STC89C52RC.H>
///////函数说明///////
void delay2500us(void);
void display_count(void);              //LED 数码管显示函数
///////变量说明///////
unsigned char count_1,count_2,count_3,count_4;
unsigned char code table[]={0x3f,0x06,0x5b,0x4f,0x66,0x6d,0x7d,0x07,0x7f,0x6f};
                                       //LED 数码管码表 0,1,2,3,4,5,6,7,8,9
void main(void)                        //主程序
{
    while(1)                           //进入循环,以下为无限循环程序区
    {
      count_1=1;
      count_2=2;
      count_3=3;
      count_4=4;
      display_count();                 //调用 LED 数码管显示函数
    }
}
```

//

```
//函数名称:void display_count(void)
//函数功能:LED 数码管显示函数
//入口参数:
//出口参数:
//函数说明:
```

//

```
void display_count(void)               //显示函数
{
    ////////第 5 位显示////////////////////
    P0=table[count_1];                 //数据从 P0 口送出到 IC7,即 74HC573 锁存器
    P2_6=0;
    P2_6=1;
    P2_6=0;                            //IC7 数据锁存
    P0=~0x10;                          //位码从 P0 口送出到 IC6,即 74HC573 锁存器
    P2_7=0;
    P2_7=1;
    P2_7=0;                            //IC6 位码数据锁存
    delay2500us();                     //延时 2 500 μs
    ////////第 6 位显示////////////////////
```

```
    P0 = table[count_2];              //数据从 P0 口送出到 IC7,即 74HC573 锁存器
    P2_6 = 0;
    P2_6 = 1;
    P2_6 = 0;                         //IC7 数据锁存
    P0 = ~0x20;                       //位码从 P0 口送出到 IC6,即 74HC573 锁存器
    P2_7 = 0;
    P2_7 = 1;
    P2_7 = 0;                         //IC6 位码数据锁存
    delay2500us();                    //延时 2500 μs
    /////////第 7 位显示/////////////////////
    P0 = table[count_3];              //数据从 P0 口送出到 IC7,即 74HC573 锁存器
    P2_6 = 0;
    P2_6 = 1;
    P2_6 = 0;                         //IC7 数据锁存
    P0 = ~0x40;                       //位码从 P0 口送出到 IC6,即 74HC573 锁存器
    P2_7 = 0;
    P2_7 = 1;
    P2_7 = 0;                         //IC6 位码数据锁存
    delay2500us();                    //延时 2 500 μs
    /////////第 8 位显示/////////////////////
    P0 = table[count_4];              //数据从 P0 口送出到 IC7,即 74HC573 锁存器
    P2_6 = 0;
    P2_6 = 1;
    P2_6 = 0;                         //IC7 数据锁存
    P0 = ~0x80;                       //位码从 P0 口送出到 IC6,即 74HC573 锁存器
    P2_7 = 0;
    P2_7 = 1;
    P2_7 = 0;                         //IC6 位码数据锁存
    delay2500us();                    //延时 2 500 μs
}
/////////////////////////////////////////////
//函数名称:void delay2 500 μs(void)
//函数功能:延时 2 500 μs 的子程序
//入口参数:
//出口参数:
//函数说明:
/////////////////////////////////////////////
void delay2500us(void)                //延时 2 500 μs 的子程序
{
    unsigned char j,k;                //局部变量定义
    for(j=50;j>0;j--)                 //外层循环
    {
```

```
    for(k=248;k>0;k--);                    //内层循环
  }
}
```

3. 利用 Proteus 软件仿真

经 Keil C51 软件编译通过后,可利用 Proteus 软件进行仿真。根据图 4-7,在 Proteus ISIS 编辑环境中绘制仿真电路图,将编译好的"Ex4.2.hex"文件载入单片机。启动仿真,即可看到 LED 数码管 S1~S4 慢速动态扫描显示出数字"1234"。仿真电路图如图 4-9 所示。

图 4-9　仿真电路图

4. 采用实验板试验

程序仿真无误后,将 Keil C51 软件编译通过后产生的"Ex4.2.hex"文件下载到 STC89C52RC 芯片中,再将下载好的单片机插入实验板,通电运行即可看到和仿真类似的试验结果。

【技能训练 4.3】　用 LED 数码管快速动态扫描显示数字"1234"训练

使用如图 4-7 所示的接口电路,快速动态扫描显示数字"1234"。

1. 实现方法

可利用人眼的"视觉暂留"效应,采用循环高速扫描的方式,分时轮流选通各 LED 数码管的 COM 端,使 LED 数码管轮流导通显示。当扫描速度达到一定程度时,人眼就分辨不出来了。尽管实际上各位 LED 数码管并非同时点亮,但只要扫描的速度足够快,给人的感觉就是一组稳定的显示数据,认为各 LED 数码管是同时发光的。所以,编程的关键是显示数字后的延时时间要足够短(如小于 1 ms)。

2. 用 LED 数码管快速动态扫描显示数字"1234"的程序设计

先建立文件夹"Ex4.3",然后建立"Ex4.3"工程项目,最后建立源程序文件"Ex4.3.c"输入如下源程序:

```
//技能训练 4.3:用 LED 数码管快速动态扫描显示数字 1234
////////////////////////////////////////////////////////////
//设计项目:LED 数码管快速动态扫描显示数字"1234"                        //
//设计人:                                                      //
//设计时间:2017.5.15                                           //
//设计说明:设计一 LED 数码管显示"1234"实验电路,实现快速数字扫描          //
//硬件连接条件:(1)单片机 P0.0~P0.7 依次接两个 74HC573 锁存器 1D~8D //
//           (2)锁存器输出接 LED 数码管 a、b、c、d、e、f、g、DP 端口    //
//           (3)P2.6 接段锁存器的 LE 口,P2.7 接位锁存器的 LE 口      //
////////////////////////////////////////////////////////////
#include<STC89C52RC.H>
///////函数说明////////
void delay500us(void);
void display_count(void);            //LED 数码管显示函数
///////变量说明////////
unsigned char count_1,count_2,count_3,count_4;
unsigned char code table[]={0x3f,0x06,0x5b,0x4f,0x66,0x6d,0x7d,0x07,0x7f,0x6f};
                                    //LED 数码管码表 0,1,2,3,4,5,6,7,8,9
void main(void)                     //主程序
{
  while(1)                          //进入循环,以下为无限循环程序区
  {
    count_1=1;
    count_2=2;
    count_3=3;
    count_4=4;
    display_count();                //调用 LED 数码管显示函数
  }
}
//////////////////////////////////////////////
// 函数名称:void display_count(void)
// 函数功能:LED 数码管显示函数
//入口参数:
//出口参数:
//函数说明:
//////////////////////////////////////////////
void display_count(void)            //显示函数
{
  /////////第 5 位显示/////////////////////
  P0=table[count_1];                //数据从 P0 口送出到 IC7,即 74HC573 锁存器
  P2_6=0;
  P2_6=1;
```

```
        P2_6 = 0;                              // IC7 数据锁存
        P0 = ~0x10;                            // 位码从 P0 口送出到 IC6,即 74HC573 锁存器
        P2_7 = 0;
        P2_7 = 1;
        P2_7 = 0;                              // IC6 位码数据锁存
        delay500us();                          // 延时 500 μs
        /////////第 6 位显示/////////////////////////
        P0 = table[count_2];                   // 数据从 P0 口送出到 IC7,即 74HC573 锁存器
        P2_6 = 0;
        P2_6 = 1;
        P2_6 = 0;                              // IC7 数据锁存
        P0 = ~0x20;                            // 位码从 P0 口送出到 IC6,即 74HC573 锁存器
        P2_7 = 0;
        P2_7 = 1;
        P2_7 = 0;                              // IC6 位码数据锁存
        delay500us();                          // 延时 500 μs
        /////////第 7 位显示/////////////////////////
        P0 = table[count_3];                   // 数据从 P0 口送出到 IC7,即 74HC573 锁存器
        P2_6 = 0;
        P2_6 = 1;
        P2_6 = 0;                              // IC7 数据锁存
        P0 = ~0x40;                            // 位码从 P0 口送出到 IC6,即 74HC573 锁存器
        P2_7 = 0;
        P2_7 = 1;
        P2_7 = 0;                              // IC6 位码数据锁存
        delay500us();                          // 延时 500 μs
        /////////第 8 位显示/////////////////////////
        P0 = table[count_4];                   // 数据从 P0 口送出到 IC7,即 74HC573 锁存器
        P2_6 = 0;
        P2_6 = 1;
        P2_6 = 0;                              // IC7 数据锁存
        P0 = ~0x80;                            // 位码从 P0 口送出到 IC6,即 74HC573 锁存器
        P2_7 = 0;
        P2_7 = 1;
        P2_7 = 0;                              // IC6 位码数据锁存
        delay500us();                          // 延时 500 μs
    }
    /////////////////////////////////////////////////////
    // 函数名称:void delay500 μs(void)
    // 函数功能:延时 500 μs 的子程序
    // 入口参数:
    // 出口参数:
```

```
//函数说明:
/////////////////////////////////////////////
void delay500us(void)                    //延时 500 μs 的子程序//
{
  unsigned char k;                       //局部变量定义
  for(k=248;k>0;k--);                    //内层循环
}
```

3. 利用 Proteus 软件仿真

经 Keil C51 软件编译通过后,可利用 Proteus 软件进行仿真。根据图 4-7,在 Proteus ISIS 编辑环境中绘制仿真电路图,将编译好的"Ex4.3.hex"文件载入单片机。启动仿真,即可看到数字"1234"被扫描显示的速度明显加快(但仍有闪烁感,这是仿真软件的问题)。仿真电路图如图 4-10 所示。

图 4-10　仿真电路图

4. 采用实验板试验

程序仿真无误后,将 Keil C51 软件编译通过后产生的"Ex4.3hex"文件下载到 STC89C52RC 芯片中,再将下载好的单片机插入实验板,通电运行即可看到数码管 S1~S4 显示出毫无闪烁感的数字"1234",达到伪静态显示的效果。

【技能训练 4.4】　数码秒表设计

设计一个数码秒表,采用的硬件电路如图 4-7 所示。要求用 S3 和 S4 两个数码管分别显示秒表的十位和个位。显示时间为 0~59 s。满 60 s 时,秒表中断清 0 并重新从 0 开始显示。

1. 实现方法

(1)秒信号的产生。秒信号的产生可用定时器来实现,即用定时器 T0 实现 50 ms 定时,然后用软件累计中断次数,当中断满 20 次时,即计满 1 s。

（2）用一个变量存储秒。每计满 1 s,该变量的值加 1,计满 60 时清 0。

（3）秒（2 位数字）的显示。先用技能训练 4.3 的方法自动获取待显示的两位数字的段码,再用伪静态方法显示。

2. 数码秒表设计的程序设计

先建立文件夹"Ex4.4",然后建立"Ex4.4"工程项目,最后建立源程序文件"Ex4.4.c"输入如下源程序:

```
//技能训练 4.4:数码秒表设计
///////////////////////////////////////////////////////////////
//设计项目:数码秒表设计                                        //
//设计人:                                                      //
//设计时间:2017.5.15
//设计说明:设计数码秒表计数器,采用定时器 T0 延时计数
//硬件连接条件:(1)单片机 P0.0~P0.7 依次接两个 74HC573 锁存器 1D~8D   //
//            (2)锁存器输出接 LED 数码管 a、b、c、d、e、f、g、DP 端口    //
//            (3)P2.6 接段锁存器的 LE 口,P2.7 接位锁存器的 LE 口      //
///////////////////////////////////////////////////////////////
#include<STC89C52RC.H>
///////函数说明///////
void delay500us(void);          //延时 500 μs 的子程序
void display_seg(void);         //数码管显示函数
void int_time0(void);           //定时器 T0 初始化函数
unsigned char code table[]={0x3f,0x06,0x5b,0x4f,0x66,0x6d,0x7d,0x07,0x7f,0x6f};
                                //数码管显示码表 0,1,2,3,4,5,6,7,8,9
unsigned char SEG_7,SEG_8;      //第 7、第 8 个数码管显示单元定义
unsigned char jsq_50ms,jsq_1s;  //50 ms 计数器和 1 s 计数器
void main(void)                 //主程序
{
    /////////初始化区//////////////
    int_time0();                //初始化定时器 T0
    while(1)                    //进入循环,以下为无限循环程序区
    {
        display_seg();          //调用 LED 数码管显示函数
    }
}
///////////////////////////////////////////////////////////////
//函数名称:void display_seg(void)
//函数功能:LED 数码管显示函数
//入口参数:
//出口参数:
//函数说明:
///////////////////////////////////////////////////////////////
```

```c
void display_seg(void)                //显示函数
{
/////////第 7 位显示/////////////////////
P0=table[SEG_7];                      //数据从 P0 口送出到 IC7,即 74HC573 锁存器
P2_6=0;
P2_6=1;
P2_6=0;                               //IC7 数据锁存
P0=~0x40;                             //位码从 P0 口送出到 IC6,即 74HC573 锁存器
P2_7=0;
P2_7=1;
P2_7=0;                               //IC6 位码数据锁存
delay500us();                         //延时 500 μs
/////////第 8 位显示/////////////////////
P0=table[SEG_8];                      //数据从 P0 口送出到 IC7,即 74HC573 锁存器
P2_6=0;
P2_6=1;
P2_6=0;                               //IC7 数据锁存
P0=~0x80;                             //位码从 P0 口送出到 IC6,即 74HC573 锁存器
P2_7=0;
P2_7=1;
P2_7=0;                               //IC6 位码数据锁存
delay500us();                         //延时 500 μs
}
///////////////////////////////////////////
//函数名称:void delay500 μs(void)
//函数功能:延时 500 μs 的子程序
//入口参数:
//出口参数:
//函数说明:
///////////////////////////////////////////
void delay500us(void)                 //延时 10 ms 的子程序
{
  unsigned char k;                    //局部变量定义
  for(k=248;k>0;k--);                 //内层循环
}
///////////////////////////////////////////
//函数名称:void int_time0(void)
//函数功能:定时器 T0 初始化
//入口参数:
//出口参数:
//函数说明:
///////////////////////////////////////////
```

```
void int_time0(void)
{
  TMOD = 0x01;
              //定义为定时器 T0 方式 1,SFR 中 TMOD 位于不能被 8 整除的地址,所以要按字节方式
              //赋值
  TH0 = (65536-50000)/256;          //赋初值
  TL0 = (65536-50000)%256;
  ET0 = 1;                          //开启定时器 T0 溢出中断
  EA = 1;                           //开启总的中断开关
  jsq_50ms = 0;                     //50 ms 计数器清 0
  jsq_1s = 0;                       //1 s 计数器初始内容清 0
  SEG_7 = jsq_1s/10;                //显示秒的十位
  SEG_8 = jsq_1s%10;                //显示秒的个位
  TR0 = 1;                          //定时器 T0 开
}

//////////////////////////////////////////////////
//函数名称:void interrupt_t0(void) interrupt 1
//函数功能:T0 中断函数
//入口参数:
//出口参数:
//函数说明:
//////////////////////////////////////////////////
void interrupt_t0(void) interrupt 1        //定时器 T0 溢出中断
{
    ///////////赋初值//////////////////////////////
    //赋初值方法 1//
    TH0 = (65536-50000)/256;        //赋初值
    TL0 = (65536-50000)%256;
    jsq_50ms++;                     //每到一个中断为 50 ms,jsq_50ms 加 1
    if(jsq_50ms == 20)              //到来 20 次中断后,jsq_50ms 重新计数
    {
      jsq_50ms = 0;
      jsq_1s++;                     //每来 20 次中断即为 1 s,jsq_1s 加 1
      if(jsq_1s == 60)              //每到 60 s,则重新计时
      {
        jsq_1s = 0;
      }
      SEG_7 = jsq_1s/10;            //显示秒的十位
      SEG_8 = jsq_1s%10;            //显示秒的个位
    }
}
```

3. 利用 Proteus 软件仿真

经 Keil C51 软件编译通过后,可利用 Proteus 软件进行仿真。根据图 4-7,在 Proteus ISIS

编辑环境中绘制仿真电路图,将编译好的"Ex4.4.hex"文件载入单片机。启动仿真,即可看到数码管 S3、S4 显示出秒的十位和个位,仿真电路图如图 4-11 所示。

图 4-11　仿真电路图

4. 采用实验板试验

程序仿真无误后,将 Keil C51 软件编译通过后产生的"Ex4.4.hex"文件下载到 STC89C52RC 芯片中,再将下载好的单片机插入实验板,通电运行即可看到 S3、S4 显示出毫无闪烁感的秒数。

【技能训练 4.5】　数码时钟设计

设计一个可显示时、分、秒的数码时钟,从 00:00:00 开始计时,到 23:59:59 后,再过 1 s 各位清 0 并重新开始计时。由于显示要用到 8 位 LED 数码管,由于图 4-7 只有 4 位 LED 数码管。所以,重新设计电路原理图(见图 4-12),利用 8 位 LED 数码管显示。用 U5-S1 和 U5-S2 显示时;U5-S3 显示时与分之间的间隔号"-";U5-S4 和 U6-S1 显示分;U6-S2 显示分与秒之间的间隔号"-";U6-S3 和 U6-S4 显示秒。各 LED 数码管在实验板上的实物连接原理图如图 4-12 所示。

1. 实现方法

(1)计时的实现。使定时器 T0 每 50 ms 产生一次中断,再建立中断次数累计变量(i)。若中断次数累计满 20 次,秒计数变量(s)加 1;若秒计满 60,分计数变量(m)加 1,同时将秒计数变量清 0;若分计满 60,时计数变量(h)加 1,同时将分计数变量清 0;若时计满 24,则将时计数变量清 0。

(2)显示程序设计。分别建立 3 个时间显示子程序,分别显示秒、分和时,编程的关键是段码获取。

图 4-12　8 位 LED 数码管显示接口电路原理图

（3）主程序设计。先将定时器 T0 和个计数变量初始化,然后调用时间的显示子程序。计时功能由定时器 T0 的中断服务子程序来实现。

2. 数码时钟设计的程序设计

先建立文件夹"Ex4.5",然后建立"Ex4.5"工程项目,最后建立源程序文件"Ex4.5.c"输入如下源程序:

```
//技能训练 4.5:数码时钟设计
////////////////////////////////////////////////////////////////////////////
//设计项目:数码时钟设计                                                      //
//设 计 人:                                                                  //
//设计时间:2017.5.15                                                         //
```

```
//设计说明:设计一时钟计数器,在 LED 数码管上显示秒、分、时,采用定时器 T0 延时计数      //
//硬件连接条件:(1)单片机 P0.0~P0.7 依次接两个 74HC573 锁存器 1D~8D                //
//           (2)锁存器输出接 LED 数码管 a、b、c、d、e、f、g、DP 端口                //
//           (3)P2.6 接段锁存器的 LE 口,P2.7 接位锁存器的 LE 口                  //
//////////////////////////////////////////////////////////////////////////
#include <STC89C52RC.H>
//////// 函数说明 ////////
void delay500 μs(void);                //延时 500μs 的子程序
void display_seg(void);                //LED 数码管显示函数
void int_time0(void);                  //t 定时器 T0 初始化函数
//////// 变量说明 ////////
unsigned char code table[]={0x3f,0x06,0x5b,0x4f,0x66,0x6d,0x7d,0x07,0x7f,0x6f};
                                       //LED 数码管显示码表 0,1,2,3,4,5,6,7,8,9
unsigned  char SEG_1,SEG_2,SEG_3,SEG_4,SEG_5,SEG_6,SEG_7,SEG_8;
                                       //8 位 LED 数码管显示单元定义
unsigned char jsq_50 ms,jsq_1s;        //50 ms 计数器和 1 s 计数器
unsigned char jsq_1min,jsq_1hours;     //1 min 计数器和 1 h 计数器
void main(void)                        //主程序
{
  int_time0(  );                       //初始化定时器 T0
  while(1)                             //进入循环,以下为无限循环程序区
  {
    display_seg(  );                   //调用 LED 数码管显示函数
  }
}

////////////////////////////////////////
// 函数名称:void display_seg(void)
// 函数功能:LED 数码管显示函数
// 入口参数:
// 出口参数:
// 函数说明:
////////////////////////////////////////
void display_seg(void)                 //显示函数
{
  ////////// 1 位显示 //////////////////
  P0 = table[SEG_1];                   //数据从 P0 口送出到 IC7,即 74HC573 锁存器
  P2_6 = 0;P2_6 = 1;P2_6 = 0;          //IC7 数据锁存
  P0 = ~0x01;                          //位码从 P0 口送出到 IC6,即 74HC573 锁存器
  P2_7 = 0;
  P2_7 = 1;
  P2_7 = 0;                            //IC6 位码数据锁存
  delay500 μs(  );                     //延时 500 μs
```

```
//////////2 位显示//////////////////////
P0 = table[SEG_2];                          //数据从 P0 口送出到 IC7,即 74HC573 锁存器
P2_6 = 0;
P2_6 = 1;
P2_6 = 0;                                   //IC7 数据锁存
P0 = ~0x02;                                 //位码从 P0 口送出到 IC6,即 74HC573 锁存器
P2_7 = 0;
P2_7 = 1;
P2_7 = 0;                                   //IC6 位码数据锁存
delay500 μs( );                             //延时 500 μs
//////////3 位显示//////////////////////
P0 = table[SEG_3];                          //数据从 P0 口送出到 IC7,即 74HC573 锁存器
P2_6 = 0;
P2_6 = 1;
P2_6 = 0;                                   //IC7 数据锁存
P0 = ~0x04;                                 //位码从 P0 口送出到 IC6,即 74HC573 锁存器
P2_7 = 0;
P2_7 = 1;
P2_7 = 0;                                   //IC6 位码数据锁存
delay500 μs( );                             //延时 500 μs
//////////4 位显示//////////////////////
P0 = table[SEG_4];                          //数据从 P0 口送出到 IC7,即 74HC573 锁存器
P2_6 = 0;
P2_6 = 1;
P2_6 = 0;                                   //IC7 数据锁存
P0 = ~0x08;                                 //位码从 P0 口送出到 IC6,即 74HC573 锁存器
P2_7 = 0;
P2_7 = 1;
P2_7 = 0;                                   //IC6 位码数据锁存
delay500 μs( );                             //延时 500 μs
//////////5 位显示//////////////////////
P0 = table[SEG_5];                          //数据从 P0 口送出到 IC7,即 74HC573 锁存器
P2_6 = 0;
P2_6 = 1;
P2_6 = 0;                                   //IC7 数据锁存
P0 = ~0x10;                                 //位码从 P0 口送出到 IC6,即 74HC573 锁存器
P2_7 = 0;
P2_7 = 1;
P2_7 = 0;                                   //IC6 位码数据锁存
delay500 μs( );                             //延时 500 μs
//////////6 位显示//////////////////////
P0 = table[SEG_6];                          //数据从 P0 口送出到 IC7,即 74HC573 锁存器
```

```
    P2_6 = 0;
    P2_6 = 1;
    P2_6 = 0;                           //IC7 数据锁存
    P0 = ~0x20;                         //位码从 P0 口送出到 IC6,即 74HC573 锁存器
    P2_7 = 0;
    P2_7 = 1;
    P2_7 = 0;                           //IC6 位码数据锁存
    delay500 μs( );                     //延时 500 μs
    /////////7 位显示/////////////////////
    P0 = table[SEG_7];                  //数据从 P0 口送出到 IC7,即 74HC573 锁存器
    P2_6 = 0;
    P2_6 = 1;
    P2_6 = 0;                           //IC7 数据锁存
    P0 = ~0x40;                         //位码从 P0 口送出到 IC6,即 74HC573 锁存器
    P2_7 = 0;
    P2_7 = 1;
    P2_7 = 0;                           //IC6 位码数据锁存
    delay500 μs( );                     //延时 500 μs
    /////////8 位显示/////////////////////
    P0 = table[SEG_8];                  //数据从 P0 口送出到 IC7,即 74HC573 锁存器
    P2_6 = 0;
    P2_6 = 1;
    P2_6 = 0;                           //IC7 数据锁存
    P0 = ~0x80;                         //位码从 P0 口送出到 IC6,即 74HC573 锁存器
    P2_7 = 0;
    P2_7 = 1;
    P2_7 = 0;                           //IC6 位码数据锁存
    delay500 μs( );                     //延时 500 μs
}
///////////////////////////////////////////
//函数名称:void delay500 μs(void)
//函数功能:延时 500 μs 的子程序
//入口参数:
//出口参数:
//函数说明:
///////////////////////////////////////////
void delay500 μs(void)                  //延时 10 ms 的子程序
{
    unsigned char k;                    //局部变量定义
    for(k = 248;k>0;k--);               //内层循环
}
///////////////////////////////////////////
```

```
//函数名称:void int_time0(void)
//函数功能:定时器 T0 初始化
//入口参数:
//出口参数:
//函数说明:
////////////////////////////////////////////
void int_time0(void)
{
    TMOD = 0x01;                        //定义为定时器 T0 方式 1,SFR 中 TMOD 位于不
                                        //能被 8 整除的地址,所以要按字节方式赋值
    TH0 = (65536-100)>>8;               //赋初值
    TL0 = (65536-100);
    ET0 = 1;                            //开启定时器 T0 溢出中断
    EA = 1;                             //开启总的中断开关
    jsq_50 ms = 0;
    jsq_1s = 0;
    SEG_7 = jsq_1s/10;                  //显示秒的十位
    SEG_8 = jsq_1s% 10;                 //显示秒的个位
    TR0 = 1;                            //开启定时器 T0
}
////////////////////////////////////////////
//函数名称:void interrupt_t0(void)interrupt1
//函数功能:T0 中断函数
//入口参数:
//出口参数:
//函数说明:
////////////////////////////////////////////
void interrupt_t0(void)interrupt 1      //定时器 T0 溢出中断
{
    TH0 = (65536-100)>>8;               //赋初值
    TL0 = (65536-100);
    jsq_50 ms++;                        //每到一个中断为 50 ms,jsq_50 ms 加 1
    if(jsq_50 ms == 20)                 //到来 20 次中断后,jsq_50 ms 重新计数
    {
        jsq_50 ms = 0;
        jsq_1s++;                       //每来 20 次中断即为 1 s,jsq_1s 加 1
        if(jsq_1s == 60)                //每到 60 s,则重新计时
        {
            jsq_1s = 0;
            jsq_1min++;
            if(jsq_1min == 60)          //每到 60 min,则重新计时
            {
```

```
    jsq_1min=0;
    jsq_1hours++;
    if(jsq_1hours==24)                    //每到 24 h,则重新计时
    {
      jsq_1hours=0;
    }
  }
}
  SEG_1=jsq_1hours/10;                    //显示时的十位
  SEG_2=jsq_1hours%10;                    //显示时的个位
  SEG_3=16;
  SEG_4=jsq_1min/10;                      //显示分的十位
  SEG_5=jsq_1min%10;                      //显示分的个位
  SEG_6=16;
  SEG_7=jsq_1s/10;                        //显示秒的十位
  SEG_8=jsq_1s%10;                        //显示秒的个位
  }
}
```

3. 利用 Proteus 软件仿真

经 Keil C51 软件编译通过后,可利用 Proteus 软件进行仿真。根据图 4-12,在 Proteus ISIS 编辑环境中绘制仿真电路图,将编译好的"Ex4.5.hex"文件载入单片机。启动仿真,仿真电路图如图 4-13 所示。

4. 采用实验板试验

程序仿真无误后,将 Keil C51 软件编译通过后产生的"Ex4.5.hex"文件下载到 STC89C52RC 芯片中,再将下载好的单片机插入实验板,通电运行即可看到实验板上的 8 位 LED 数码管显示出形如"00-00-98"的时间,显示效果没有闪烁感。

【技能训练 4.6】　用 LED 数码管显示按键次数

用 LED 数码管显示按键次数。接口电路原理图如图 4-14 所示。

1. 实现方法

每按一次按键 K1,P3.4 引脚电平发生一次负跳变,将触发外中断,可利用其中断服务函数使计数变量加 1,再将计数变量用 LED 数码管 U5-S3 和 U5-S4 显示。当计数满 99 后,各位清 0,重新从 0 开始计数。

2. 用 LED 数码管显示按键次数的程序设计

先建立文件夹"Ex4.6",然后建立"Ex4.6"工程项目,最后建立源程序文件"Ex4.6.c"输入如下源程序:

```
//技能训练 4.6:用 LED 数码管显示按键次数
///////////////////////////////////////////////////////////////////
//设计项目:用 LED 数码管显示按键次数                                  //
//设 计 人:                                                          //
//设计时间:2017.5.15                                                 //
```

图 4-13　电路仿真图

图 4-14　用 LED 数码管显示按键次数的接口电路原理图

```
//设计说明:设计一个按键计数器,实现一个模拟开关连续计数,LED 数码管显示按键次数       //
//硬件连接条件:(1)单片机 P0.0~P0.7 依次接两个 74HC573 锁存器 1D~8D              //
//            (2)锁存器输出接 LED 数码管 a、b、c、d、e、f、g、DP 端口              //
//            (3)P2.6 接段锁存器的 LE 口,P2.7 接位锁存器的 LE 口                //
//////////////////////////////////////////////////////////////////////
#include <STC89C52RC.H>
//////// 函数说明 ////////
void delay10 ms(void);                    //延时 10 ms 的子程序
void key(void);                           //按键函数
void display_seg(void);                   //LED 数码管显示函数
void delay500 μs(void);                   //8 位 LED 数码管显示延时函数
//////// 变量说明 ////////
unsigned   int count;                     //按键计数器
unsigned   char qianwei,baiwei,shiwei,gewei;//每个 LED 数码管的显示变量
/* * * * * * * 数码管码表 * * * * * * * * * /
unsigned char codetable[ ] = {0x3f,0x06,0x5b,0x4f,0x66,0x6d,0x7d,0x07,0x7f,
0x6f};
                                          //LED 数码管显示码表 0,1,2,3,4,5,6,7,8,9
///////SFR 定义 //////
//按键定义
sbit key_1 = P3^4;                        //定义第 1 个按键为 KEY_1
void main(void)                           //主程序
{
//////// 初始化区 //////////////
  P3 = 0xff;                              //初始化 P3 口准备读取按键(按键输入)
  while(1)                                //进入循环,以下为无限循环程序区
  {
    key( );                               //调用按键函数
    display_seg( );                       //8 个调用 LED 数码管显示函数
  }
}
//////////////////////////////////////////
//函数名称:void key(void)
//函数功能:按键函数
//入口参数:
//出口参数:
//函数说明:
//////////////////////////////////////////
void key(void)                            //按键函数
{
  if(key_1 == 0)                          //如果按键按下
  {
```

```
      delay10 ms(   );                              //延时 10 ms,越过抖动区 7 ms
      if(key_1 = = 0)                               //按键的确按下
      {
        count++;                                    //按键计数器计数
        if(count > = 1000)
        {
          count = 0;
        }                                           //控制计数器最大值,16 即为十六进制,
                                                    //20 即为二十进制,但最大计数 255,
                                                    //因为 count 定义的是 unsigend char
        while(key_1 = = 0);                         //按键等待抬起
      }
    }
  }
  ////////////////////////////////////////////////////////
  // 函数名称:void display_seg_8(void)
  // 函数功能:8 个 LED 数码管显示函数
  // 入口参数:
  // 出口参数:
  // 函数说明:
  ////////////////////////////////////////////////////////
  void display_seg(void)                            //8 个 LED 数码管显示函数
  {
    qianwei = count /1000;                          //得到千位数据
    baiwei = (count% 1000) /100;                    //得到百位数据
    shiwei = ((count% 1000)% 100) /10;              //得到十位数据
    gewei = ((count% 1000)% 100)% 10;               //得到个位数据
    ////////////// 显示程序 ///////////////////////
    ///////// 5 位显示 ///////////////////
    P0 = table[ qianwei];                           //数据从 P0 口送出到 IC7,
                                                    //即 74HC573 锁存器

    P2_6 = 0;
    P2_6 = 1;
    P2_6 = 0;                                        //IC7 数据锁存
    P0 = ~0x10;                                     //位码从 P0 口送出到 IC6,
                                                    //即 74HC573 锁存器

    P2_7 = 0;
    P2_7 = 1;
    P2_7 = 0;                                        //IC6 位码数据锁存
    delay500 μs(   );                               //延时 500 μs
    ///////// 6 位显示 ///////////////////
    P0 = table[baiwei];                             //数据从 P0 口送出到 IC7,
```

```
                                           // 即 74HC573 锁存器
    P2_6 = 0;
    P2_6 = 1;
    P2_6 = 0;                              // IC7 数据锁存
    P0 = ~0x20;                            // 位码从 P0 口送出到 IC6,
                                           // 即 74HC573 锁存器

    P2_7 = 0;
    P2_7 = 1;
    P2_7 = 0;                              // IC6 位码数据锁存
    delay500 μs(    );                     // 延时 500 μs
    /////////7 位显示/////////////////////
    P0 = table[shiwei];                    // 数据从 P0 口送出到 IC7,
                                           // 即 74HC573 锁存器

    P2_6 = 0;
    P2_6 = 1;
    P2_6 = 0;                              // IC7 数据锁存
    P0 = ~0x40;                            // 位码从 P0 口送出到 IC6,
                                           // 即 74HC573 锁存器

    P2_7 = 0;
    P2_7 = 1;
    P2_7 = 0;                              // IC6 位码数据锁存
    delay500 μs(    );                     // 延时 500 μs
    /////////8 位显示/////////////////////
    P0 = table[gewei];                     // 数据从 P0 口送出到 IC7,
                                           // 即 74HC573 锁存器

    P2_6 = 0;
    P2_6 = 1;
    P2_6 = 0;                              // IC7 数据锁存
    P0 = ~0x80;                            // 位码从 P0 口送出到 IC6,
                                           // 即 74HC573 锁存器

    P2_7 = 0;
    P2_7 = 1;
    P2_7 = 0;                              // IC6 位码数据锁存
    delay500 μs(    );                     // 延时 500 μs
}
//////////////////////////////////////////
// 函数名称:void delay10 ms(void)
// 函数功能:延时 10 ms 的子程序
// 入口参数:
// 出口参数:
// 函数说明:
//////////////////////////////////////////
```

```
void delay10 ms(void)                              //延时 10 ms 的子程序
{
    unsigned char j,k;                             //局部变量定义
    for(j=20;j>0;j--)                              //外层循环
    {
        for(k=248;k>0;k--);                        //内层循环
    }
}
/////////////////////////////////////////////////
//函数名称:void delay200 μs(void)
//函数功能:延时 200 μs 的子程序
//入口参数:
//出口参数:
//函数说明:
/////////////////////////////////////////////////
void delay500 μs(void)                             //延时 500 μs 的子程序
{
    unsigned char k;                               //局部变量定义
    for(k=248;k>0;k--);                            //内层循环
}
```

3. 利用 Proteus 软件仿真

经 Keil C51 软件编译通过后,可利用 Proteus 软件进行仿真。根据原理图 4-14,在 Proteus ISIS 编辑环境中绘制仿真电路图,将编译好的"Ex4.6.hex"文件载入单片机。启动仿真,即可看到用鼠标按下按键 K1 时,LED 数码管显示的计数值即加 1(因仿真软件的问题,显示效果有闪烁感),仿真电路图如图 4-15 所示。

图 4-15　仿真电路图

4. 采用实验板试验

程序仿真无误后,将 Kei C51 软件编译通过后产生的"Ex4.6.hex"文件下载到 STC89C52RC 芯片中,再将下载好的单片机插入实验板,通电运行即可看到和仿真类似的试验结果。显示效果稳定,没有闪烁感。

【技能训练 4.7】　用 if 语句控制 P0 口 8 位 LED 的点亮状态

用 if 语句控制 P0 口 8 位 LED 的点亮状态。要求按下按键 K1 时,P0 口高 4 位 LED 点亮;按下按键 K2 时,P0 口低 4 位 LED 点亮。电路原理图如图 4-16 所示。

1. 实现方法

如图 4-16 所示,按下 K1 键时,P3.4 引脚接地,P3.4 引脚电平被强制降为低电平。因此,可通过检测 P3.4 引脚电平来判断按键 K1 是否按下;如果按下,就点亮 P0 口高 4 位 LED。可通过检测 P3.5 引脚电平来判断按键 K2 是否按下;如果按下,就点亮 P0 口低 4 位 LED。

图 4-16　单片机按键控制 P0 口 8 位 LED 电路原理图

2. 用 if 语句控制 P0 口 8 位 LED 的点亮状态的程序设计

先建立文件夹"Ex4.7",然后建立"Ex4.7"工程项目,最后建立源程序文件"Ex4.7.c"输入如下源程序:

```
//技能训练 4.7:用 if 语句控制 P0 口 8 位 LED 的点亮状态
//////////////////////////////////////////////////////////////////
//设计项目:模拟开关控制 LED 设计实验                                //
//设 计 人:                                                        //
//设计时间:2017.5.15                                              //
//设计说明:设计一个开关控制器,控制 8 位 LED 点亮                     //
//硬件连接条件:(1)单片机 P0.0~P0.7 依次连接第 1~8 个 LED 指示灯      //
//             (2)2 个模拟开关依次接到 P3.4、P3.5 引脚               //
//////////////////////////////////////////////////////////////////
#include <STC89C52RC.H>
///////函数说明///////
void delay10 ms(void);              //延时 10 ms 的子程序
void key(void);                     //按键函数
///////变量说明///////
//led 定义
sbit L1 = P0^0;                     //定义第 1 个指示灯的名称为 L1   还可以直接采用
                                    //P0_0;因为 AT89X51.H 内部已做定义,下依次类推
sbit L2 = P0^1;                     //定义第 2 个指示灯的名称为 L2
sbit L3 = P0^2;                     //定义第 3 个指示灯的名称为 L3
sbit L4 = P0^3;                     //定义第 4 个指示灯的名称为 L4
sbit L5 = P0^4;                     //定义第 5 个指示灯的名称为 L5
sbit L6 = P0^5;                     //定义第 6 个指示灯的名称为 L6
sbit L7 = P0^6;                     //定义第 7 个指示灯的名称为 L7
sbit L8 = P0^7;                     //定义第 8 个指示灯的名称为 L8
//按键定义
sbit key_1 = P3^4;                  //定义第 1 个按键为 key_1
sbit key_2 = P3^5;                  //定义第 2 个按键为 key_2
void main(void)                     //主程序
{
    ////////初始化区///////////////
    P3 = 0xff;                      //初始化 P3 口准备读取按键(按键输入)
    while(1)                        //进入循环,以下为无限循环程序区
    {
        key(   );                   //调用按键函数
    }
}
////////////////////////////////////////
//函数名称:void key(void)
//函数功能:按键函数
```

```
//入口参数:
//出口参数:
//函数说明:
//////////////////////////////////////////
void key(void)                          //按键函数
{
  if(key_1 = = 0)                       //如果按键按下
  {
    delay10 ms(   );                    //延时 10 ms
    if(key_1 = = 0)                     //按键的确按下
    {
        P0 = 0x0f;
    }
  }
  if(key_2 = = 0)                       //如果按键按下
  {
    delay10 ms(   );                    //延时 10 ms
    if(key_2 = = 0)                     //按键的确按下
    {
        P0 = 0xf0;
    }
  }
}
//////////////////////////////////////////
//函数名称:void delay10 ms(void)
//函数功能:延时 10 ms 的子程序
//入口参数:
//出口参数:
//函数说明:
//////////////////////////////////////////
void delay10 ms(void)                   //延时 10 ms 的子程序
{
  unsigned char j,k;                    //局部变量定义
  for(j=20;j>0;j--)                     //外层循环
  {
    for(k=248;k>0;k--);                 //内层循环
  }
}
```

3. 利用 Proteus 软件仿真

经 Keil C51 软件编译通过后,可利用 Proteus 软件进行仿真。根据电路原理图 4-16,在 Proteus ISIS 编辑环境中绘制仿真电路图,将编译好的"Ex4.7.hex"文件载入单片机,启动仿真,即可看到当鼠标按下按键 K1 或 K2 时,P0 口高 4 位或低 4 位 LED 被点亮,仿真电路图如

图 4-17 所示。

图 4-17　仿真电路图

4. 采用实验板试验

程序仿真无误后,将 Keil C51 软件编译通过后产生的"Ex4.7. hex"文件下载到 STC89C52RC 芯片中,再将下载好的单片机插入实验板,通电运行即可看到和仿真类似的试验结果。

【技能训练4.8】　用 swtich 语句控制 P0 口 8 位 LED 的点亮状态

用 swtich 语句控制 P0 口 8 位 LED 的点亮状态,采用的硬件电路原理图如图 4-16 所示。第一次按下按键 K1 时,LED1 被点亮;第二次按下按键 K1 时,LED2 被点亮;依次类推,第八次按下按键 K1 时,LED8 被点亮;然后,再按下按键 K1 时,LED1 又被点亮,如此循环。

1. 实现方法

设置一个变量 count,当 count＝1 时,点亮 LED1;当 count＝2 时,点亮 LED2;依次类推,当 count＝8 时,点亮 LED8;由 swtich 语句根据 count 的值来实现相应的功能。

count 值的改变可通过按键 K1 来控制,每次按下 K1 时,就使 count 自增 1。当其增加到 9 时,再将其值重新置为 1。

需要说明的是,按下按键时,通常都会有抖动(项目 5 将详细介绍)。表面上看,按了一次按键,但由于按键的抖动,单片机可能认为是按了多次,从而使输入不可控制。此问题可用"软件消抖"来解决。当单片机第一次检测到按键按下时,此时的抖动将不理会,若延时 5~10 ms 后,再次检测到按键按下,才认为按键被确实按下了;然后再执行相应的指令。

2. 用 swtich 语句控制 P0 口 8 位 LED 的点亮状态的程序设计

先建立文件夹"Ex4.8",然后建立"Ex4.8"工程项目,最后建立源程序文件"Ex4.8. c"输入如下源程序:

```
//技能训练 4.8:用 swtich 语句控制 P0 口 8 位 LED 的点亮状态
/////////////////////////////////////////////////////////////
//设计项目:模拟开关控制 LED 设计实验                                    //
//设 计 人:                                                      //
//设计时间:2017.5.15                                             //
//设计说明:设计一个模拟开关控制器,控制 8 位 LED 点亮                      //
//硬件连接条件:(1)单片机 P0.0~P0.7 依次连接第 1~8 个 LED 指示灯          //
//            (2)1 个模拟开关接到 P3.4 引脚                         //
/////////////////////////////////////////////////////////////
#include <STC89C52RC.H>
///////函数说明///////
void delay10 ms(void);              //延时 10 ms 的子程序
void key(void);                     //按键函数
///////变量说明///////
//led 定义
sbit L1 = P0^0;                     //定义第 1 个指示灯的名称为 L1  还可以直接采用 P0_0;
                                    //因为 STC89C52RC.H 内部已做定义,下依次类推
sbit L2 = P0^1;                     //定义第 2 个指示灯的名称为 L2
sbit L3 = P0^2;                     //定义第 3 个指示灯的名称为 L3
sbit L4 = P0^3;                     //定义第 4 个指示灯的名称为 L4
sbit L5 = P0^4;                     //定义第 5 个指示灯的名称为 L5
sbit L6 = P0^5;                     //定义第 6 个指示灯的名称为 L6
sbit L7 = P0^6;                     //定义第 7 个指示灯的名称为 L7
sbit L8 = P0^7;                     //定义第 8 个指示灯的名称为 L8
//按键定义
sbit key_1 = P3^4;                  //定义第 1 个按键为 key_1
//变量定义
unsigned char count;
void main(void)                     //主程序
{
    /////////初始化区///////////////
    P3 = 0xff;                      //初始化 P3 口准备读取按键(按键输入)
    while(1)                        //进入循环,以下为无限循环程序区
    {
        key( );                     //调用按键函数
        switch(count)               //使用多分支选择语句
        {
            case 1: P0 = 0xfe; break; //第 1 个 LED 亮
            case 2: P0 = 0xfd; break; //第 2 个 LED 亮
            case 3: P0 = 0xfb; break; //第 3 个 LED 亮
            case 4: P0 = 0xf7; break; //第 4 个 LED 亮
            case 5: P0 = 0xef; break; //第 5 个 LED 亮
```

```
            case 6：P0 = 0xdf; break;    //第 6 个 LED 亮
            case 7：P0 = 0xbf; break;    //第 7 个 LED 亮
            case 8：P0 = 0x7f; break;    //第 8 个 LED 亮
            default：P0 = 0xff;          //默认值,关闭所有 LED
        }
    }
}
///////////////////////////////////////////
//函数名称:void key(void)
//函数功能:按键函数
//入口参数:
//出口参数:
//函数说明:
///////////////////////////////////////////
void key(void)                      //按键函数
{
    if(key_1 = = 0)                 //如果按键按下
    {
        delay10 ms( );              //延时 10 ms
        if(key_1 = = 0)             //按键的确按下
        {
            count++;
            if(count = = 9)
            {
                count = 1;
            }
            while(key_1 = = 0){;}    //按键等待抬起
        }
    }
}

///////////////////////////////////////////
//函数名称:void delay10 ms(void)
//函数功能:延时 10 ms 的子程序
//入口参数:
//出口参数:
//函数说明:
///////////////////////////////////////////
void delay10 ms(void)               //延时 10 ms 的子程序
{
    unsigned char j,k;              //局部变量定义
    for(j=20;j>0;j--)               //外层循环
    {
```

```
    for(k=248;k>0;k--);          //内层循环
  }
}
```

3. 利用 Proteus 软件仿真

经 Keil C51 软件编译通过后,可利用 Proteus 软件进行仿真。根据电路原理图 4-16,在 Proteus ISIS 编辑环境中绘制仿真电路图,将编译好的"Ex4.8. hex"文件载入单片机,启动仿真,即可看到当鼠标按下按键 K1 时,P0 口的 LED 将依照 K1 被按下的次数而被点亮,仿真电路图如图 4-18 所示。

图 4-18　仿真电路图

4. 采用实验板试验

程序仿真无误后,将 Keil C51 软件编译通过后产生的"Ex4.8. hex"文件下载到 STC89C52RC 芯片中,再将下载好的单片机插入实验板,通电运行即可看到和仿真类似的试验结果。

【技能训练 4.9】　用 while 语句控制 P0 口 8 位 LED 闪烁花样

用 while 语句控制 P0 口 8 位 LED 闪烁花样,采用的硬件电路原理图如图 4-16 所示,可去掉原理图中的两个按键。

1. 实现方法

在 while 循环中设置一个变量 i,当 i 小于 0xff 时,将 i 的值送到 P0 口显示并自增 1;当 i 等于 0xff 时,跳出 while 循环。

2. 用 while 语句控制 P0 口 8 位 LED 闪烁花样的程序设计

先建立文件夹"Ex4.9",然后建立"Ex4.9"工程项目,最后建立源程序文件"Ex4.9. c"输入如下源程序：

```
//技能训练 4.9:用 while 语句控制 P0 口 8 位 LED 闪烁花样
////////////////////////////////////////////////////////////////////////
//设计项目:模拟开关控制 LED 设计实验                                    //
//设 计 人:                                                            //
//设计时间:2017.5.15                                                  //
//设计说明:设计一个模拟开关控制器,控制 8 位 LED 闪烁花样                  //
//硬件连接条件:(1)单片机 P0.0~P0.7 依次连接第 1~8 个 LED 指示灯          //
//            (2)1 个模拟开关接到 P3.4 引脚                            //
////////////////////////////////////////////////////////////////////////
#include <STC89C52RC.h>          //包含单片机寄存器的头文件
void delay60 ms(void)            //函数功能:延时约 60 ms(3×100×200=60 000 μs)
{ unsigned char m,n;
  for(m=0;m<100;m++)
    for(n=0;n<200;n++);
}
void main(void)
{

    unsigned char i;
    while(1)                     //无限循环
    {
      i=0;                       //将 i 初始化为 0
      while(i<0xff)              //当 i 小于 0xff (255)时执行循环体
      {
        P0=i;                    //将 i 送 P0 口显示
        delay60 ms(   );         //延时
        i++;                     //i 自增 1
      }
    }
}
```

3. 利用 Proteus 软件仿真

经 Keil C51 软件编译通过后,可利用 Proteus 软件进行仿真。根据电路原理图 4-16,在 Proteus ISIS 编辑环境中绘制仿真电路图,将编译好的"Ex4.9.hex"文件载入单片机,启动仿真,即可看到 P0 口的 8 位 LED 以各种花样不断闪烁,仿真电路图如图 4-19 所示。

4. 采用实验板试验

程序仿真无误后,将 Keil C51 软件编译通过后产生的"Ex4.9.hex"文件下载到 STC89C52RC 芯片中,再将下载好的单片机插入实验板,通电运行即可看到和仿真类似的试验结果。

【技能训练 4.10】 用 do…while 语句控制 P0 口 8 位 LED 流水点亮

用 do…while 语句控制 P0 口 8 位 LED 流水点亮,采用的硬件电路原理图如图 4-16 所示,可去掉原理图中的两个按键。

图 4-19　仿真电路图

1. 实现方法

只需在循环中将 8 位 LED 依次点亮,再将循环条件设为"死循环"即可。

2. 用 do…while 语句控制 P0 口 8 位 LED 流水点亮的程序设计

先建立文件夹"Ex4.10",然后建立"Ex4.10"工程项目,最后建立源程序文件"Ex4.10.c"输入如下源程序:

```
//技能训练 4.10:用 do…while 语句控制 P0 口 8 位 LED 流水点亮
///////////////////////////////////////////////////////////////
//设计项目:模拟开关控制 LED 设计实验                              //
//设 计 人:                                                      //
//设计时间:2017.5.15                                            //
//设计说明:设计一个开关控制器,用 do…while 语句控制 8 位 LED 流水点亮  //
//硬件连接条件:单片机 P0.0~P0.7 依次连接第 1~8 个 LED 指示灯        //
///////////////////////////////////////////////////////////////
#include <STC89C52RC.H>
///////函数说明////////
void delay 10 ms(void);                    //延时 10 ms 的子程序
//led 定义
sbit L1 = P0^0;                            //定义第 1 个指示灯的名称为 L1
sbit L2 = P0^1;                            //定义第 2 个指示灯的名称为 L2
sbit L3 = P0^2;                            //定义第 3 个指示灯的名称为 L3
```

```
    sbit L4 = P0^3;                     //定义第 4 个指示灯的名称为 L4
    sbit L5 = P0^4;                     //定义第 5 个指示灯的名称为 L5
    sbit L6 = P0^5;                     //定义第 6 个指示灯的名称为 L6
    sbit L7 = P0^6;                     //定义第 7 个指示灯的名称为 L7
    sbit L8 = P0^7;                     //定义第 8 个指示灯的名称为 L8
    ///////变量说明///////
    unsigned char count;
    void main(void)                     //主程序
    {
    ////////初始化区//////////////
        while(1)                        //进入循环,以下为无限循环程序区
        {
            do
            {
                P0 = 0xfe;              //第 1 个 LED 亮
                delay1s(   );
                P0 = 0xfd;              //第 2 个 LED 亮
                delay1s(   );
                P0 = 0xfb;              //第 3 个 LED 亮
                delay1s(   );
                P0 = 0xf7;              //第 4 个 LED 亮
                delay1s(   );
                P0 = 0xef;              //第 5 个 LED 亮
                delay1s(   );
                P0 = 0xdf;              //第 6 个 LED 亮
                delay1s(   );
                P0 = 0xbf;              //第 7 个 LED 亮
                delay1s(   );
                P0 = 0x7f;              //第 8 个 LED 亮
                delay1s(   );
            }
            while(1);                   //无限循环,使 8 位 LED 循环流水点亮
        }
    }
    /////////////////////////////////////////
    //函数名称:void delay10 ms(void)
    //函数功能:延时 10 ms 的子程序
    //入口参数:
    //出口参数:
    //函数说明:
    /////////////////////////////////////////
    void delay10 ms(void)               //延时 10 ms 的子程序
```

```
}
    unsigned char i,j,k;                        //局部变量定义
    for(i=100;i>0;i--)                          //外层循环
    {
        for(j=20;j>0;j--)                       //中层循环
        {
            for(k=248;k>0;k--);                 //内层循环
        }
    }
}
```

3. 利用 Proteus 软件仿真

经 Keil C51 软件编译通过后,可利用 Proteus 软件进行仿真。根据电路原理图 4-16,在 Proteus ISIS 编辑环境中绘制仿真电路图,将编译好的"Ex4.10.hex"文件载入单片机,启动仿真,即可看到 P0 口的 8 位 LED 被循环流水点亮,仿真电路图如图 4-20 所示。

图 4-20 仿真电路图

4. 采用实验板试验

程序仿真无误后,将 Keil C51 软件编译通过后产生的"Ex4.10.hex"文件下载到 STC89C52RC 芯片中,再将下载好的单片机插入实验板,通电运行即可看到和仿真类似的试验结果。

自我测试

4-1 LED 数码管的显示有几种方式?

4-2 LED 数码管有哪两种结构? 是如何实现的?

4-3 简要说明 LED 数码管静态显示和动态显示的特点,实际设计时应如何选择?

4-4 LED 数码管动态显示的过程是什么?

4-5 在共阳极 LED 数码管显示的电路中,如果直接将共阳极 LED 数码管换成共阴极 LED 数码管,能否正常显示? 为什么? 应采取什么措施?

4-6 LED 数码管动态显示程序设计时如果把延时时间改为 1 s,会出现什么情况?

4-7 如何设计 0~999 的计数器?

学习目标

1. 掌握键盘的接口方法和编程方法。
2. 掌握独立式键盘的结构。
3. 掌握矩阵式键盘的结构与原理。
4. 能独立完成单片机键盘电路的设计。
5. 能独立完成 LCD 字符型接口电路的设计。
6. 能使用 C 语言实现对键盘的扫描和按键识别控制程序的设计、运行及调试。

项目描述

本项目使用 STC89C52RC 单片机，设计一个具有 8 按键的独立式键盘输入设计与矩阵式键盘输入设计，并用 LCD 显示设计，具体内容如下：

(1) 无软件、软件消抖的独立式键盘输入；

(2) 定时器中断控制的键盘扫描；

(3) 矩阵式键盘按键值的 LED 数码管显示；

(4) 用 LCD 显示字符、模拟检测结果；

(5) 用 LCD 进行时钟设计。

知识链接

5.1　键盘接口的工作原理

键盘是单片机系统中最常用的输入设备之一，它是由若干按键按照一定规则组成的。每个按键实际上是一个开关元件，按构造可分为有触点开关按键和无触点开关按键两类。有触点开关按键有机械开关按键、弹式微动开关按键、导电橡胶等；无触点开关按键有电容式开关按键、光电式开关按键和磁感应开关按键等。目前单片机应用系统中使用最多的键盘可分为编码键盘和非编码键盘。

编码键盘本身带有实现接口主要功能所需的硬件电路，通常还有消抖动、多键识别等功能。这种键盘使用方便，但价格较贵，一般的单片机应用系统很少采用。

非编码键盘只提供简单的行和列的矩阵，应用时由软件来识别键盘上的闭合键。它具有结构简单，使用灵活的特点，因此被广泛应用于单片机控制系统中。在应用中，非编码键盘常用的类型有独立式(线性)键盘和矩阵(行列式)键盘。

5.1.1 独立式键盘的工作原理

1. 接口电路

独立式(线性)键盘的接口电路如图 5-1 所示。每一个按键对应 P3 口的一根线,各键是相互独立的。应用时,由软件来识别键盘上的键是否被按下。当某个键被按下时,该键所对应口线将由高电平变为低电平;反过来,如果检测到某口线为低电平,则可判断出该口线对应按键被按下。所以,通过软件可判断出该按键是否被按下。

图 5-1　独立式键盘接口电路

2. 按键抖动的消除

按键就是一个简单的开关。当按键按下时,相当于开关闭合;当按键松开时,相当于开关断开。按键在闭合和断开时,触点会存在抖动现象,P3.4 引脚输出端的波形如图 5-2(a)所示。触点抖动对于人来说是感觉不到的,但对于单片机来说,则完全可以感应到。因为单片机处理的速度为微秒级,而机械抖动的时间至少是毫秒级,对单片机而言,这是一个"漫长"的时间了。所以,虽然只按了一次按键,但是单片机却检测到按了多次键,因而往往产生非预期的结果。

按键的抖动时间一般为 5~10 ms,抖动可能造成一次按键的多次处理问题。应采取措施消除抖动的影响。消除办法有多种,常采用软件延时 10 ms 的方法。

在按键较少时,常采用图 5-2(b)所示的消抖电路。当按键未按下时,输出为"1";当按键按下时,输出为"0",即使在 B 位置时因抖动瞬时断开,只要按键不回 A 位置,输出就会仍保持为"0"状态。

当按键较多时,常采用软件延时的办法。当单片机检测到有键按下时先延时 10 ms,然后再检测按键的状态,若仍是闭合状态则认为真正有键按下。当检测到按键释放时,亦需要做同样的处理。

3. 键盘的工作方式

按键所接引脚电平的高低可通过键盘扫描来判别,键盘扫描有两种方式:一种为 CPU 控制方式;另一种为定时器中断控制方式。前者灵敏度较低,后者则具有很高的灵敏度。

（a）抖动现象　　　　　　　　　（b）消抖电路

图 5-2　按键的抖动及其消抖电路

5.1.2　矩阵键盘的工作原理

1. 接口电路

在键盘中按键数量较多时,为了减少 I/O 口的占用,通常将按键排列成矩阵形式。例如,对于 16 个按键的键盘,可以按照图 5-3 所示的 4×4 矩阵方式连接,即 4 根行线和 4 根列线,每根行线和列线交叉点处即为一个键位。4 根行线接 P3 口的低 4 位 I/O 口线,4 根列线接 P3 口的高 4 位 I/O 口线,共需要 8 根 I/O 口线。

2. 工作原理

使用矩阵键盘的关键是如何判断按键值。根据图 5-3 所示,如果已知 P3.0 引脚被置为低电平"0",那么当按键 S1 被按下时,可以肯定 P3.4 引脚的信号必定变成低电平"0";反之,如果已知 P3.0 引脚被置为低电平"0",P3.1 引脚、P3.2 引脚和 P3.3 引脚被置为高电平,而单片机扫描到 P3.4 引脚为低电平"0",则可以肯定按键 S1 被按下。

图 5-3　矩阵键盘的接口电路

3. 识别按键的基本过程

（1）首先判断是否有按键按下。将全部行线（P3.0 引脚、P3.1 引脚、P3.2 引脚、P3.3 引脚）置低电平"0",全部列线置高电平"1",然后检测列线的状态。只要有一列的电平为低,则表明键盘中有按键被按下;若检测到所有列线均为高电平,则键盘中无按键被按下。

（2）按键消抖。当判别到有按键被按下后,调用延时子程序,执行后再次进行判别。若确认有按键被按下,则开始第（3）步的按键识别,否则重新开始。

（3）按键识别。当有按键被按下时,转入逐行扫描的方法来确定是哪一个按键被按下。先扫描第一行,即将第一行输出低电平"0",然后读入列值,哪一列出现低电平"0",则说明该列与第一行跨接的按键被按下。若读入的列值全为"1",说明与第一行跨接的按键（S1~S4）均没有被按下。接着开始扫描第二行,依次类推,逐行扫描,直到找到被按下的按键。

5.2　字符型 LCD 液晶接口

1. 液晶显示模块的基础知识

液晶显示器（Liquid Crystal Display,LCD）具有体积小、质量小（<100 g）、功耗低（100 mW）和可靠性高（50 000 h）的优点,在便携式电子信息产品中得到广泛应用。特别是在电池供电的单片机产品中,液晶显示器是必选的显示器件,如电子表、计算器、手机上的显示器等。

根据 LCD 的显示内容划分,可分为段式 LCD、字符式 LCD 和点阵式 LCD 三种。其中,字符式 LCD 以其价廉、显示内容丰富、美观、使用方便等特点,成为 LED 数码管的理想替代品。

2.1602 字符型 LCD 简介

字符型 LCD 专门用于显示数字、字母、图形符号及少量自定义符号。这类显示器把 LCD控制器、点阵驱动器、字符存储器等做在一块板上,再与液晶屏一起组成一个显示模块。因此,这类显示器的安装与使用都非常简单。

目前字符型 LCD 常用的有 16 字×1 行、16 字×2 行、20 字×2 行和 20 字×4 行等模块,常用型号有×××1602、×××1604、×××2002、×××2004。对于×××1602,×××为商标名称;16 代表液晶每行可显示 16 个字符;02 表示共有 2 行,即这种显示器一共可显示 32 个字符。

3. 液晶显示的原理

液晶显示的原理是利用液晶的物理特性,通过电压对显示区域进行控制,只要输入所需的控制电压,就可以显示出字符。LCD 能够显示字符的关键在于其控制器,目前大部分点阵型 LCD 都使用日立公司的 HD44780 集成电路作为控制器。HD44780 是集驱动器与控制器于一体,专用于字符显示的液晶显示控制驱动集成电路,它的特点如下:

（1）显示缓冲区及用户定义区的字符产生器（CG RAM）全部内藏在片内。

（2）接口数据传输有 8 位和 4 位两种传输模式。

（3）具有简单而功能很强的指令集,可以实现字符的移动、闪烁等功能。

HD44780 的工作原理较为复杂,但它的应用却非常简单。只要将待显字符的标准 ASCII 码放入内部数据显示用存储器（DD RAM）,内部控制线路就会自动将字符传送到显示器上。例如,要 LCD 显示字符"A"的 ASCII 码 41H 存入 DDRAM,控制线路就会通过 HD44780 的另一个部件字符产生器（CG RAM）将 A 的字形点阵数据找出来显示在 LCD 上。

4. 1602 字符型 LCD 的主要技术参数

1602 字符型 LCD 的主要技术参数如下:

显示容量:16×2 字符。

芯片工作电压:4.5~5.5 V。

工作电流:2.0 mA(5.0 V)。

模块最佳工作电压:5.0 V。

字符尺寸:2.95 mm×4.35 mm(W×H)。

5. 1602 字符型 LCD 的引脚

1602 字符型 LCD 采用标准的 14 引脚(无背光)或 16 引脚(带背光)接口,其引脚的接口电路如图 5-4 所示。

V_{SS}:电源地。

V_{DD}:电源正极。

VL:反视度调整,使用可调电阻器调整,通常接地。

RS:寄存器选择,RS=1,选择数据寄存器;RS=0,选择指令寄存器。

$R/\overline{W}$:读/写选择。$R/\overline{W}$=1,读;$R/\overline{W}$=0,写。

E:模块使能端,当 E 由高电平跳变成低电平时,液晶模块开始执行命令。

DB0:双向数据总线的第 0 位。

DB1:双向数据总线的第 1 位。

DB2:双向数据总线的第 2 位。

DB3:双向数据总线的第 3 位。

DB4:双向数据总线的第 4 位。

DB5:双向数据总线的第 5 位。

DB6:双向数据总线的第 6 位。

DB6:双向数据总线的第 7 位。

BLA:背光显示器电源+5 V(也可接地,此时无背光,但不易发热)。

BLK:背光显示器接地。

图 5-4　1602 字符型 LCD 引脚的接口电路

6. 1602 字符型 LCD 显示字符过程

要用 1602 字符型 LCD 显示字符必须解决三大问题:待显字符标准 ASCII 码的产生;液晶显示模式的设置;字符显示位置的指定。

(1)待显标准字符 ASCII 码的产生。常用字符的标准 ASCII 码无须人工产生,在程序中定义字符常量或字符串常量时,C 语言在编译后会自动产生其标准 ASCII 码。只要将生成的标准 ASCII 码通过单片机的 I/O 口送入数据显示用存储器(DDRAM),内部电路就会自动将字符传送到显示器上。

(2)液晶显示模式的设置。要让液晶显示字符,就必须对有无光标、光标的移动方向、光标是否闪烁及字符的移动方向等进行设置,才能获得所需的显示效果。1602 字符型 LCD 液晶显示模式的设置是通过控制指令对内部的控制器控制而实现的,常用的控制指令见表 5-1。例如,要将显示模式设置为"16×2 显示,5×7 点阵,8 位数据接口",只要向液晶模块写二进制指令代码 00111000B,即十六进制数 38H 就可以了。

表 5-1　1602 字符型 LCD 液晶显示模式常用的控制指令

指 令 名 称	指令功能	指令的二进制代码							
		D7	D6	D5	D4	D3	D2	D1	D0
显示模式设置	设置为 16×2 显示,5×7 点阵,8 位数据接口	0	0	1	1	1	0	0	0
显示开/关 及光标设置	D=1,开显示;D=0,关显示。 C=1,显示光标;C=0,不显示光标。 B=1,光标闪烁;B=0,光标不闪烁	0	0	0	0	1	D	C	B
输入模式设置	N=1,光标右移;N=0,光标左移。 S=1,文字移动有效;S=0,文字移动无效	0	0	0	0	0	1	N	S

如果要求液晶显示,有光标且光标闪烁,那么根据显示开/关及光标设置指令,只要令 D=1,C=1 和 B=1,也就是向液晶模块写入二进制指令代码 00001111B(即十六进制数 0FH),就可以实现所需要的显示模式。

(3)字符显示位置的指定。1602 字符型 LCD 内部地址如图 5-5 所示。1602 字符型 LCD 字符显示位置的确定方法规定为"80H+地址码(00~0FH,40~4FH)"。例如,要将某字符显示在第 2 行第 6 列,则确定地址的指令代码应为 80H+45H=C5H。

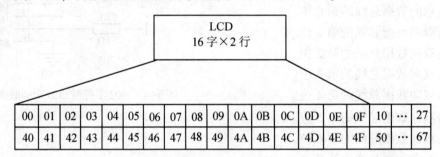

图 5-5　1602 字符型 LCD 内部地址

7. 1602 字符型 LCD 的读写操作

LCD 是一个慢显示器件,所以在写每条指令前一定要先读 LCD 的忙碌状态。如果 LCD 正忙于处理其他指令,就等待;如果不忙,再执行写指令。为此,1602 字符型 LCD 专门设了一个忙碌标志位 BF,该位连接在 8 位双向数据线的 DB7 位上。如果 BF 为低电平"0",则表示 LCD 不忙;如果 BF 为高电平"1",则表示 LCD 处于忙碌状态,需要等待。假定 1602 字符型 LCD 的 8 位双向数据线(DB0~DB7)是通过单片机的 P0 口减小数据传递的,那么只要检测 P0 口的 P0.7 引脚电平(DB7 连接 P0.7)就可以知道忙碌标志位 BF 的状态,见表 5-2。

表 5-2　1602 字符型 LCD 的读写操作规定

读状态	输入	RS=0,R/$\overline{W}$=1,E=1	输出	DB0~DB7=状态字
写指令	输入	RS=0,R/$\overline{W}$=0,DB0~DB7 为指令码,E 为高脉冲	输出	无
读数据	输入	RS=0,R/$\overline{W}$=1,E=1	输出	DB0~DB7=数据
写数据	输入	RS=0,R/$\overline{W}$=0,DB0~DB7 为指令码,E 为高脉冲	输出	无

从图 5-4 所示的接口电路中可以看出，LCD 的 RS、R/$\overline{\text{W}}$和 E 这 3 个接口分别接在 P2.2 引脚、P2.3 引脚和 P2.4 引脚。只要通过编程对这 3 个引脚置"0"或"1"，就可以实现对 1602 字符型 LCD 的读写操作。具体操作过程是：读状态→写指令→写数据→自动显示。

（1）读状态。要将待显的字符（实际上是其标准 ASCII 码）写入液晶模块，首先就要检测 LCD 是否忙碌。还要通过读 1602 字符型 LCD 的状态来实现，即"欲写先读"，操作命令如下：

```
RS=0;        //根据规定,RS 为低电平,R/W为高电平时,可以读状态
R/W=1;
E=1;         //E=1,才允许读写
_nop_( );    //空操作
_nop_( );
_nop_( );
_nop_( );    //空操作 4 个机器周期,给硬件反应时间
```

然后就可以检测忙碌标志位 BF 的电平（P0.7 引脚电平）。BF=1，忙碌，不能执行写命令；BF=0，不忙，可以执行写命令。

（2）写指令。写指令包括写显示模式控制指令和写入地址。例如，将指令或地址 "dictate"（某两位十六进制代码）写入液晶模块，操作命令如下：

```
While(LcdBusy( )==1);//如果忙就等待
    RS=0;                //根据规定,RS 和 R/W同时为低电平时,可以写入指令
    R/W=0;
    E=0;                 //E 置低电平,根据表 5-2,写指令时,E 为高脉冲,
                         //即让 E 从 0 到 1 发生正跳变,所以应先置"0"
    _nop_( );
    _nop_( );            //空操作 2 个机器周期,给硬件反应时间
    P0=dictate;          //将数据送入 P0 口,即写入指令或地址
    _nop_( );
    _nop_( );
    _nop_( );
    _nop_( );            //空操作 4 个机器周期,给硬件反应时间
    E=1;                 //E 置高电平,产生正跳变
    _nop_( );
    _nop_( );
    _nop_( );
    _nop_( );            //空操作 4 个机器周期,给硬件反应时间
    E=0;                 //当 E 由高电平跳变成为低电平时,LCD 开始执行命令
```

（3）写数据。写数据实际是将待显字符的标准 ASCII 码写入 LCD 的数据显示用存储器（DDRAM）。例如，将数据"data"（某两位十六进制代码）写入液晶模块，操作命令如下：

```
While(LcdBusy( )==1);//如果忙就等待
    RS=1;                //RS 为高电平,R/W为低电平时,可以写入数据
    RW=0;
    E=0;                 //E 置低电平,根据表 5-2,写数据时,E 为高脉冲,
```

```
                    //就是让 E 从 0 到 1 发生正跳变,所以应先置"0"
    P0=data;        //将数据送入 P0 口,即将数据写入 LCD
    _nop_( );
    _nop_( );
    _nop_( );
    _nop_( );       //空操作 4 个机器周期,给硬件反应时间
    E=1;            //E 置高电平
    _nop_( );
    _nop_( );
    _nop_( );
    _nop_( );       //空操作 4 个机器周期,给硬件反应时间
    E=0;            //当 E 由高电平跳变成为低电平时,LCD 开始执行命令
```

(4)自动显示。数据写入液晶模块后,字符产生器(CGROM)将自动读出字符的字形点阵数据,并将字符显示在液晶屏上。这个过程由 LCD 自动完成,无须人工干预。

8. 1602 字符型 LCD 的初始化过程

使用 1602 字符型 LCD 前,需要对其显示模式进行初始化设置,过程如下:

① 延时 15 ms(给 1602 字符型 LCD 一段反应时间)。

② 写指令 38H(尚未开始工作,所以不需要检测忙信号,将液晶的显示模式设置为 16×2 显示,5×7 点阵,8 位数据接口)。

③ 延时 5 ms。

④ 写指令 38H(不需要检测忙信号)。

⑤ 延时 5 ms。

⑥ 写指令 38H(不需要检测忙信号)。

⑦ 延时 5 ms(连续设置三次,确保初始化成功)。

以后每次写指令、读写数据操作均需要检测忙信号。

9. 1602 字符型 LCD 驱动程序流程图

根据上面的分析可以画出 1602 字符型 LCD 驱动程序流程图,如图 5-6 所示。

图 5-6 1602 字符型 LCD 的驱动程序流程图

![项目实施]

【技能训练 5.1】 无软件消抖的独立式键盘输入

用按键 K1 控制发光二极管 LED1 的亮灭状态。第一次按下按键 K1 后,LED1 点亮;再次按下 K1,LED1 熄灭,如此循环。本技能训练的电路原理图如图 5-7 所示(程序无软件消抖功能)。

1. 实现方法

将 P3.4 引脚电平初始化为高电平,以后每按一次按键 K1,让 P3.4 引脚电平取反即可。

图 5-7　独立式键盘输入电路原理图

2. 无软件消抖的独立式键盘输入的程序设计

先建立文件夹"Ex5.1",然后建立"Ex5.1"工程项目,最后建立源程序文件"Ex5.1.c"输入如下源程序:

```
//技能训练 5.1:无软件消抖的独立式键盘输入
////////////////////////////////////////////////////////////////////////////
//设计项目:无软件消抖的独立式键盘输入                                        //
//设 计 人:                                                                //
//设计时间:2017.5.15                                                       //
//设计说明:设计一个无软件消抖的按键输入程序,实现 1 个按键控制 1 个 LED 指示灯 //
//硬件连接条件:(1)单片机 P0.0~P0.7 依次接第 1~8 个 LED 指示灯               //
//             (2)1 个模拟开关接 P3.4 引脚                                  //
////////////////////////////////////////////////////////////////////////////
#include <STC89C52RC.H>
///////// 函数说明////////
void key(void);                    //按键函数
///led 定义//////SFR 位定义////位定义///
sbit L1 = P0^0;                    //定义第 1 个指示灯的名称为 L1,还可以直接采用 P0_0;
```

```
                                    //因为 STC89C52RC.H 内部已做定义,下依次类推
////按键定义//////
sbit key_1=P3^4;                    //定义第 1 个按键为 KEY_1
/////////////////////////
void main(void)                     //主程序
{
////////初始化区///////////////
    P3=0xff;                        //初始化 P3 口准备读取按键(按键输入)
    while(1)                        //进入循环,以下为无限循环程序区
    {
        key( );                     //调用按键函数
    }
}
///////////////////////////////////////////
//函数名称:void key(void)
//函数功能:按键函数
//入口参数:
//出口参数:
//函数说明:
///////////////////////////////////////////
void key(void)                      //按键函数
{
    if(key_1==0)                    //如果按键按下
    {
        L1=! L1;
        while(key_1==0){;}          //按键等待抬起
    }
}
```

3. 利用 Proteus 软件仿真

经 Keil C51 软件编译通过后,可利用 Proteus 软件进行仿真。根据电路原理图 5-7,在 Proteus ISIS 编辑环境中绘制仿真电路图,将编译好的"Ex5.1.hex"文件载入单片机。启动仿真,即可看到,当用鼠标按下按键 K1 时,LED1 亮灭状态的控制不能达到预期效果;常常连按几次,LED1 亮灭状态都不发生改变,仿真电路图如图 5-8 所示。

出现这种现象的原因是,程序没有进行按键消抖,从而使单片机实际检测到的按键次数为不定状态。

4. 采用实验板试验

程序仿真无误后,将 Keil C51 软件编译通过后产生的"Ex5.1.hex"文件下载到 STC89C52RC 芯片中,再将下载好的单片机插入实验板,通电运行即可看到和仿真类似的试验结果。

图 5-8　仿真电路图

【技能训练 5.2】　有软件消抖的独立式键盘输入

接口电路原理图如图 5-7 所示,但程序增加软件消抖功能。

1. 实现方法

第一次检测到有按键按下(对应引脚为低电平)时,不立即执行命令(认为是抖动),而是等待几十毫秒后再次检测按键状态。若仍检测到该按键被按下,才认为确实被按下,然后再执行相应的按键功能。

2. 有软件消抖的独立式键盘输入的程序设计

先建立文件夹"Ex5.2",然后建立"Ex5.2"工程项目,最后建立源程序文件"Ex5.2.c"输入如下源程序:

```
//技能训练 5.2:有软件消抖的独立式键盘输入
///////////////////////////////////////////////////////////////////////
// 设计项目:有软件消抖的独立式键盘输入                                   //
// 设 计 人:                                                            //
// 设计时间:2017.5.15                                                   //
// 设计说明:设计一个有软件消抖的按键输入程序,实现 1 个按键控制 1 个 LED 指示灯   //
// 硬件连接条件:(1)单片机 P0.0~P0.7 依次连第 1~8 个 LED 指示灯              //
//             (2)1 个模拟开关接 P3.4 引脚                                //
///////////////////////////////////////////////////////////////////////
```

```
#include <STC89C52RC. H>
//////// 函数说明////////
void delay10 ms(void);                    // 延时 10 ms 的子程序
void key(void);                           // 按键函数
/// led 定义//////SFR 位定义///// 位定义
sbit L1 = P0^ 0;                          // 定义第 1 个指示灯的名称为 L1,还可以直接采用 P0_0;因为
                                          // STC89C52RC. H 内部已做定义,下依次类推

//// 按键定义/////
sbit key_1 = P3^ 4;                       // 定义第 1 个按键为 KEY_1
///////////////////////////
void main(void)                           // 主程序
{
//////// 初始化区//////////////
    P3 = 0xff;                            // 初始化 P3 口准备读取按键(按键输入)
    while(1)                              // 进入循环,以下为无限循环程序区
    {
        key( );                           // 调用按键函数
    }
}
/////////////////////////////////////
// 函数名称:void key(void)
// 函数功能:按键函数
// 入口参数:
// 出口参数:
// 函数说明:
/////////////////////////////////////
void key(void)                            // 按键函数
{
    if(key_1 = =0)                        // 如果按键按下
    {
        delay10 ms( );                    // 延时 10 ms,越过抖动区 7 ms
        if(key_1 = =0)                    // 按键的确按下
        {
            L1 = ! L1;
            while(key_1 = =0){;}          // 按键等待抬起
        }
    }
}
/////////////////////////////////////
// 函数名称:void delay10 ms(void)
// 函数功能:延时 10 ms 的子程序
// 入口参数:
```

```
// 出口参数:
// 函数说明:
//////////////////////////////////////////
void delay10 ms(void)                    // 延时 10 ms 的子程序
{
    unsigned char j,k;                   // 局部变量定义
    for(j=20;j>0;j--)                    // 外层循环
    {
        for(k=248;k>0;k--);              // 内层循环
    }
}
```

3. 利用 Proteus 软件仿真

经 Keil C51 软件编译通过后,可利用 Proteus 软件进行仿真。根据电路原理图 5-7,在 Proteus ISIS 编辑环境中绘制仿真电路图,将编译好的"Ex5.2.hex"文件载入单片机。启动仿真,可以看到,当用鼠标按下按键 K1 时,LED1 亮灭状态随即发生改变,结果表明,经软件消抖后,按键 K1 的预期控制功能可以很好地实现,电路仿真图如图 5-9 所示。

图 5-9　仿真电路图

4. 采用实验板试验

程序仿真无误后,将 Keil C51 软件编译通过后产生的"Ex5.2.hex"文件下载到STC89C52RC 芯片中,再将下载好的单片机插入实验板,通电运行即可看到和仿真类似的试验结果。

【技能训练 5.3】 定时器中断控制的键盘扫描

用定时器中断控制进行键盘扫描,要求按下按键 K1 时,P0 口的 8 位 LED 正向流水点亮;按下按键 K2 时,P0 口的 8 位 LED 反向流水点亮;按下按键 K3 时,P0 口的 8 位 LED 熄灭;按下按键 K4 时,P0 口的 8 位 LED 闪烁。实现的功能和接口电路原理图如图 5-10 所示。

图 5-10 独立式键盘接口电路原理图

1. 实现方法

要保证按键的灵敏度,就必须在足够短的时间内对键盘进行定期扫描。如果用 CPU 控制键盘扫描训练,反应较慢。如果按键不灵敏就是由于 CPU 忙于处理其他程序,从而在较长时间内不能扫描键盘造成的。实践表明,每 1 ms 进行一次键盘扫描,可以很好地实现按键的控制功能。

定时器中断控制的键盘扫描程序流程图如图 5-11 所示。

图 5-11　定时器中断控制的键盘扫描程序流程图

2. 定时器中断控制的键盘扫描的程序设计

先建立文件夹"Ex5.3",然后建立"Ex5.3"工程项目,最后建立源程序文件"Ex5.3.c"输入如下源程序:

```
//技能训练 5.3:定时器中断控制的键盘扫描
/////////////////////////////////////////////////////////////
//设计项目:定时器中断控制的键盘扫描                              //
//设 计 人:                                                    //
//设计时间:2017.5.15                                          //
//设计说明:设计一个按键扫描程序,用定时器 T0 控制扫描独立键盘       //
//硬件连接条件:(1)单片机 P0.0~P0.7 依次接第 1~8 个 LED 指示灯    //
//            (2)4 个模拟开关依次接 P3.4、P3.5、P3.6、P3.7 引脚   //
/////////////////////////////////////////////////////////////
#include<STC89C52RC>              //包含 51 单片机寄存器定义的头文件
////////变量说明////////
//led定义
sbit L1 = P0^0;                   //定义第 1 个 LED 指示灯的名称为 L1
sbit L2 = P0^1;                   //定义第 2 个 LED 指示灯的名称为 L2
sbit L3 = P0^2;                   //定义第 3 个 LED 指示灯的名称为 L3
sbit L4 = P0^3;                   //定义第 4 个 LED 指示灯的名称为 L4
sbit L5 = P0^4;                   //定义第 5 个 LED 指示灯的名称为 L5
sbit L6 = P0^5;                   //定义第 6 个 LED 指示灯的名称为 L6
sbit L7 = P0^6;                   //定义第 7 个 LED 指示灯的名称为 L7
sbit L8 = P0^7;                   //定义第 8 个 LED 指示灯的名称为 L8
//按键定义
sbit key_1 = P3^4;                //定义第 1 个按键为 KEY_1
```

```
sbit key_2 = P3^5;                    //定义第 1 个按键为 KEY_2
sbit key_3 = P3^6;                    //定义第 1 个按键为 KEY_3
sbit key_4 = P3^7;                    //定义第 1 个按键为 KEY_4
//函数声明
void delay10 ms(void);                //延时 10 ms 的子程序
void led_delay(void);                 //LED 指示灯延时函数
//变量定义
unsigned char keyval;                 //存储按键值
//////////////////////////////////////////////
//函数名称：void forward(void)
//函数功能：正向流水点亮 LED 指示灯
//入口参数：
//出口参数：
//函数说明：
//////////////////////////////////////////////
void forward(void)
{
    P0 = 0xfe;                        //第 1 个 LED 指示灯亮
    led_delay(   );
    P0 = 0xfd;                        //第 2 个 LED 指示灯亮
    led_delay(   );
    P0 = 0xfb;                        //第 3 个 LED 指示灯亮
    led_delay(   );
    P0 = 0xf7;                        //第 4 个 LED 指示灯亮
    led_delay(   );
    P0 = 0xef;                        //第 5 个 LED 指示灯亮
    led_delay(   );
    P0 = 0xdf;                        //第 6 个 LED 指示灯亮
    led_delay(   );
    P0 = 0xbf;                        //第 7 个 LED 指示灯亮
    led_delay(   );
    P0 = 0x7f;                        //第 8 个 LED 指示灯亮
    led_delay(   );
    P0 = 0xff;
    led_delay(   );
}
//////////////////////////////////////////////
//函数名称：void backward(void)
//函数功能：反向流水点亮 LED 指示灯
//入口参数：
//出口参数：
//函数说明：
```

```
/////////////////////////////////////////
void backward(void)
{
    P0 = 0x7f;                      //第 8 个 LED 指示灯亮
    led_delay(   );
    P0 = 0xbf;                      //第 7 个 LED 指示灯亮
    led_delay(   );
    P0 = 0xdf;                      //第 6 个 LED 指示灯亮
    led_delay(   );
    P0 = 0xef;                      //第 5 个 LED 指示灯亮
    led_delay(   );
    P0 = 0xf7;                      //第 4 个 LED 指示灯亮
    led_delay(   );
    P0 = 0xfb;                      //第 3 个 LED 指示灯亮
    led_delay(   );
    P0 = 0xfd;                      //第 2 个 LED 指示灯亮
    led_delay(   );
    P0 = 0xfe;                      //第 1 个 LED 指示灯亮
    led_delay(   );
}
/////////////////////////////////////////
//函数名称：void stop(void)
//函数功能：关闭所有 LED 指示灯
//入口参数：
//出口参数：
//函数说明：
/////////////////////////////////////////
void stop(void)
{
P0 = 0xff;                          //关闭 8 个 LED 指示灯
}
/////////////////////////////////////////
//函数名称：void flash(void)
//函数功能：闪烁点亮 LED 指示灯
//入口参数：
//出口参数：
//函数说明：
/////////////////////////////////////////
void flash(void)
{
    P0 = 0xff;                      //关闭 8 个 LED 指示灯
    led_delay(   );
```

```
        P0 = 0x00;                        //点亮 8 个 LED 指示灯
        led_delay(  );
}
//////////////////////////////////////////////
//函数功能:主函数
//////////////////////////////////////////////
void main(void)                  //主函数
{
        TMOD = 0x01;                      //使用定时器 T0 的模式 1
        EA = 1;                           //开总中断
        ET0 = 1;                          //定时器 T0 中断允许
        TR0 = 1;                          //启动定时器 T0
        TH0 = (65536 - 1000) /256;        //定时器 T0 赋初值,每计数 200 次(217 μs)发送一次中
                                          //  断请求
        TL0 = (65536 - 1000) % 256;       //定时器 T0 赋初值
        keyval = 0;                       //按键值初始化为 0,什么也不做
        while(1)
        {
            switch(keyval)
            {
                case 1:forward(  );
                            break;
                case 2:backward(  );
                            break;
                case 3:stop(  );
                            break;
                case 4: flash(  );
                            break;
            }
        }
}
//////////////////////////////////////////////
//函数名称: void Time0_serve(void) interrupt 1 using 1
//函数功能:定时器 T0 的中断服务子程序
//入口参数:
//出口参数:
//函数说明:
////////////////////////////////////////////////////////////
void Time0_serve(void) interrupt 1 using 1
{
    if( key_1 = = 0)                      //第一次检测到有按键按下
    {
```

```
        delay10 ms(   );              //延时 20 ms 再去检测
        if(key_1==0)                  //按键 K1 被按下
        {
            keyval=1;
            while(key_1==0){;}    //按键等待抬起
        }
    }
    if(key_2==0)                      //第一次检测到有按键按下
    {
        delay10 ms(   );              //延时 20 ms 再去检测
        if(key_2==0)                  //按键 K2 被按下
        {
            keyval=2;
            while(key_2==0){;}    //按键等待抬起
        }
    }
    if(key_3==0)                      //第一次检测到有按键按下
    {
        delay10 ms(   );              //延时 20 ms 再去检测
        if(key_3==0)                  //按键 K3 被按下
        {
            keyval=3;
            while(key_3==0){;}    //按键等待抬起
        }
    }
    if(key_4==0)                      //第一次检测到有按键按下
    {
        delay10 ms(   );              //延时 20 ms 再去检测
        if(key_4==0)                  //按键 K4 被按下
        {
            keyval=4;
            while(key_4==0){;}    //按键等待抬起
        }
    }
    TH0=(65536-1000)/256;
    TL0=(65536-1000)%256;
}
////////////////////////////////////////////
//函数名称:void delay10 ms(void)
//函数功能:延时 10 ms 的子程序
//入口参数:
//出口参数:
```

```
// 函数说明：
//////////////////////////////////////////////
void delay10 ms(void)              // 延时 10 ms 的子程序
{
    unsigned char j,k;             // 局部变量定义
    for(j=20;j>0;j--)              // 外层循环
    {
        for(k=248;k>0;k--);        // 内层循环
    }
}
//////////////////////////////////////////////
// 函数名称:void led_delay(void)
// 函数功能:LED 指示灯延时子程序
// 入口参数:
// 出口参数:
// 函数说明:
//////////////////////////////////////////////
void led_delay(void)
{
    unsigned char i,j;
    for(i=0;i<250;i++)
    for(j=0;j<250;j++);
}
```

3. 利用 Proteus 软件仿真

经 Keil C51 软件编译通过后，可利用 Proteus 软件进行仿真。根据电路原理图 5-10，在 Proteus ISIS 编辑环境中绘制仿真电路图，将编译好的"Ex5.3.hex"文件载入单片机。启动仿真，即可看到，用鼠标按下按键 K1 时，P0 口的 8 位 LED 即开始正向流水点亮；按下按键 K2 时，LED 立即反向流水点亮。结果表明，按键的灵敏度明显提高，仿真电路图如图 5-12 所示。

4. 采用实验板试验

程序仿真无误后，将 Keil C51 软件编译通过后产生的"Ex5.3.hex"文件下载到 STC89C52RC 芯片中，再将下载好的单片机插入实验板，通电运行即可看到和仿真类似的试验结果。

结果表明，用定时器 T0 的中断控制键盘扫描，可以很好地实现按键的预期控制功能。

【技能训练 5.4】 矩阵键盘按键值的 LED 数码管显示

使用 LED 数码管显示矩阵键盘的按键值，采用的接口电路原理图如图 5-13 所示。

1. 实现方法

用定时器 T0 中断控制进行键盘扫描，扫描到有按键被按下后，再将其值传递给主程序，用快速动态扫描方法显示。图 5-14 所示为矩阵键盘扫描子程序流程图。

图 5-12　仿真电路图

2. 矩阵键盘按键值的 LED 数码管显示的程序设计

先建立文件夹"Ex5.4",然后建立"Ex5.4"工程项目,最后建立源程序文件"Ex5.4.c"输入如下源程序:

```
//技能训练 5.4:矩阵键盘按键值的 LED 数码管显示
/////////////////////////////////////////////////////////////////////////
//设计项目:矩阵键盘按键值的 LED 数码管显示                              //
//设 计 人:                                                           //
//设计时间:2017.5.15                                                 //
//设计说明:设计一个矩阵按键程序,实现 4×4 键盘显示数字 1~16            //
//硬件连接条件:(1)单片机 P3.0~P3.3 依次接矩阵键盘 4 行                 //
//            (2)单片机 P3.4~P3.7 依次接矩阵键盘 4 列                 //
/////////////////////////////////////////////////////////////////////////
#include <STC89C52RC.H>
//////// 函数说明 ////////
void delay10 ms(void);              //延时 10 ms 的子程序/
void delay500 μs(void);             //8 个 LED 数码管显示延时函数
void display_seg_8(void);           //8 个 LED 数码管显示函数
void key44(void);                   //4×4 键盘扫描函数
```

图 5-13 矩阵键盘按键值的 LED 数码管显示接口电路原理图

////////变量说明////////

unsigned char SEG_1,SEG_2,SEG_3,SEG_4,SEG_5,SEG_6,SEG_7,SEG_8;
                            //每个 LED 数码管的显示变量

////////数码管码表////////

unsigned char code table[ ] = {0x3f,0x06,0x5b,0x4f,0x66,0x6d,0x7d,0x07,0x7f,
0x6f,0x77,0x7c,0x39,0x5e,0x79,0x71,0x40,0x00};

//////4×4 键盘所用变量//////

unsigned char temp_i;   //分析按键临时变量

unsigned char seg_key;   //LED 数码管临时按键显示变量

图 5-14　矩阵键盘扫描子程序流程图

```
void main(void)                         //主程序
{
///////////初始化区//////////////
    P3 = 0xff;                          //初始化 P3 口准备读取按键(按键输入)
    while(1)                            //进入循环,以下为无限循环程序区
    {
        key44(   );                     //调用按键函数
        display_seg_8(   );             //8 个调用 LED 数码管显示函数
    }
}
//////////////////////////////////////////
// 函数名称:void key44(void)
// 函数功能:按键函数
// 入口参数:
// 出口参数:
// 函数说明:
//////////////////////////////////////////
void key44(void)                        //按键函数
{
////////////////////////////////////////////////////////
//////////扫描第一列//////////
    P3 = 0xff;                          //P3 口置 1
    P3_4 = 0;                           //给 P3.4 这条线送入 0
    temp_i = P3;
    temp_i = temp_i&0x0f;               //屏蔽低 4 位
    if(temp_i! = 0x0f)                  //看是否有按键按下
    {
```

```
        delay10 ms(  );              //延时 10 ms
        P3 = 0xff;                   //P3 口置 1
        P3_4 = 0;                    //给 P3.4 这条线送入 0
        temp_i = P3;
        temp_i = temp_i&0x0f;        //屏蔽低 4 位
        if(temp_i! = 0x0f)           //再次判断按键是否按下
        {
                switch(temp_i)       //看是和 P3.4 相连的 4 个按键中的哪个
                {
                        case 0x0e:   //第 1 列识别
                        seg_key = 0;
                        break;
                        case 0x0d:   //第 2 列识别
                        seg_key = 1;
                        break;
                        case 0x0b:   //第 3 列识别
                        seg_key - 2;
                        break;
                        case 0x07:   //第 4 列识别
                        seg_key = 3;
                        break;
                }
        /////// 显示内容准备 ///////
                SEG_1 = 16;
                SEG_2 = 16;
                SEG_3 = 16;
                SEG_4 = 16;
                SEG_5 = 16;
                SEG_6 = 16;
                SEG_7 = 16;          //送无数据数
                SEG_8 = seg_key;     //显示 1 位数
        }
        while(temp_i! = 0x0f){P3 = 0xff;P3_4 = 0;temp_i = P3;temp_i = temp_i&0x0f;
        display_seg_8(  );}
                                     //按键等待抬起
    }
/////////// 扫描第二列 ///////////
    P3 = 0xff;                       //P3 口置 1
    P3_5 = 0;                        //给 P3.5 这条线送入 0
    temp_i = P3;
    temp_i = temp_i&0x0f;            //屏蔽低 4 位
    if(temp_i! = 0x0f)               //看是否有按键按下
```

```
    {
        delay10 ms(   );                    //延时 10 ms
        P3 = 0xff;                          //P3 口置 1
        P3_5 = 0;                           //给 P3.5 这条线送入 0
        temp_i = P3;
        temp_i = temp_i&0x0f;               //屏蔽低 4 位
        if(temp_i! = 0x0f)                  //再次判断按键是否按下
        {
            switch(temp_i)                  //看是和 P3.5 相连的 4 个按键中的哪个
            {
                case 0x0e:                  //第 1 列识别
                seg_key = 4;
                break;
                case 0x0d:                  //第 2 列识别
                seg_key = 5;
                break;
                case 0x0b:                  //第 3 列识别
                seg_key = 6;
                break;
                case 0x07:                  //第 4 列识别
                seg_key = 7;
                break;
            }
//////// 显示内容准备 ////////
        SEG_1 = 16;
        SEG_2 = 16;
        SEG_3 = 16;
        SEG_4 = 16;
        SEG_5 = 16;
        SEG_6 = 16;
        SEG_7 = 16;                         //送无数据数
        SEG_8 = seg_key;                    //显示 1 位数
        }
    while(temp_i! = 0x0f){P3 = 0xff;P3_4 = 0;temp_i = P3;temp_i = temp_i&0x0f;dis-
    play_seg_8(   );}
                                            //按键等待抬起
    }
//////////// 扫描第三列 ////////////
    P3 = 0xff;                              //P3 口置 1
    P3_6 = 0;                               //给 P3.6 这条线送入 0
    temp_i = P3;
    temp_i = temp_i&0x0f;                   //屏蔽低 4 位
```

```
        if(temp_i! =0x0f)                    //看是否有按键按下
        {
            delay10 ms(  );                  //延时 10 ms
            P3=0xff;                         //P3 口置 1
            P3_6=0;                          //给 P3.6 这条线送入 0
            temp_i=P3;
            temp_i=temp_i&0x0f;              //屏蔽低 4 位
            if(temp_i! =0x0f)                //再次判断按键是否按下
            {
                switch(temp_i)               //看是和 P3.6 相连的 4 个按键中的哪个
                {
                    case 0x0e:               //第 1 列识别
                    seg_key=8;
                    break;
                    case 0x0d:               //第 2 列识别
                    seg_key=9;
                    break;
                    case 0x0b:               //第 3 列识别
                    seg_key=10;
                    break;
                    case 0x07:               //第 4 列识别
                    seg_key=11;
                    break;
                }
///////////显示内容准备///////
                SEG_1=16;
                SEG_2=16;
                SEG_3=16;
                SEG_4=16;
                SEG_5=16;
                SEG_6=16;
                SEG_7=16;                    //送无数据数
                SEG_8=seg_key;               //显示 1 位数
            }
    while(temp_i! =0x0f){P3=0xff;P3_4=0;temp_i=P3;temp_i=temp_i&0x0f;display_
seg_8(  );}
                                             //按键等待抬起
        }
///////////扫描第四列///////////
        P3=0xff;                             //P3 口置 1
        P3_7=0;                              //给 P3.7 这条线送入 0
        temp_i=P3;
```

```
        temp_i = temp_i&0x0f;              //屏蔽低 4 位
        if(temp_i! = 0x0f)                 //看是否有按键按下
        {
            delay10 ms( );                 //延时 10 ms
            P3 = 0xff;                      //P3 口置 1
            P3_7 = 0;                       //给 P3.7 这条线送入 0
            temp_i = P3;
            temp_i = temp_i&0x0f;          //屏蔽低 4 位
            if(temp_i! = 0x0f)             //再次判断按键是否按下
            {
                switch(temp_i)             //看是和 P3.7 相连的 4 个按键中的哪个
                {
                    case 0x0e：             //第 1 列识别
                    seg_key = 12;
                    break;
                    case 0x0d：             //第 2 列识别
                    seg_key = 13;
                    break;
                    case 0x0b：             //第 3 列识别
                    seg_key = 14;
                    break;
                    case 0x07：             //第 4 列识别
                    seg_key = 15;
                    break;
                }
                //////显示内容准备///////
                SEG_1 = 16;
                SEG_2 = 16;
                SEG_3 = 16;
                SEG_4 = 16;
                SEG_5 = 16;
                SEG_6 = 16;
                SEG_7 = 16;                 //送无数据数
                SEG_8 = seg_key;            //显示 1 位数
            }
        while(temp_i! = 0x0f){P3 = 0xff;P3_4 = 0;temp_i = P3;temp_i = temp_i&0x0f;
display_seg_8( );}
                                            //按键等待抬起
        }
    }
//////////////////////////////////////////
//函数名称:void display_seg_8(void)
```

```
// 函数功能:8 个 LED 数码管显示函数
// 入口参数:
// 出口参数:
// 函数说明:
//////////////////////////////////////////
void display_seg_8(void)                        // 8 个 LED 数码管显示函数
{
    /////////1 位显示/////////
    P0 = table[SEG_1];                          // 数据从 P0 口送出到 IC7,即 74HC573 锁存器
    P2_6 = 0;
    P2_6 = 1;
    P2_6 = 0;                                   // IC7 数据锁存
    P0 = ~0x01;                                 // 位码从 P0 口送出到 IC6,即 74HC573 锁存器
    P2_7 = 0;
    P2_7 = 1;
    P2_7 = 0;                                   // IC6 位码数据锁存
    delay500 μs(  );                            // 延时 500 μs
    /////////2 位显示/////////
    P0 = table[SEG_2];                          // 数据从 P0 口送出到 IC7,即 74HC573 锁存器
    P2_6 = 0;
    P2_6 = 1;
    P2_6 = 0;                                   // IC7 数据锁存
    P0 = ~0x02;                                 // 位码从 P0 口送出到 IC6,即 74HC573 锁存器
    P2_7 = 0;
    P2_7 = 1;
    P2_7 = 0;                                   // IC6 位码数据锁存
    delay500 μs(  );                            // 延时 500 μs
    /////////3 位显示/////////
    P0 = table[SEG_3];                          // 数据从 P0 口送出到 IC7,即 74HC573 锁存器
    P2_6 = 0;
    P2_6 = 1;
    P2_6 = 0;                                   // IC7 数据锁存
    P0 = ~0x04;                                 // 位码从 P0 口送出到 IC6,即 74HC573 锁存器
    P2_7 = 0;
    P2_7 = 1;
    P2_7 = 0;                                   // IC6 位码数据锁存
    delay500 μs(  );                            // 延时 500 μs
    /////////4 位显示/////////
    P0 = table[SEG_4];                          // 数据从 P0 口送出到 IC7,即 74HC573 锁存器
    P2_6 = 0;
    P2_6 = 1;
    P2_6 = 0;                                   // IC7 数据锁存
```

```
P0 = ~0x08;                    // 位码从 P0 口送出到 IC6,即 74HC573 锁存器
P2_7 = 0;
P2_7 = 1;
P2_7 = 0;                      // IC6 位码数据锁存
delay500 μs( );                // 延时 500 μs
/////////5 位显示/////////
P0 = table[SEG_5];             // 数据从 P0 口送出到 IC7,即 74HC573 锁存器
P2_6 = 0;
P2_6 = 1;
P2_6 = 0;                      // IC7 数据锁存
P0 = ~0x10;                    // 位码从 P0 口送出到 IC6,即 74HC573 锁存器
P2_7 = 0;
P2_7 = 1;
P2_7 = 0;                      // IC6 位码数据锁存
delay500 μs( );                // 延时 500 μs
/////////6 位显示/////////
P0 = table[SEG_6];             // 数据从 P0 口送出到 IC7,即 74HC573 锁存器
P2_6 = 0;
P2_6 = 1;
P2_6 = 0;                      // IC7 数据锁存
P0 = ~0x20;                    // 位码从 P0 口送出到 IC6,即 74HC573 锁存器
P2_7 = 0;
P2_7 = 1;
P2_7 = 0;                      // IC6 位码数据锁存
delay500 μs( );///延时 500 μs
/////////7 位显示/////////
P0 = table[SEG_7];             // 数据从 P0 口送出到 IC7,即 74HC573 锁存器
P2_6 = 0;
P2_6 = 1;
P2_6 = 0;                      // IC7 数据锁存
P0 = ~0x40;                    // 位码从 P0 口送出到 IC6,即 74HC573 锁存器
P2_7 = 0;
P2_7 = 1;
P2_7 = 0;                      // IC6 位码数据锁存
delay500 μs( );                // 延时 500 μs
/////////8 位显示/////////
P0 = table[SEG_8];             // 数据从 P0 口送出到 IC7,即 74HC573 锁存器
P2_6 = 0;
P2_6 = 1;
P2_6 = 0;                      // IC7 数据锁存
P0 = ~0x80;                    // 位码从 P0 口送出到 IC6,即 74HC573 锁存器
P2_7 = 0;
```

```
    P2_7 = 1;
    P2_7 = 0;                              //IC6 位码数据锁存
    delay500 μs(   );                      //延时 500 μs
}
////////////////////////////////////////
// 函数名称:void delay10 ms(void)
// 函数功能:延时 10 ms 的子程序
// 入口参数:
// 出口参数:
// 函数说明:
////////////////////////////////////////
void delay10 ms(void)                      //延时 10 ms 的子程序
{
    unsigned char j,k;                     //局部变量定义
    for(j=20;j>0;j--)                      //外层循环
    {
        for(k=248;k>0;k--);                //内层循环
    }
}
////////////////////////////////////////
// 函数名称:void delay200 μs(void)
// 函数功能:延时 200 μs 秒的子程序
// 入口参数:
// 出口参数:
// 函数说明:
////////////////////////////////////////
void delay500 μs(void)                     //延时 500 μs 的子程序
{
    unsigned char k;                       //局部变量定义
    for(k=248;k>0;k--);                    //内层循环
}
```

3. 利用 Proteus 软件仿真

经 Keil C51 软件编译通过后,可利用 Proteus 软件进行仿真。根据电路原理图 5-13 在 Proteus ISIS 编辑环境中绘制仿真电路图,将编译好的"Ex5.4.hex"文件载入单片机。启动仿真,即可看到用鼠标按下任意按键时,LED 数码管即显示出按键值,仿真电路图如图 5-15 所示。

4. 采用实验板试验

程序仿真无误后,将 Keil C51 软件编译通过后产生的"Ex5.4.hex"文件下载到 STC89C52RC 芯片中,再将下载好的单片机插入实验板,通电运行即可看到和仿真类似的试验结果。

【技能训练 5.5】 用 LCD 显示字符"A"

使用 1602 字符型 LCD 显示字符"A"。采用的接口电路原理图如图 5-16 所示。要求在 1602 字符型 LCD 的第 1 行第 8 列显示大写英文字母"A"。显示模式设置如下:

图 5-15　仿真电路图

（1）16×2 显示、5×7 点阵、8 位数据接口；

（2）显示开、有光标开且光标闪烁；

（3）光标右移、字符不移。

1. 实现方法

字符"A"的显示可分为 5 个步骤来完成：LCD 初始化；检测忙碌状态；写地址；写数据；中断显示。

2. 用 LCD 显示字符"A"的程序设计

先建立文件夹"Ex5.5"，然后建立"Ex5.5"工程项目，最后建立源程序文件"Ex5.5.c"输入如下源程序：

```
//技能训练 5.5:用 LCD 显示字符 'A'
////////////////////////////////////////////////////////////////////////
//设计项目:用 LCD 显示字符 'A'                                         //
//设 计 人:                                                           //
//设计时间:2017.5.15                                                  //
//设计说明:实现用 LCD 显示字符 'A',光标闪烁                            //
//硬件连接条件:(1)单片机 P0.0~P0.7 依次接 LCD1602 液晶 D0~D7 端口       //
//             (2)P2.2~P2.4 依次接 LCD1602 液晶的 RS、R/W、E 端口        //
```

图 5-16　1602 字符型 LCD 和单片机连接的接口电路原理图

```
#include<STC89C52RC.h>        //包含单片机寄存器的头文件
#include<intrins.h>           //包含_nop_(  )函数定义的头文件
sbit RS = P2^2;               //寄存器选择位,将 RS 位定义为 P2.2 引脚
sbit RW = P2^3;               //读写选择位,将 R/W 位定义为 P2.3 引脚
sbit E = P2^4;                //使能信号位,将 E 位定义为 P2.4 引脚
sbit BF = P0^7;               //忙碌标志位,将 BF 位定义为 P0.7 引脚
```

```
//函数名称:void delay1 ms(void)
//函数功能:延时 1 ms 的子程序
//入口参数:
//出口参数:
//函数说明:
void delay1 ms(  )
{
    unsigned char i,j;
    for( i = 0;i<10;i++)
```

```
    for(j=0;j<33;j++);
}
///////////////////////////////////////
//函数名称:void delay(void)
//函数功能:延时若干毫秒的子程序
//入口参数:
//出口参数:
//函数说明:
///////////////////////////////////////
void delay(unsigned char n)
{
    unsigned char i;
    for(i=0;i<n;i++)
    delay1 ms(  );
}
///////////////////////////////////////
//函数名称:判忙函数
//函数功能:判断液晶模块的忙碌状态
//入口参数:
//出口参数:
//函数说明:
///////////////////////////////////////
unsigned char BusyTest(void)
{
    bit result;
    RS=0;                        //根据规定,RS 为低电平,R/W̄为高电平时,可以读状态
    RW=1;
    E=1;                         //E=1,才允许读写
    _nop_(  );                   //空操作
    _nop_(  );
    _nop_(  );
    _nop_(  );                   //空操作 4 个机器周期,给硬件反应时间
    result=BF;                   //将忙碌标志电平赋给 result
    E=0;
    return result;
}
///////////////////////////////////////
//函数名称:void WriteInstruction
//函数功能:写指令函数
//入口参数:dictate
//出口参数:
//函数说明:
```

```
/////////////////////////////////////
void WriteInstruction (unsigned char dictate)
{
    while(BusyTest(  )= =1);        //如果忙就等待
    RS = 0;                         //根据规定,RS 和 R/W同时为低电平时,可以写入指令
    RW = 0;
    E = 0;                          //E 置低电平(根据表 5-2,写指令时,E 为高脉冲),
    _nop_(  );
    _nop_(  );                      //空操作 2 个机器周期,给硬件反应时间
    P0 = dictate;                   //将数据送入 P0 口,即写入指令或地址
    _nop_(  );
    _nop_(  );
    _nop_(  );
    _nop_(  );                      //空操作 4 个机器周期,给硬件反应时间
    E = 1;                          //E 置高电平
    _nop_(  );
    _nop_(  );
    _nop_(  );
    _nop_(  );                      //空操作 4 个机器周期,给硬件反应时间
    E = 0;                          //当 E 由高电平跳变成低电平时,液晶模块开始执行命令
}
/////////////////////////////////////
// 函数名称:void WriteAddress(unsigned char x)
// 函数功能:指定字符显示的实际地址
// 入口参数:x
// 出口参数:
// 函数说明:
/////////////////////////////////////
void WriteAddress(unsigned char x)
{
    WriteInstruction(x |0x80);    //显示位置的确定方法规定为"80H+地址码 x"
}
/////////////////////////////////////
// 函数名称:void WriteData(unsigned char y)
// 函数功能:将数据(字符的标准 ASCII 码)写入液晶模块
// 入口参数:y(为字符常量)
// 出口参数:
// 函数说明:
/////////////////////////////////////
void WriteData(unsigned char y)
{
    while(BusyTest(  )= =1);
```

```
    RS = 1;                          //RS 为高电平,R/W̄为低电平时,可以写入数据
    RW = 0;
    E = 0;                           //E 置低电平(根据表 5-2,写指令时,E 为高脉冲)
    P0 = y;                          //将数据送入 P0 口,即将数据写入液晶模块
    _nop_( );
    _nop_( );
    _nop_( );
    _nop_( );                        //空操作 4 个机器周期,给硬件反应时间
    E = 1;                           //E 置高电平
    _nop_( );
    _nop_( );
    _nop_( );
    _nop_( );                        //空操作 4 个机器周期,给硬件反应时间
    E = 0;                           //当 E 由高电平跳变成低电平时,液晶模块开始执行命令
}

//////////////////////////////////////////////
// 函数名称:void LcdInitiate(void)
// 函数功能:对 LCD 的显示模式进行初始化设置
// 入口参数:
// 出口参数:
// 函数说明:
//////////////////////////////////////////////
void LcdInitiate(void)
{
    delay(15);                       //延时 15 ms,首次写指令时应给 LCD 一段较长的反应时间
    WriteInstruction(0x38);          //显示模式设置:16×2 显示,5×7 点阵,8 位数据接口
    delay(5);                        //延时 5 ms
    WriteInstruction(0x38);
    delay(5);
    WriteInstruction(0x38);
    delay(5);
    WriteInstruction(0x0f);          //显示模式设置:显示开、有光标、光标闪烁
    delay(5);
    WriteInstruction(0x06);          //显示模式设置:光标右移、字符不移
    delay(5);
    WriteInstruction(0x01);          //清屏幕指令,将以前的显示内容清除
    delay(5);
}
void main(void)                      //主函数
{
    LcdInitiate( );                  //调用 LCD 初始化函数
    WriteAddress(0x07);              //将显示地址指定为第 1 行第 8 列
```

```
    WriteData( 'A');              //将字符常量 'A' 写入液晶模块
}
```

3. 利用 Proteus 软件仿真

经 Keil C51 软件编译通过后,可利用 Proteus 软件进行仿真。根据电路原理图 5-15 在 Proteus ISIS 编辑环境中绘制仿真电路图,将编译好的"Ex5.5.hex"文件载入单片机。启动仿真,即可看到 LCD 显示出字符"A",仿真电路图如图 5-17 所示。

图 5-17　仿真电路图

4. 采用实验板试验

程序仿真无误后,将 Keil C51 软件编译通过后产生的"Ex5.5.hex"文件下载到 STC89C52RC 芯片中,再将下载好的单片机和 1602 字符型 LCD 插入实验板,通电运行即可看到和仿真类似的试验结果。

【技能训练 5.6】　用 LCD 显示模拟检测结果

使用 LCD 显示模拟检测结果,采用的接口电路原理图如图 5-12 所示。假定该检测结果由 4 位整数和 1 位小数组成(如 1432.7)。要求从 1602 原理图 LCD 的第 1 行第 3 列起显示提示信息"Test Result";从第 2 行第 6 列起显示检测结果。显示模式设置如下:

（1）16×2 显示、5×8 点阵、8 位数据接口;

（2）显示开、有光标开且光标闪烁;

（3）光标右移、字符不移。

1. 实现方法

（1）模拟检测结果。本训练使用随机函数 rand( ) 来产生一个 0~32 767 之间的整数来模拟检测结果。这个随机结果可用符号 D5D4D3D2D1 来表示。例如,某一时刻产生的随机整数为 40375,则

个位数字：$D1 = 40375\%10 = 5$

十位数字：D2 =（40375% 100）/10 = 7

百位数字：D3 =（40375% 1000）/100 = 3

千位数字：D4 =（40375% 10000）/1000 = 0

万位数字：D5 = 40375/10000 = 4

本训练用 D5 ~ D2 来模拟检测结果的整数部分，D1 来模拟检测结果的小数部分。

（2）数字的显示。由于显示的结果是随机的，因此无法事先将检测结果定义为字符串常量。但无论检测结果怎样变化，都是有 0 ~ 9 这 10 个数字和一个小数点"."组成。所以，可以将这 10 个数字存储为字符串，代码如下：

```
unsigned char code string[] = {"0123456789"};
```

显示的数字可用查表法获取，例如，要显示数字"5"只要向 LCD 写第 6 个数组元素"string[5]"即可。

（3）字符显示地址的确定。因为事先规定从 1602 字符型 LCD 的第 2 行第 6 列开始显示，所以千位数应显示在第 8 列（0x07）；个位数应显示在第 9 列（0x08）；小数点应显示在第 10 列（0x09）；最后一位小数则显示在第 11 列（0x0a）。

其他的读写操作和初始化过程与技能训练 5.5 相同。

2. 用 LCD 显示模拟检测结果的程序设计

先建立文件夹"Ex5.6"，然后建立"Ex5.6"工程项目，最后建立源程序文件"Ex5.6.c"输入如下源程序：

```
//技能训练 5.6：用 LCD 显示模拟检测结果
////////////////////////////////////////////////////////////////////
//设计项目：用 LCD 显示模拟检测结果                                    //
//设 计 人：                                                          //
//设计时间：2017.5.15                                                 //
//设计说明：实现用 LCD 显示随机数字：第一行显示 Test Result，第二行显示随机数  //
//硬件连接条件：(1)单片机 P0.0 ~ P0.7 依次连接 LCD1602 液晶的 D0 ~ D7 端口    //
//             (2)P2.2 ~ P2.4 依次连接 LCD1602 液晶的 RS、R/W̄、E 端口       //
////////////////////////////////////////////////////////////////////
#include<STC89C52RC.h>                    //包含单片机寄存器的头文件
#include<stdlib.h>                        //包含随机函数 rand( )的定义文件
#include<intrins.h>                       //包含_nop_( )函数定义的头文件
sbit RS = P2^2;                           //寄存器选择位，将 RS 位定义为 P2.2 引脚
sbit RW = P2^3;                           //读写选择位，将 R/W̄ 位定义为 P2.3 引脚
sbit E = P2^4;                            //使能信号位，将 E 位定义为 P2.4 引脚
sbit BF = P0^7;                           //忙碌标志位，将 BF 位定义为 P0.7 引脚
unsigned char code digit[ ] = {"0123456789"};   //定义字符数组显示数字
unsigned char code string[ ] = {"Test Result"}; //定义字符数组显示提示信息
///////////////////////////////////////////
//函数名称：void delay1 ms(void)
//函数功能：延时 1 ms 的子程序
//入口参数：
```

```
//出口参数:
//函数说明:
/////////////////////////////////////////////
void delay1 ms(   )
{
    unsigned char i,j;
    for(i=0;i<10;i++)
    for(j=0;j<33;j++);
}
/////////////////////////////////////////////
//函数名称:void delay(void)
//函数功能:延时若干毫秒的子程序
//入口参数:
//出口参数:
//函数说明:
/////////////////////////////////////////////
void delay(unsigned char n)
{
    unsigned char i;
    for(i=0;i<n;i++)
    delay1 ms(   );
}
/////////////////////////////////////////////
//函数名称:BusyTest(void)
//函数功能:判断液晶模块的忙碌状态
//入口参数:
//出口参数:
//函数说明:函数定义为字节型
/////////////////////////////////////////////
unsigned char BusyTest(void)
{
    bit result;
    RS=0;                    //根据规定,RS 为低电平,R/W 为高电平时,可以读状态
    RW=1;
    E=1;                     //E=1,才允许读写
    _nop_(   );              //空操作
    _nop_(   );
    _nop_(   );
    _nop_(   );              //空操作 4 个机器周期,给硬件反应时间
    result=BF;               //将忙碌标志电平赋给 result
    E=0;                     //将 E 恢复低电平
    return result;
```

```
}
//////////////////////////////////////////
// 函数名称:void WriteInstruction
// 函数功能:写指令函数
// 入口参数:dictate
// 出口参数:
// 函数说明:
//////////////////////////////////////////
void WriteInstruction (unsigned char dictate)
{
    while(BusyTest( )==1);          // 如果忙就等待
    RS=0;                          // 根据规定,RS 和 R/W̄ 同时为低电平时,可以写入指令
    RW=0;
    E=0;                           // E 置低电平(根据表 5-2,写指令时,E 为高脉冲)
                                   // 就是让 E 从 0 到 1 发生正跳变,所以应先置"0"
    _nop_( );
    _nop_( );                      // 空操作 2 个机器周期,给硬件反应时间
    P0=dictate;                    // 将数据送入 P0 口,即写入指令或地址
    _nop_( );
    _nop_( );
    _nop_( );
    _nop_( );                      // 空操作 4 个机器周期,给硬件反应时间
    E=1;                           // E 置高电平
    _nop_( );
    _nop_( );
    _nop_( );
    _nop_( );                      // 空操作 4 个机器周期,给硬件反应时间
    E=0;                           // 当 E 由高电平跳变成低电平时,液晶模块开始执行命令
}
//////////////////////////////////////////
// 函数名称:void WriteAddress(unsigned char x)
// 函数功能:指定字符显示的实际地址
// 入口参数:x
// 出口参数:
// 函数说明:
//////////////////////////////////////////
void WriteAddress(unsigned char x)
{
    WriteInstruction(x|0x80);      // 显示位置的确定方法规定为"80H+地址码 x"
}
//////////////////////////////////////////
// 函数名称:void WriteData(unsigned char y)
```

```
// 函数功能:将数据(字符的标准 ASCII 码)写入液晶模块
// 入口参数:y(为字符常量)
// 出口参数:
// 函数说明:
/////////////////////////////////////////
void WriteData(unsigned char y)
{
    while(BusyTest(  )= =1);
    RS = 1;                      //RS 为高电平,R/W̄ 为低电平时,可以写入数据
    RW = 0;
    E = 0;                       //E 置低电平(根据表 5-2,写指令时,E 为高脉冲)
    P0 = y;                      //将数据送入 P0 口,即将数据写入液晶模块
    _nop_(  );
    _nop_(  );
    _nop_(  );
    _nop_(  );                   //空操作 4 个机器周期,给硬件反应时间
    E = 1;                       //E 置高电平
    _nop_(  );
    _nop_(  );
    _nop_(  );
    _nop_(  );                   //空操作 4 个机器周期,给硬件反应时间
    E = 0;                       // 当 E 由高电平跳变成低电平时,液晶模块开始执行命令
}
/////////////////////////////////////////
// 函数名称:void LcdInitiate(void)
// 函数功能:对 LCD 的显示模式进行初始化设置
// 入口参数:
// 出口参数:
// 函数说明:
/////////////////////////////////////////
void LcdInitiate(void)
{
    delay(15);                   // 延时 15 ms,首次写指令时应给 LCD 一段较长的反应时间
    WriteInstruction(0x38);      // 显示模式设置:16×2 显示,5×7 点阵,8 位数据接口
    delay(5);                    // 延时 5 ms,给硬件一些反应时间
    WriteInstruction(0x38);
    delay(5);
    WriteInstruction(0x38);      // 连续三次,确保初始化成功
    delay(5);
    WriteInstruction(0x0c);      // 显示模式设置:显示开、无光标、光标不闪烁
    delay(5);
    WriteInstruction(0x06);      // 显示模式设置:光标右移、字符不移
```

```
    delay(5);
    WriteInstruction(0x01);         //清屏幕指令,将以前的显示内容清除
    delay(5);
}
void main(void)                     //主程序
{
    unsigned char i;                //定义变量 i 指向字符串数组元素
    unsigned int x;                 //定义变量,存储检测结果
    unsigned char D1,D2,D3,D4,D5;   //分别存储采集的个位、十位、百位、千位和万位数
    LcdInitiate( );                 //调用 LCD 初始化函数
    delay(10);                      //延时 10 ms,给硬件一些反应时间
    WriteAddress(0x02);             //从第 1 行第 3 列开始显示
    i = 0;                          //指向字符数组的第 1 个元素
    while(string[i] ! = '\0')
    {
      WriteData(string[i]);
      i++;                          //指向下字符数组一个元素
    }
    while(1)                        //无限循环
    {
        x = rand( );                //模拟数据采集
        D1 = x% 10;                 //计算个位数
        D2 = (x% 100) /10;          //计算十位数
        D3 = (x% 1000) /100;        //计算百位数
        D4 = (x% 10000) /1000;      //计算千位数
        D5 = x /10000;              //计算万位数
        WriteAddress(0x45);         //从第 2 行第 6 列开始显示
        WriteData(digit[D5]);       //将万位数的字符常量写入 LCD
        WriteData(digit[D4]);       //将千位数的字符常量写入 LCD
        WriteData(digit[D3]);       //将百位数的字符常量写入 LCD
        WriteData(digit[D2]);       //将十位数字的字符常量写入 LCD
        WriteData('.');             //将小数点的字符常量写入 LCD
        WriteData(digit[D1]);       //将个位数的字符常量写入 LCD
        for(i = 0;i<4;i++)          //延时 1 s(每 1 s 采集一次数据)
        delay(250);                 //延时 250 ms
    }
}
```

3. 利用 Proteus 软件仿真

经 Keil C51 软件编译通过后,可利用 Proteus 软件进行仿真。根据电路原理图 5-15 在 Proteus ISIS 编辑环境中绘制仿真电路图,将编译好的"Ex5.6.hex"文件载入单片机。启动仿真,仿真电路图如图 5-18 所示。

图 5-18　仿真电路图

4. 采用实验板试验

程序仿真无误后,将 Keil C51 软件编译通过后产生的"Ex5.6.hex"文件下载到 STC89C52RC 芯片中,再将下载好的单片机插入实验板,通电运行即可看到和仿真类似的试验结果。

【技能训练 5.7】　液晶时钟设计

设计一个液晶时钟,采用的接口电路原理图如图 5-15 所示。第 1 行第 4 列开始显示提示信息"BeiJing Time";第 2 行第 7 列开始显示形如"00:00:16"格式的时间。显示模式设置如下:

(1)16×2 显示、5×7 点阵、8 位数据接口;

(2)显示开、有光标开且光标闪烁;

(3)光标右移、字符不移。

1. 实现方法

(1)计时方法。本训练采用定时器 T0 来实现计时,具体实现方法参考技能训练 5.4。

(2)显示位置控制。由于要求从第 2 行第 7 列开始显示时间,则依照次序,时的十位数占据第 7 列,个位数占据第 8 列;时与分之间的冒号":"占据第 9 列;分的十位数占据第 10 列,个位数占据第 11 列;分与秒之间的冒号":"占据第 12 列;秒的十位数占据第 13 列,个位数占据第 14 列。

(3)时间显示子函数。秒、分和时的显示分别由 3 个子函数完成。

2. 液晶时钟设计的程序设计

先建立文件夹"Ex5.7",然后建立"Ex5.7"工程项目,最后建立源程序文件"Ex5.7.c"输入如下源程序:

//技能训练 5.7:液晶时钟设计

```
//////////////////////////////////////////////////////////////////
//设计项目:液晶时钟设计                                          //
//设 计 人:                                                      //
//设计时间:2017.5.15                                            //
//设计说明:实现用 LCD 显示时钟:第一行显示 BeiJing Time,第二行显示时钟用定时 //
//器 T0 中断定时                                                 //
//硬件连接条件:(1)单片机 P0.0~P0.7 依次接 LCD1602 液晶 D0~D7 端口  //
//             (2)P2.2~P2.4 依次接 LCD1602 液晶的 RS、R/W、E 端口  //
//////////////////////////////////////////////////////////////////
#include<STC89C52RC.H>              //包含单片机寄存器的头文件
#include<stdlib.h>                  //包含随机函数 rand( )的定义文件
#include<intrins.h>                 //包含_nop_( )函数定义的头文件
sbit RS = P2^2;                     //寄存器选择位,将 RS 位定义为 P2.2 引脚
sbit RW = P2^3;                     //读写选择位,将 R/W 位定义为 P2.3 引脚
sbit E = P2^4;                      //使能信号位,将 E 位定义为 P2.4 引脚
sbit BF = P0^7;                     //忙碌标志位,将 BF 位定义为 P0.7 引脚
unsigned char code digit[ ] = {"0123456789"};   //定义字符数组显示数字
unsigned char code string[ ] = {"BeiJing Time"}; //定义字符数组显示提示信息
unsigned char count;                //定义变量,统计中断累计次数
unsigned char s,m,h;                //定义变量,存储秒、分和时
//////////////////////////////////////////////////////////////////
//函数名称:void delay1 ms(void)
//函数功能:延时 1 ms 的子程序
//入口参数:
//出口参数:
//函数说明:
//////////////////////////////////////////////////////////////////
void delay1 ms( )
{
    unsigned char i,j;
    for(i = 0;i<10;i++)
    for(j = 0;j<33;j++);
}
//////////////////////////////////////////////////////////////////
//函数名称:void delay(void)
//函数功能:延时若干毫秒的子程序
//入口参数:
//出口参数:
//函数说明:
//////////////////////////////////////////////////////////////////
void delay(unsigned char n)
{
```

```
    unsigned char i;
    for(i=0;i<n;i++)
    delay1 ms(  );
}
//////////////////////////////////////
//函数名称:BusyTest(void)
//函数功能:判断液晶模块的忙碌状态
//入口参数:
//出口参数:
//函数说明:函数定义为字节型
//////////////////////////////////////
unsigned char BusyTest(void)
{
    bit result;
    RS=0;                           //根据规定,RS 为低电平,R/W 为高电平时,可以读状态
    RW=1;
    E=1;                            //E=1,才允许读写
    _nop_(  );                      //空操作
    _nop_(  );
    _nop_(  );
    _nop_(  );                      //空操作 4 个机器周期,给硬件反应时间
    result=BF;                      //将忙碌标志电平赋给 result
    E=0;                            //将 E 恢复低电平
    return result;
}
//////////////////////////////////////
//函数名称:void WriteInstruction
//函数功能:写指令函数
//入口参数:dictate
//出口参数:
//函数说明:
//////////////////////////////////////
void WriteInstruction (unsigned char dictate)
{
    while(BusyTest(  )= =1);        //如果忙就等待
    RS=0;                           //根据规定,RS 和 R/W 同时为低电平时,可以写入指令
    RW=0;
    E=0;                            //E 置低电平(根据表 5-2,写指令时,E 为高脉冲)
                                    //就是让 E 从 0 到 1 发生正跳变,所以应先置"0"
    _nop_(  );
    _nop_(  );                      //空操作 2 个机器周期,给硬件反应时间
    P0=dictate;                     //将数据送入 P0 口,即写入指令或地址
```

```
    _nop_(   );
    _nop_(   );
    _nop_(   );
    _nop_(   );                          //空操作 4 个机器周期,给硬件反应时间
    E = 1;                               //E 置高电平
    _nop_(   );
    _nop_(   );
    _nop_(   );
    _nop_(   );                          //空操作 4 个机器周期,给硬件反应时间
    E = 0;                               //当 E 由高电平跳变成低电平时,液晶模块开始执行命令
}
///////////////////////////////////////////////
//函数名称:void WriteAddress(unsigned char x)
//函数功能:指定字符显示的实际地址
//入口参数:x
//出口参数:
//函数说明:
///////////////////////////////////////////////
void WriteAddress(unsigned char x)
{
    WriteInstruction(x|0x80);    //显示位置的确定方法规定为"80H+地址码 x"
}
///////////////////////////////////////////////
//函数名称:void WriteData(unsigned char y)
//函数功能:将数据(字符的标准 ASCII 码)写入液晶模块
//入口参数:y(为字符常量)
//出口参数:
//函数说明:
///////////////////////////////////////////////
void WriteData(unsigned char y)
{
    while(BusyTest(   ) = = 1);
    RS = 1;                              //RS 为高电平,R/W̄ 为低电平时,可以写入数据
    RW = 0;
    E = 0;                               //E 置低电平(根据表 5-2,写指令时,E 为高脉冲)
                                         //就是让 E 从 0 到 1 发生正跳变,所以应先置"0"
    P0 = y;                              //将数据送入 P0 口,即将数据写入液晶模块
    _nop_(   );
    _nop_(   );
    _nop_(   );
    _nop_(   );                          //空操作 4 个机器周期,给硬件反应时间
    E = 1;                               //E 置高电平
```

```
    _nop_(   );
    _nop_(   );
    _nop_(   );
    _nop_(   );                        //空操作 4 个机器周期,给硬件反应时间
    E = 0;                             //当 E 由高电平跳变成低电平时,液晶模块开始执行命令
}
////////////////////////////////////////////
//函数名称:void LcdInitiate(void)
//函数功能:对 LCD 的显示模式进行初始化设置
//入口参数:
//出口参数:
//函数说明:
////////////////////////////////////////////
void LcdInitiate(void)
{
    delay(15);                         //延时 15 ms,首次写指令时应给 LCD 一段较长的反应时间
    WriteInstruction(0x38);            //显示模式设置:16×2 显示,5×7 点阵,8 位数据接口
    delay(5);                          //延时 5 ms,给硬件一些反应时间
    WriteInstruction(0x38);
    delay(5);
    WriteInstruction(0x38);            //连续三次,确保初始化成功
    delay(5);
    WriteInstruction(0x0c);            //显示模式设置:显示开、无光标、光标不闪烁
    delay(5);
    WriteInstruction(0x06);            //显示模式设置:光标右移、字符不移
    delay(5);
    WriteInstruction(0x01);            //清屏幕指令,将以前的显示内容清除
    delay(5);
}
////////////////////////////////////////////
//函数名称:void DisplayHour(   )
//函数功能:显示时
//入口参数:
//出口参数:
//函数说明:
////////////////////////////////////////////
void DisplayHour(   )
{
    unsigned char i,j;
    i = h/10;                          //取整运算,求得十位数
    j = h%10;                          //取余运算,求得个位数
    WriteAddress(0x46);                //写显示地址,将十位数显示在第 2 行第 7 列
```

```
    WriteData(digit[i]);          //将十位数的字符常量写入 LCD
    WriteData(digit[j]);          //将个位数的字符常量写入 LCD
}
//////////////////////////////////////////
//函数名称:void DisplayMinute(  )
//函数功能:显示分
//入口参数:
//出口参数:
//函数说明:
//////////////////////////////////////////
void DisplayMinute(  )
{
    unsigned char i,j;
    i=m/10;                       //取整运算,求得十位数
    j=m%10;                       //取余运算,求得个位数
    WriteAddress(0x49);           //写显示地址,将十位数字显示在第 2 行第 10 列
    WriteData(digit[i]);          //将十位数的字符常量写入 LCD
    WriteData(digit[j]);          //将个位数的字符常量写入 LCD
}
//////////////////////////////////////////
//函数名称:void DisplaySecond(  )
//函数功能:显示秒
//入口参数:
//出口参数:
//函数说明:
//////////////////////////////////////////
void DisplaySecond(  )
{
    unsigned char i,j;
    i=s/10;                       //取整运算,求得十位数
    j=s%10;                       //取余运算,求得个位数
    WriteAddress(0x4d);           //写显示地址,将十位数显示在第 2 行第 13 列
    WriteData(digit[i]);          //将十位数的字符常量写入 LCD
    WriteData(digit[j]);          //将个位数的字符常量写入 LCD
}
void main(void)                   //主程序
{
    unsigned char i;
    LcdInitiate(  );              //调用 LCD 初始化函数
    TMOD=0x01;                    //使用定时器 T0 的模式 1
    TH0=(65536-46083)/256;        //定时器 T0 的高 8 位赋初值
    TL0=(65536-46083)%256;        //定时器 T0 的低 8 位赋初值
```

```
    EA=1;                              //开总中断
    ET0=1;                             //定时器 T0 中断允许
    TR0=1;                             //启动定时器 T0
    count=0;                           //中断次数初始化为 0
    s=0;                               //秒初始化为 0
    m=0;                               //分初始化为 0
    h=0;                               //时初始化为 0
    WriteAddress(0x03);                //写地址,从第 1 行第 4 列开始显示
    i=0;                               //从字符数组的第 1 个元素开始显示
    while(string[i]! ='\0')            //只要没有显示到字符串的结束标志'\0',就继续
    {
      WriteData(string[i]);            //将第 i 个字符数组元素写入 LCD
      i++;                             //指向下一个数组元素
    }
    WriteAddress(0x48);                //写地址,将第 1 个冒号显示在第 2 行第 9 列
    WriteData(':');                    //将冒号的字符常量写入 LCD
    WriteAddress(0x4c);                //写地址,将第二个冒号显示在第 2 行第 12 列
    WriteData(':');                    //将冒号的字符常量写入 LCD
    while(1)                           //无限循环
    {
      DisplayHour(  );                 //显示时
      delay(5);                        //给硬件一些反应时间
      DisplayMinute(  );               //显示分
      delay(5);                        //给硬件一些反应时间
      DisplaySecond(  );               //显示秒
      delay(5);                        //给硬件一些反应时间
    }
}
/////////////////////////////////////////////
//函数名称:void Time0(void ) interrupt 1 using 1
//函数功能:定时器 T0 的中断服务函数
//入口参数:
//出口参数:
//函数说明:
/////////////////////////////////////////////
void Time0(void ) interrupt 1 using 1//定时器 T0 的中断编号为 1,使用第 1 组工作寄存器
{
    count++;                           //每产生 1 次中断,中断累计次数加 1
    if(count==20)                      //如果中断次数计满 20 次
    {
      count=0;                         //中断累计次数清 0
      s++;                             //秒加 1
```

```
    }
    if(s==60)                        //如果秒计满 60
    {
      s=0;                           //秒清 0
      m++;                           //分加 1
    }
    if(m==60)                        //如果分计满 60
    {
      m=0;                           //分清 0
      h++;                           //时加 1
    }
    if(h==24)                        //如果时计满 24
    {
      h=0;                           //时清 0
    }
    TH0=(65536-46083)/256;           //定时器 T0 高 8 位重新赋初值
    TL0=(65536-46083)%256;           //定时器 T0 低 8 位重新赋初值
  }
```

3. 用 Proteus 软件仿真

经 Keil C51 软件编译通过后,可利用 Proteus 软件进行仿真。根据电路原理图 5-15 在 Proteus ISIS 编辑环境中绘制仿真电路图,将编译好的"Ex5.7. hex"文件载入单片机。启动仿真,即可看到液晶屏幕从第 1 行第 4 列开始显示出提示信息"Beijing Time",第 2 行第 7 列开始显示出形如"00:00:16"格式的时间,仿真电路图如图 5-19 所示。

图 5-19   仿真电路图

4. 采用实验板试验

程序仿真无误后,将 Keil C51 软件编译通过后产生的"Ex5.7.hex"文件下载到 STC89C52RC 芯片中,再将下载好的单片机插入实验板,通电运行即可看到和仿真类似的试验结果。

自我测试

5-1　机械式按键组成的键盘,如何消除按键抖动?

5-2　独立式键盘和矩阵键盘分别有什么特点? 适用于什么场合?

5-3　如何使一些字符显示在 RT1602C 型液晶面板的特定位置?

5-4　液晶进行读写之前,为何要检查液晶是否处于忙状态?

项目 **6** 单片机的定时器/计数器综合应用

🖾 学习目标

1. 掌握定时器/计数器的基本工作原理。
2. 掌握定时器/计数器的基本结构及相关寄存器的设置。
3. 掌握 C 语言关于定时器的相关编程。
4. 熟悉利用单片机的定时器/计数器实现定时和计数功能。
5. 能完成单片机的定时器/计数器相关电路设计、运行及调试。

⏳ 项目描述

本项目是用定时器 T0 查询方式控制 P0 口 8 位 LED 闪烁;用定时器 T1 查询方式控制单片机发出 1 kHz 音频,要求 T1 工作于方式 1;使用计数器 T0 的查询方式统计按键次数,并将结果送入 P0 口 8 位 LED 显示,要求计数从 0 开始,计满 100 后清 0。

✋ 知识链接

6.1 定时器/计数器的基本概念

单片机中的定时器/计数器除了可以用作计数器,还可以用作定时器。那么单片机的定时/计数器是怎么回事呢? 只要计数脉冲的间隔相等,那么计数值就代表了时间的流逝。其实,单片机中的定时器和计数器是一个器件,只不过计数器记录的是外界发生的事情,而定时器则是由单片机提供一个非常稳定的计数源,然后把计数源的计数次数转化为定时器的时间。

如果要用单片机对外部信号进行计数,或者利用单片机对外围设备进行定时控制,如测量电动机转速或控制电炉加热时间等,就需要用到单片机的定时器/计数器。

1. 计数

计数一般是指对事件的统计,通常以"1"为单位进行累加。生活中常见的计数应用有录音机上的磁带量计数器、家用电能表、汽车和摩托车上的里程表。计数也广泛用于工业生产和仪表检测中,如某制药厂生产线需要对药片计数,要求每计满 100 片为 1 瓶,当生产线上的计数器计满 100 片时,就产生一个电信号以驱动某机械机构做出相应的包装动作。

2. 计数器的容量

通常,计数器能够计量的总数都是有限的。例如,录音机上的计数器最多计到 999。STC-

51 单片机有 T0 和 T1 两个计数器,分别由两个 8 位计数单元构成。例如,T0 由 TH0 和 TL0 两个 8 位特殊功能寄存器构成。所以,T0 和 T1 都是 16 位的计数器,最大的计数值是 65 536。图 6-1 所示为单片机的计数方法示意图。

图 6-1　单片机的计数方法示意图

在图 6-1 中,单片机内有一个定时器/计数器 T0。当 T0 用作计数器时,T0 端(P3.4 引脚)用来输入脉冲信号。当脉冲信号输入时,计数器就开始对脉冲计数,当计满 65 536 时,计数器溢出并送给 CPU 一个信号,使 CPU 停止目前正执行的任务,而去执行规定的其他任务。本例计数溢出后规定的任务是让 P0.1 引脚输出低电平,点亮发光二极管。

3. 定时

STC-51 单片机中的计数器还可以用作定时器。图 6-2 所示为单片机的定时方法示意图。

图 6-2　单片机的定时方法示意图

从图 6-2 中可以看出,将定时器/计数器 T0 设为定时器,就是将定时器/计数器与外部输入断开,而与内部脉冲信号连通,对内部信号计数。

假定单片机的时钟振荡器可以产生 12 MHz 的时钟脉冲信号,经 12 分频后得到 1 MHz 的脉冲信号,1 MHz 的信号每个脉冲的持续时间(1 个周期)为 1 μs。如果定时器 T0 对 1 MHz 的信号计数,当计到 65 536 时,将需要 65 536 μs。此时,定时器计数达到最大值,也会溢出并送给 CPU 一个信号,使 CPU 停止目前正在执行的任务,而去执行规定的其他任务。本例的任务是让 P0.1 引脚输出低电平,点亮发光二极管。

如果将定时器的初值设置为 65 536-1 000＝64 536,那么单片机将计数 1 000 个 1 μs 脉冲,即 1 ms 而产生溢出。

6.2　定时器/计数器的结构及工作原理

定时器/计数器是单片机的一个重要组成部分。了解它的结构和工作原理,对单片机应用系统开发具有很大的帮助。

1. 定时器/计数器的结构

STC-51 单片机内有 2 个 16 位定时器/计数器,即定时器/计数器 0(T0)和定时器/计数器 1(T1)。16 位定时器/计数器实际上是 16 位加 1 计数器。其中,T0 由 2 个 8 位特殊功能寄存器 TH0 和 TL0 构成;T1 由 2 个 8 位特殊功能寄存器 TH1 和 TL1 构成。这两组特殊功能寄存器用来存放定时或计数初值。STC-51 单片机的定时器/计数器的结构框图如图 6-3 所示。

图 6-3　STC-51 单片机的定时器/计数器的结构框图

由图 6-3 可以看出,单片机内部与有关部件如下:

①两个定时器/计数器(T0 和 T1):均为 16 位定时器/计数器。

②寄存器 TCON:控制两个定时器/计数器的启动和中断申请。

③寄存器 TMOD:用来设置定时器/计数器的工作方式。

两个定时器/计数器在内部通过总线与 CPU 连接,从而可以受 CPU 的控制并传送给 CPU 信号,从而申请 CPU 去执行规定的任务。

2. 定时器/计数器的工作原理

作为定时器/计数器的加 1 计数器,输入的计数脉冲有两个来源:一个是由系统的时钟振荡器输出脉冲经 12 分频后送来;一个是 T0 或 T1 引脚输入的外部脉冲源。每来一个脉冲,计数器加 1。当加到计数器为全 1 时,再输入一个脉冲就使计数器回零,且计数器的溢出使 TCON 中 TF0 或 TF1 置 1,向 CPU 发出中断请求(定时器/计数器中断允许时)。如果定时器/计数器工作于定时模式,则表示定时时间已到;如果定时器/计数器工作于计数模式,则表示计数值已满。可见,由溢出时计数器的值减去计数初值才是加 1 计数器的计数值。

设置为定时器模式时,加 1 计数器是对内部机器周期计数(1 个机器周期等于 12 个振荡周期,即计数频率为晶振频率的 1/12)。计数值 N 乘以机器周期 T_{cy} 就是定时时间 t。

设置为计数器模式时,外部事件计数脉冲由 T0 或 T1 引脚输入到计数器。在每个机器周期的 S5P2 期间采样 T0、T1 引脚电平。当某周期采样到一高电平输入,而下一周期又采样到一低电平时,则计数器加 1,更新的计数值在下一个机器周期的 S3P1 期间装入计数器。

由于检测一个从 1 到 0 的下降沿需要 2 个机器周期,因此要求被采样的电平至少要维持一个机器周期。当晶振频率为 12 MHz 时,最高计数频率不超过 $\frac{1}{2}$MHz,即计数脉冲的周期要大于 2 μs。

6.3　定时器/计数器的控制

由于定时器/计数器必须在寄存器 TCON 和 TMOD 的控制下才能准确工作,因此必须掌握寄存器 TCON 和 TMOD 的控制方法。所谓的"控制"也就是对两个寄存器 TCON 和 TMOD 的位进行设置。

1. 定时器/计数器的工作模式控制寄存器(TMOD)

寄存器 TMOD 是单片机的一个特殊功能寄存器,功能是控制定时器/计数器 T0、T1 的工作方式。它的字节地址为 89H,不可以对它进行位操作,只能以字节设置工作模式,低 4 位用于设置 T0,高 4 位用于设置 T1。其格式见表 6-1。

表 6-1　定时器/计数器工作模式控制寄存器 TMOD 的格式

位序	B7	B6	B5	B4	B3	B2	B1	B0
位符号	GATE	C/$\overline{\text{T}}$	M1	M0	GATE	C/$\overline{\text{T}}$	M1	M0

TMOD 寄存器中的高 4 位用来控制 T1,低 4 位用来控制 T0。它们对定时器/计数器 T0、T1 的控制功能一样,下面以低 4 位控制定时器/计数器 T0 为例来说明各位的具体控制功能。

(1)GATE:门控位。GATE＝0 时,只要用软件使 TCON 中的 TR0 或 TR1 为 1,就可以启动定时器/计数器工作;GATA＝1 时,要用软件使 TR0 或 TR1 为 1,同时外部中断引脚$\overline{\text{INT0}}$或$\overline{\text{INT1}}$也为高电平时,才能启动定时器/计数器工作,即此时定时器/计数器的启动条件,加上了$\overline{\text{INT0}}$或$\overline{\text{INT1}}$引脚为高电平这一条件。

(2)C/$\overline{\text{T}}$:定时/计数模式选择位。C/$\overline{\text{T}}$＝0 时,定时器/计数器被设置为定时器工作模式;C/$\overline{\text{T}}$＝1 时,定时器/计数器被设置为计数器工作模式。

(3)M1、M0 位:定时器/计数器工作方式设置位。定时器/计数器对应有 4 种工作方式,由 M1、M0 进行设置组合,见表 6-2。

表 6-2　定时器/计数器工作方式

M1	M0	工作方式	功能
0	0	方式 0	13 位定时器/计数器,TH0 的 8 位和 TL0 的 5 位,最大计数值为 $2^{13}=8\ 192$
0	1	方式 1	16 位定时器/计数器,TH0 的 8 位和 TL0 的 8 位,最大计数值为 $2^{16}=65\ 536$
1	0	方式 2	8 位自动重装的定时器/计数器,最大计数值为 $2^8=256$
1	1	方式 3	T0 分成 2 个独立的 8 位定时器/计数器;T1 在方式 3 时停止工作

2. 定时器/计数器控制寄存器(TCON)

TCON 是一个特殊功能寄存器,主要功能是接收各种中断源送来的请求信号,同时也对定时器/计数器进行启动和停止控制。字节地址是 88H,它有 8 位,每位均可进行位寻址(如可使用指令"TR0=1";将 TR0 位置"1"),各位的地址和名称见表 6-3。

表 6-3　定时器/计数器控制寄存器 TCON 的格式

位地址	8FH	8EH	8DH	8CH	8BH	8AH	89H	88H
位符号	TF1	TR1	TF0	TR0	IE1	IT1	IE0	IT0

TCON 的高 4 位用于控制定时器/计数器的中断申请,低 4 位与外部中断有关,其含义将在项目 7 中介绍。

(1)TF1 和 TF0:分别是定时器/计数器 T1 和 T0 的溢出标志位。当定时器/计数器工作产生溢出时,会将 TF1 和 TF0 位置"1",表示定时器/计数器有中断请求。

(2)TR1 或 TR0:分别是定时器/计数器 T1 和 T0 的启动/停止位。在编写程序时,若将 TR1 或 TR0 设置为"1",那么相应的定时器/计数器就开始工作;若将 TR1 或 TR0 设置为"0",那么相应的定时器/计数器就停止工作。

3. 定时器/计数器的工作方式

T0、T1 的定时/计数功能由 TMOD 的 $C/\overline{T}$ 位进行选择,而工作方式则由 TMOD 的 M1、M0 位共同控制。在 M1、M0 位的控制下,可以在 4 种不同的方式下工作。

(1)方式 0。当 M1、M0 的组合为 00 时,定时器/计数器工作于方式 0,逻辑结构如图 6-4 所示。在这种工作方式下,16 位寄存器只用为 13 位,它由 TL0 的低 5 位和 TH0 的 8 位构成。当计数器溢出时,则置位 TCON 中的溢出标志位 TF1,表示有中断请求。

图 6-4　T1(T0)方式 0 的逻辑结构

TMOD 中的标志位 C/$\overline{\text{T}}$ 控制的电子开关决定了定时器/计数器的工作模式。

当 C/$\overline{\text{T}}$=0 时,T1 为定时器工作模式,此时计数器的计数脉冲是单片机内部振荡器 12 分频后的信号。

当 C/$\overline{\text{T}}$=1 时,T1 为计数器工作模式。此时计数器的计数脉冲为 P3.5 引脚上的外部输入脉冲,当 P3.5 引脚上输入脉冲发生负跳变时,计数器加 1。

T1 或 T0 能否启动工作,取决于 TR1、TR0、GATE 和引脚$\overline{\text{ITN1}}$、$\overline{\text{ITN0}}$的状态。

当 GATE=0 时,只要 TR1、TR0 为 1 就可以启动 T1、T0 工作。

当 GATE=1 时,只有$\overline{\text{ITN1}}$或$\overline{\text{ITN0}}$为高电平,且 TR1 或 TR0 置 1 时,才能启动 T1 或 T0 工作。

(2)方式 1。当 M1、M0 的组合为 01 时,定时器/计数器工作于方式 1,其逻辑结构和操作方法与方式 0 基本相同。它们的差别仅在于计数的位数不同,如图 6-5 所示。

方式 1 的计数位数是 16 位,由 TL0 作为低 8 位、TH0 作为高 8 位,组成了 16 位加 1 计数器。

图 6-5 T1(T0)方式 1 的逻辑结构

(3)方式 2。当 M1、M0 的组合为 10 时,定时器/计数器工作于方式 2,其逻辑结构如图 6-6所示。

图 6-6 T1(T0)方式 2 的逻辑结构

方式2由TL1构成8位计数器和作为计数器初值的常数缓冲器的TH1构成。当TH1计数溢出时,置溢出标志位TF1为1的同时,还自动将TH1的初值送入TL1,使TL1从初值重新开始计数。这样既提高了定时精度,同时应用只需在开始时赋初值1次,简化了程序的编写。

（4）方式3。当M1、M0的组合为11时,定时器/计数器工作于方式3,其逻辑结构如图6-7所示。方式3只适用于定时器/计数器T0,定时器T1处于方式3时相当于TR1＝0,停止计数。

图6-7 T1(T0)方式3的逻辑结构

T0工作在方式3时,分成为两个独立的8位计数器TL0和TH0,TL0使用T0的所有控制位:C/$\overline{T}$、GATE、TR0、TF0和$\overline{INT0}$。当TL0计数溢出时,由硬件使TF0置1,向CPU发出中断请求。而TH0固定为定时方式(不能进行外部计数),并且借用了T1的控制位TR1、TF1。因此,TH0的启、停受TR1控制,TH0的溢出将置位TF1。

在T0工作在方式3时,因T1的控制位C/$\overline{T}$、M1M0并未交出,原则上T1仍可按方式0、方式1、方式2工作,只是不能使用运行控制位TR1和溢出标志位TF1,也不能发出中断请求信号。方式设定后,T1将自动运行,如果要停止工作,只需将其定义为方式3即可。

在单片机的串行通信应用中,T1常作为串行口波特率发生器,而且工作在方式2。这是将T0设置为方式3,可以使单片机的定时器/计数器资源得到充分利用。

4. 定时/计数初值的计算

在STC-51单片机中,T1和T0都是增量计数器。因此不能直接将要计数的值作为初值放入寄存器中,而是将计数的最大值减去实际要计数的值的差存入寄存器中。可采用如下定时器/计数器初值计算公式计算:

$$计数初值 = 2^n - 计数值$$

式中,n为工作方式决定的计数器位数。

例如,当T0工作在方式0时,$n=16$,最大计数值为65 536,若要计数10 000次,需要将初值设置为65 536-10 000＝55 536。如果单片机采用的晶振频率为11.059 2 MHz,则计数1次需要的时间(12分频后的1个脉冲周期)为

$$T_0 = \frac{12}{11.059\,2}\mu s = 1.085\ \mu s$$

所以,计数 10 000 次实际上就相当于计时 $1.085 \times 10\ 000\ \mu s = 10\ 850\ \mu s$。

6.4 C 语言的指针

指针是 C 语言中的一个重要概念,指针类型数据在 C 语言程序中的使用十分普遍。正确使用指针类型数据可以有效地表示复杂的数据结构,这样不但可以直接处理内存地址,而且可以更为有效地使用数组。

1. 指针与地址

众所周知,一个程序的指令、常量和变量等都要存放在机器的内存单元中,而机器的内存是按字节来划分存储单元的。给内存中每个字节都赋予一个编号,这就是存储单元的地址。各个存储单元中所存放的数据称为该存储单元的内容。计算机在执行任何一个程序时,都要涉及许多的寻址操作。所谓寻址,就是按照内存单元的地址来访问该存储单元中的内容,即按地址来读或写该单元中的数据。由于通过地址可以找到所需要的存储单元,因此可以说地址是指向存储单元的。

在 C 语言中,为了能够实现直接对内存单元进行操作,引入了指针类型的数据。指针类型的数据是专门用来存储其他类型数据地址的,因此,一个变量的地址就称为该变量的指针。例如,有一个整型变量 i 存放在内存单元 40H 中,则该内存单元地址 40H 就是变量 i 的指针。

如果有一个变量专门用来存放另一个变量的地址,则称之为"指针变量"。例如,如果用另一个变量 ip 来存放整型变量 i 的地址 40H,则 ip 即为一个指针变量。

变量的指针和指针变量是两个不同的概念:变量的指针就是该变量的地址,而一个指针变量存放的内容是另一个变量在内存中的地址,拥有这个地址的变量则称为该指针变量所指向的变量。每一个变量都有它自己的指针(即地址),而每一个指针变量都是指向另一个变量的。为了表示指针变量和它所指向的变量之间的关系,C 语言中用符号" * "来表示"指向"。

例如,整型变量 i 的地址 40H 存放在指针变量 ip 中,则可用 * ip 来表示指针变量 ip 所指向的变量,即 * ip 也表示变量 i,下面两个赋值语句:

```
i = 0x50;
* ip = 0x50;
```

都是给同一个变量赋值 0x50,图 6-8 形象地说明了指针变量 ip 和它所指向的变量 i 之间的关系。

图 6-8　指针变量 ip 和它所指向的变量 i 之间关系

从图 6-8 可以看到,对于同一个变量 i,可以通过变量名 i 来访问它,也可以通过指向它的指针变量 ip,用 * ip 来访问它。前者称为直接访问,后者称为间接访问。符号" * "称为指针运算符,它只能与指针变量一起连用,运算的结果是得到该指针变量所指向的变量的值。

取地址运算符"&",它可以与一个变量连用,其作用是求取该变量的地址。通过"&"运算符可以将一个变量的地址赋给一个指针变量。例如,赋值语句 ip=&i 的作用是取得变量 i 的地址并赋给指针变量 ip。通过这种赋值后,即可以说指针变量 ip 指向了变量 i。注意,不要将符号"&"和"*"混淆,&i 是取变量 i 的地址,*ip 是取指针变量 ip 所指向的变量的值。

2. 指针变量的定义

指针变量的定义与一般变量的定义类似,其一般形式如下:

数据类型　[存储器类型 1]　*[存储器类型 2]　标识符;

其中,"标识符"是所定义的指针变量名;"数据类型"说明了该指针变量所指向的变量的类型;"存储器类型 1"和"存储器类型 2"是可选项,它是 C51 编译器的一种扩展。如果带有"存储器类型 1"选项,则指针被定义为基于存储器的指针;无此选项时,被定义为一般指针。这两种指针的区别在于它们的存储字节不同,一般指针在内存中占用 3 字节,第一字节存放该指针存储器类型的编码(由编译时编译模式的默认值确定),第二和第三字节分别存放该指针的高位和低位地址偏移量。存储器类型的编码值见表 6-4。

表 6-4　存储器类型的编码值

存储器类型 1	idata/data/bdata	xdata	pdata	code
代码	0x00	0x01	0xfe	0xff

"存储器类型 2"选项用来指定指针本身的存储器空间。

一般指针可用于存取任何变量而不必考虑变量在单片机存储器空间的位置,许多 C51 库函数采用了一般指针,函数可以利用一般指针来存取位于任何存储器空间的数据。

3. 指针变量的引用

指针变量是含有一个数据对象地址的特殊变量,只能存放地址。与指针变量有关的运算符有两个,即取地址运算符 & 和间接访问运算符 *。例如,&a 为取变量 a 的地址,*p 为指针变量 p 所指向的变量的值。

指针变量经过定义之后可以像其他基本类型变量一样被引用。例如:

(1)变量定义:　int i,x,y,*pi,*px,py;/*pi,px 为指针变量*/

(2)指针赋值:

```
pi=&i;      /* 将变量 i 的地址赋给指针变量 pi,使 pi 指向 i */
px=&x;    /* px 指向 x */
py=&y;     /* py 指向 y */
```

(3)指针变量引用:

```
*pi=0;     /* 等价于 i=0 */
*pi+=1;    /* 等价于 i+=1 */
(*pi)++;    /* 等价于 i++ */
```

(4)指向相同类型数据的指针之间可以相互赋值:px=py,表示原来指针 px 指向 x,py 指向 y,经上述赋值之后,px 和 py 都指向 y。

4. 数组的指针

在 C 语言中,指针与数组有着十分密切的关系,任何能够用数组实现的运算都可以通过

指针来完成。例如,定义一个具有 10 个元素的整型数组可以写成:

```
int  a[10];
```

数组 a 中各个元素分别为 a[0]、a[1]、…、a[9]。数组名 a 表示元素 a[0] 的地址,而 *a 则表示所代表的地址中的内容,即 a[0]。

如果定义一个指向整型变量的指针 pa 并赋以数组 a 中第一个元素 a[0] 的地址:

```
int *pa;
pa=&a[0];
```

则可以通过指针 pa 来操作数组,即可用 *pa 代表 a[0],*(pa+i) 代表 a[i] 等,也可以使用 pa[0]、pa[1]、…、pa[9] 的形式。

指针可以与一个整数或整数表达式进行加减运算,从而获得该指针当前所指位置前面或后面某个数据的地址。假设 p 为一个指针变量,n 为一个整数,则 p±n 表示离开指针 p 当前位置的前面或后面第 n 个数据的地址。

6.5　C 语言的函数

函数是 C 语言中的基本模块,实际上 C 语言程序就是由若干个模块化的函数所构成的。由前述可知,C 语言程序总是由主函数 main(　) 开始的。main(　) 函数是一个控制程序流程的特殊函数,是程序的起点。在进行程序设计的过程中,如果所设计的程序较大,一般应将其分成若干个子程序模块,每个模块完成一种特定的功能。在 C 语言中,子程序是用函数来实现的。对于一些需要经常使用的子程序,可以设计成一个专门的函数库,以供反复调用。此外,C51 编译器还提供了丰富的运行库函数,用户可以根据需要随时调用。这种模块化的程序设计方法,可以大大提高编程效率和速度。

6.5.1　函数的定义

从用户的角度来看,C 语言程序有两种函数,即标准库函数和用户自定义函数。标准库函数是 C51 编译器提供的,不需要用户进行定义,可以直接调用;用户自定义函数是用户根据自己需要编写的能实现特定功能的函数,必须先定义之后才能调用。函数定义的一般形式为:

函数类型　　函数名(形式参数表)
形式参数说明
{
　　局部变量定义;
　　函数体语句;
}

其中,函数类型说明了自定义函数返回值的类型;函数名是用标识符表示的自定义函数名称;形式参数表中列出的是在主调函数与被调函数之间传递数据的形式参数,形式参数的类型必须要加以说明。ANSI C 标准允许在形式参数表中对形式参数的类型进行说明。

如果定义的是无参函数,可以没有形式参数表,但圆括号不能省略。局部变量定义是对在函数内部使用的局部变量进行定义;函数体语句是为完成该函数的特定功能而设置的各种语句。

如果定义函数时只给出一对花括号,而不给出其局部变量和函数体语句,则该函数为"空函数",这种空函数也是合法的。在进行 C 语言模块化程序设计时,各模块的功能可通过函数来实现。开始时只设计最基本的模块,其他作为扩充功能在以后需要时再加上,编写程序时,可在将来准备扩充的地方写上一个空函数,这样可使程序的结构清晰,可读性好,而且易于扩充。

6.5.2　函数的调用

1. 函数的调用形式

C 语言程序中,函数是可以互相调用的。函数调用就是在一个函数体中引用另外一个已经定义了的函数。前者称为主调函数,后者称为被调函数。函数调用的一般形式为:

函数名(实际参数表);

其中,函数名指出被调用的函数;实际参数表中可以包含多个实际参数,各个参数之间用逗号隔开。实际参数的作用是将它的值传递给被调函数中的形式参数。需要注意的是,函数调用中的实际参数与函数定义中的形式参数必须在数量、类型及顺序上严格保持一致,以便将实际参数的值正确地传递给形式参数,否则在函数调用时会产生意想不到的结果。如果调用的是无参函数,则可以没有实际参数表,但圆括号不能省略。

2. 对被调函数的说明

与使用变量一样,在调用一个函数之前(包括标准库函数),必须对该函数的类型进行说明,即"先说明、后使用"。如果调用的是库函数,一般应在程序的开始处用预处理命令#include 将有关函数说明的头文件包含进来。例如,前面例子中经常出现的预处理命令#include<stdio. h>就是将与库输出函数 printf 有关的头文件 stdio. h 包含到程序文件中来。头文件 stdio. h 中有关于库输入输出函数的一些说明信息,如果不使用这个包含命令,库输入输出函数就无法被正确调用。

如果调用的是用户自定义函数,而且该函数与调用它的主调函数在同一个文件中,一般应该在主调函数中对被调函数的类型进行说明。函数说明的一般形式为:

类型标识符　被调函数的函数名(形式参数表);

其中,类型标识符说明了函数返回值的类型;形式参数表说明各个形式参数的类型。

需要注意的是,函数的定义与函数的说明是完全不同的。函数的定义是对函数功能的确立,是一个完整的函数单位;而函数的说明只是说明了函数返回值的类型。二者在书写形式上也不一样,函数说明结束时,在圆括号的后面需要有一个分号";"作为结束标志,而在函数定义时,被定义函数名的圆括号后面没有分号";",即函数定义还未结束,后面应接着书写形式参数说明和被定义的函数体部分。

如果被调函数是在主调函数前面定义的或者已经在程序文件的开始处说明了所有被调函数的类型,在这两种情况下,可以不必再在主调函数中对被调函数进行说明,也可以将所有用户自定义函数的说明另存为一个专门的头文件,需要时用#include 将其包含到主程序中去。

C 语言程序中不允许在一个函数定义的内部包括另一个函数的定义,即不允许嵌套函数定义。但是允许在调用一个函数的过程中包含另一个函数调用,即嵌套函数调用在 C 语言程序中是允许的。

3. 函数的参数和函数的返回值

通常在进行函数调用时,主调函数与被调函数之间具有数据传递关系。这种数据传递是通过函数的参数实现的。在定义一个函数时,位于函数名后面圆括号中的变量名称为"形式参数",而在调用函数时,函数名后面括号中的表达式称为"实际参数"。形式参数在未发生函数调用之前,不占用内存单元,因而也是没有值的。只有在发生函数调用时,它才被分配内存单元,同时获得从主调函数中实际参数传递过来的值。函数调用结束后,它所占用的内存单元也被释放。

实际参数可以是常数,也可以是变量或表达式,但要求它们具有确定的值。进行函数调用时,主调函数将实际参数的值传递给被调函数中的形式参数。为了完成正确的参数传递,实际参数的类型必须与形式参数的类型一致,如果两者不一致,则会发生"类型不匹配"错误。

4. 实际参数的传递方式

在进行函数调用时,必须用主调函数中的实际参数来替换被调函数中的形式参数,这就是所谓的参数传递。在 C 语言程序中,对于不同类型的实际参数,有 3 种不同的参数传递方式:

(1)基本类型的实际参数传递。当函数的参数是基本类型的变量时,主调函数将实际参数的值传递给被调函数中的形式参数,这种方式称为值传递。前面讲过,函数中的形式参数在未发生函数调用之前是不占用内存单元的,只有在进行函数调用时才为其分配临时存储单元。而函数的实际参数是要占用确定的存储单元的,值传递方式是将实际参数的值传递到为被调函数中形式参数分配的临时存储单元中,函数调用结束后,临时存储单元被释放,形式参数的值也就不复存在,但实际参数所占用的存储单元保持原来的值不变。这种参数传递方式在执行被调函数时,如果形式参数的值发生变化,可以不必担心主调函数中实际参数的值会受到影响,因此值传递是一种单向传递。

(2)数组类型的实际参数传递。当函数的参数是数组类型的变量时,主调函数将实际参数数组的起始地址传递到为被调函数中形式参数分配的临时存储单元中,这种方式称为地址传递。地址传递方式在执行被调函数时,形式参数通过实际参数传递来的地址,直接到主调函数中去存取相应的数组元素,故形式参数的变化会改变实际参数的值。因此地址传递是一种双向传递。

(3)指针类型的实际参数传递。当函数的参数是指针类型的变量时,主调函数将实际参数的地址传递到为被调函数中形式参数分配的临时存储单元中,因此也属于地址传递。在执行被调函数时,也是直接到主调函数中去访问实际参数变量。在这种情况下,形式参数的变化会改变实际参数的值。

项目实施

【技能训练 6.1】 用定时器 T0 查询方式控制 P0 口 8 位 LED 闪烁

用定时器 T0 查询方式控制 P0 口 8 位 LED 闪烁,要求 T0 工作于方式 1,LED 的闪烁周期是 100 ms,即亮 50 ms,灭 50 ms,电路原理图如图 6-9 所示。

图 6-9　定时器 T0 查询方式控制 P0 口 8 位 LED 闪烁电路原理图

1. 实现方法

（1）定时器 T0 工作方式的设置。用如下指令对 T0 的工作方式进行设置：

```
TMOD=0x01;    //即 TMOD=0000 0001B,低 4 位 GATE=0,C/T̄=0,M1M0=01
```

（2）定时器初值设定。因为单片机的晶振频率为 11.059 2 MHz,经 12 分频后送到 T0 的脉冲频率 $f=11.059\ 2/12$ MHz,周期 $T=1/f=12/11.059\ 2$ μs$=1.085$ μs,即每个脉冲计时 1.085 μs。计时 50 ms(即 50 000 μs),则需要计的脉冲数为 50 000/1.085=46 083(次)。定时器的初值应设置为 65 536−46 083=19 453。这个数需要用 T0 的高 8 位寄存器(TH0)和低 8 位寄存器(TL0)分别存储,设置方法如下：

```
TH0=(65536-46083)/256;      //定时器 T0 的高 8 位赋初值
TL0=(65536-46083)%256;      //定时器 T0 的低 8 位赋初值
```

（3）查询方式的实现。定时器 T0 开始工作后,可通过编程让单片机不断查询溢出标志位 TF0 是否为"1",若为"1"则表示计时时间到;否则,等待。

2. 用定时器 T0 查询方式控制 P0 口 8 位 LED 闪烁的程序设计

先建立文件夹"Ex6.1",然后建立"Ex6.1"工程项目,最后建立源程序文件"Ex6.1.c"输入如下源程序：

```
//技能训练 6.1:用定时器 T0 查询方式控制 P0 口 8 位 LED 闪烁
```

//

```
//设计项目:用定时器 T0 查询方式控制 P0 口 8 位 LED 闪烁              //
//设 计 人:                                                    //
//设计时间:2017.5.15                                           //
//设计说明:实现 8 个 LED 指示灯闪烁,用定时器 T0 定时控制 P0 口 8 位 LED 闪烁    //
//硬件连接条件:单片机 P0.0~P0.7 依次接第 1~第 8 个 LED               //
/////////////////////////////////////////////////////////////////////
#include<STC89C52RC.h>            //包含 51 单片机寄存器定义的头文件
/////////SFR 位定义/////////
sbit L1 = P0^0;                   //定义第 1 个 LED 指示灯的名称为 L1
sbit L2 = P0^1;                   //定义第 2 个 LED 指示灯的名称为 L2
sbit L3 = P0^2;                   //定义第 3 个 LED 指示灯的名称为 L3
sbit L4 = P0^3;                   //定义第 4 个 LED 指示灯的名称为 L4
sbit L5 = P0^4;                   //定义第 5 个 LED 指示灯的名称为 L5
sbit L6 = P0^5;                   //定义第 6 个 LED 指示灯的名称为 L6
sbit L7 = P0^6;                   //定义第 7 个 LED 指示灯的名称为 L7
sbit L8 = P0^7;                   //定义第 8 个 LED 指示灯的名称为 L8
/////////////////////////////////////////////////////////////////////

函数功能:主函数
/////////////////////////////////////////////////////////////////////
void main(void)
{
  EA = 1;                         //开总中断
  ET0 = 1;                        //定时器 T0 中断允许
  TMOD = 0x01;                    //使用定时器 T0 的模式 1
  TH0 = (65536-46083)/256;        //定时器 T0 的高 8 位赋初值
  TL0 = (65536-46083)%25;         //定时器 T0 的低 8 位赋初值
  TR0 = 1;                        //启动定时器 T0
  TF0 = 0;
  P0 = 0xff;
  while(1)                        //无限循环等待查询
  {
    while(TF0 == 0);
    TF0 = 0;
    P0 = ~P0;
    TH0 = (65536-46083)/256;      //定时器 T0 的高 8 位赋初值
    TL0 = (65536-46083)%256;      //定时器 T0 的低 8 位赋初值
  }
}
```

3. 利用 Proteus 软件仿真

经 Keil C51 软件编译通过后,可用 Proteus 软件进行仿真。根据电路原理图 6-9,在 Proteus ISIS 编辑环境中绘制仿真电路图,将编译好的"Ex6.1.hex"文件载入单片机。启动仿真,即可看到 P0 口的 8 位 LED 开始闪烁,仿真电路图如图 6-10 所示。

图 6-10　仿真电路图

4. 采用实验板试验

程序仿真无误后,将 Keil C51 软件编译通过后产生的"Ex6.1hex"文件烧录到 STC89C52RC 芯片中,再将烧录好的单片机插入实验板,通电运行即可看到和仿真类似的试验结果。

【技能训练 6.2】 用定时器 T1 查询方式控制单片机发出 1 kHz 音频

用定时器 T1 查询方式控制单片机发出 1 kHz 音频,所采用的电路原理图如图 6-11 所示。要求 T1 工作于方式 1。

1. 实现方法

(1)T1 工作方式的设置。用如下指令对 T1 的工作方式进行设置:

TMOD=0x10;//即 TMOD=0001 0000B,高 4 位 GATE=0,C/$\overline{T}$=0,M1M0=01

(2)定时器初值的设定。只要单片机送给蜂鸣器(接 P1.4 引脚)的电平信号每隔音频的半个周期取反一次即可发出 1 kHz 音频。本任务音频的半个周期为 1/1 000 s = 0.001 s,即 1 000 μs,则要计数的脉冲为 1 000/1.085 = 921(次)。所以,定时器 T1 的初值设置如下:

TH1=(65536-921)/256;　　　//定时器 T1 的高 8 位赋初值
TL1=(65536-921)%256;　　　//定时器 T1 的高 8 位赋初值

2. 用定时器 T1 查询方式控制单片机发出 1 kHz 音频的程序设计

先建立文件夹"Ex6.2",然后建立"Ex6.2"工程项目,最后建立源程序文件"Ex6.2.c"输入如下源程序:

//技能训练 6.2:用定时器 T1 查询方式控制单片机发出 1 kHz 音频

图 6-11　用定时器 T1 查询方式控制单片机发出 1 kHz 音频的电路原理图

```
//设计项目:用定时器 T1 查询方式控制单片机发出 1 kHz 音频       //
//设 计 人:                                                  //
//设计时间:2017.5.15                                         //
//设计说明:单片机控制蜂鸣器发声,用定时器 T1 控制蜂鸣器频率      //
//硬件连接条件:单片机 P1.4 引脚连接蜂鸣器                       //

#include<STC89C52RC.H >          //包含 51 单片机寄存器定义的头文件
sbit sound=P1^4;                 //将 sound 位定义为 P1.4 引脚

函数功能:主函数

void main(void)
{
    EA=1;                        //开总中断
    ET0=1;                       //定时器 T0 中断允许
    TMOD=0x10;                   //使用定时器 T1 的模式 1
    TH1=(65536-921)/256;         //定时器 T1 的高 8 位赋初值
    TL1=(65536-921)%256;         //定时器 T1 的低 8 位赋初值
```

```
    TR1 = 1;                        //启动定时器 T1
    TF1 = 0;
    while(1)                        //无限循环等待查询
    {
      while(TF1 == 0);
      TF1 = 0;
      sound = ~sound;               //将 P3.7 引脚输出电平取反
      TH1 = (65536-921)/256;        //定时器 T0 的高 8 位赋初值
      TL1 = (65536-921)%256;        //定时器 T0 的低 8 位赋初值
    }
}
```

3. 利用 Proteus 软件仿真

经 Keil C51 软件编译通过后,可利用 Proteus 软件进行仿真。根据电路原理图 6-11,在 Proteus ISIS 编辑环境中绘制仿真电路图,将编译好的"Ex6.2.hex"文件载入单片机。启动仿真,即可听到单片机蜂鸣器发出"嘀"的 1 kHz 音频,仿真电路图如图 6-12 所示。

图 6-12 仿真电路图

4. 采用实验板试验

程序仿真无误后,将 Keil C51 软件编译通过后产生的"Ex6.2.hex"文件烧录到 STC89C52RC 芯片中,再将烧录好的单片机插入实验板,通电运行即可看到和仿真类似的试验结果。

【技能训练6.3】 用计数器T0查询方式计数,并将结果送入P0口显示

用计数器T0的查询方式计数,并将结果送入P0口显示,要求计数从0开始,计满100后清0。电路原理图如图6-13所示。

图6-13 用计数器T0查询方式计数,并将结果送入P0口显示的电路原理图

1. 实现方法

(1)计数器T0工作方式的设置。用如下指令对T0的工作方式进行设置:

```
TMOD=0x06;      //T0工作方式2
```

(2)计数器初值的设定。因为计数器T0在方式2工作时,TH0和TL0仅存放初次置入的时间常数。在TL0计满后,即置位TF0,同时TH0中的时间常数自动再装入TL0,然后重新开始计数。所以T0工作在方式2且计数最大值为100时的初值设置如下:

```
TH0=256-100;       //定时器T1的高8位赋初值
```

```
TL0 = 256-100;          //定时器 T1 的低 8 位赋初值
```

2. 用计数器 T0 查询方式计数, 并将结果送入 P0 口显示的程序设计

先建立文件夹"Ex6.3", 然后建立"Ex6.3"工程项目, 最后建立源程序文件"Ex6.3.c"输入如下源程序:

```
//技能训练 6.3:用计数器 T0 查询方式计数,并将结果送入 P0 口 8 位 LED 显示
/////////////////////////////////////////////////////////////////////
//设计项目:用计数器 T0 查询方式计数,并将结果送入 P0 口 8 位 LED 显示   //
//设 计 人:                                                          //
//设计时间:2017.5.15                                                 //
//设计说明:实现 8 个 LED 指示灯闪烁,用定时器 T0 定时控制 8 位 LED 闪烁   //
//硬件连接条件:(1)单片机 P0.0~P0.7 依次接第 1~第 8 个 LED              //
//            (2)单片机 P3.4 引脚接按键                              //
/////////////////////////////////////////////////////////////////////
#include<STC89C52RC.h>        //包含 51 单片机寄存器定义的头文件
////////函数定义
void delay10 ms(void);        //延时 10 ms 的子程序
void key(void);               //按键函数
////////SFR 位定义////////
sbit L1 = P0^0;               //定义第 1 个 LED 指示灯的名称为 L1
sbit L2 = P0^1;               //定义第 2 个 LED 指示灯的名称为 L2
sbit L3 = P0^2;               //定义第 3 个 LED 指示灯的名称为 L3
sbit L4 = P0^3;               //定义第 4 个 LED 指示灯的名称为 L4
sbit L5 = P0^4;               //定义第 5 个 LED 指示灯的名称为 L5
sbit L6 = P0^5;               //定义第 6 个 LED 指示灯的名称为 L6
sbit L7 = P0^6;               //定义第 7 个 LED 指示灯的名称为 L7
sbit L8 = P0^7;               //定义第 8 个 LED 指示灯的名称为 L8
//按键定义
sbit key_1 = P3^4;            //定义第 1 个按键为 key_1
/////////////////////////////////////////////////////////////////////
函数功能:主函数
/////////////////////////////////////////////////////////////////////
void main(void)
{
  TMOD = 0x06;                //使用计数器 T0 的方式 2
  TH0 = 256-156;             //计数器 T0 的高 8 位赋初值
  TL0 = 256-156;             //计数器 T0 的低 8 位赋初值
  TR0 = 1;                    //启动计数器 T0
  while(1)                    //无限循环等待查询
  {
    while(TF0 == 0)           //如果未计满就等待
    {
      key(  );
```

```
    P0 = TL0;                     //计数器 TL0 加 1 后送 P0 口显示
    }
    TF0 = 0;                      //计数器溢出后,将 TF0 清 0
  }
}
///////////////////////////////////////////////
//函数名称:void key(void)
//函数功能:按键函数
//入口参数:
//出口参数:
//函数说明:
///////////////////////////////////////////////
void key(void)                    //按键函数
{
  if(key_1 = = 0)                 //如果按键按下
  {
    delay10 ms(   );              //延时 10 ms 越过抖动区 7 ms
    if(key_1 = = 0)               //按键的确按下
    {
      //TL0++;                    //按键计数器计数。因为按键接 P3.4,所以此条语句需屏蔽
      while(key_1 = = 0){;}       //按键等待抬起
    }
  }
}
///////////////////////////////////////////////
//函数名称:void delay10 ms(void)
//函数功能:延时 10 ms 的子程序
//入口参数:
//出口参数:
//函数说明:
///////////////////////////////////////////////
void delay10 ms(void)            //延时 10 ms 的子程序
{
  unsigned char j,k;              //局部变量定义
  for(j = 20;j>0;j--)             //上层循环
  {
    for(k = 248;k>0;k--);         //内层循环
  }
}
```

注:P3.4 引脚有 T0 计数功能,按键接入后,单片机即可自动计数。

3. 利用 Proteus 软件仿真

经 Keil C51 软件编译通过后,可用 Proteus 软件进行仿真。根据电路原理图 6-13,在

Proteus ISIS 编辑环境中绘制仿真电路图,将编译好的"Ex6.3.hex"文件载入单片机。启动仿真,当用鼠标按下按键 K1 时,即可看到 P0 口的 8 位 LED 开始闪烁,仿真电路图如图 6-14 所示。

图 6-14　仿真电路图

4. 采用实验板试验

程序仿真无误后,将 Keil C51 软件编译通过后产生的"Ex6.3.hex"文件烧录到 STC89C52RC 芯片中,再将烧录好的单片机插入实验板,通电运行即可看到和仿真类似的试验结果。

自我测试

6-1　定时器/计数器有哪几种工作方式? 各有什么特点?

6-2　控制寄存器 TMOD 和 TCON 各位的定义是什么? 怎样确定各定时器/计数器的工作方式?

6-3　定时器/计数器用作定时器时,其定时时间与哪些因素有关? 用作计数器时,对外界的计数频率有何限制?

6-4　在工作方式 3 中,定时器/计数器 T0 和 T1 的应用有什么不同?

6-5　晶振 $f_{osc} = 6$ MHz,T0 工作在方式 1,最大定时时间等于多少?

6-6　当定时器 T0 工作在方式 3 时,如何使运行中的定时器 T1 停止下来?

6-7 已知单片机时钟频率 f_{osc} = 12 MHz, 当要求定时时间为 50 ms 和 25 ms 时, 试编写定时器/计数器的初始化程序。

6-8 已知 STC89C52RC 时钟频率 f_{osc} = 6 MHz, 试利用定时器编写程序, 使 P1.0 输出一个占空比为 1/4 的脉冲波。

项目 **7** 单片机中断系统与外部中断源的扩展

学习目标

1. 了解单片机中断的基本概念和功能。

2. 掌握单片机中断系统的结构和控制方式。

3. 掌握中断系统的中断处理过程。

4. 能独立完成单片机用外部中断$\overline{INT0}$测量外部负脉冲宽度电路设计,利用按键模拟。

5. 能使用 C 语言实现对用外部中断$\overline{INT0}$测量外部负脉冲宽度控制程序的设计。

项目描述

本项目是通过定时器 T0 和 T1 控制 LED 的闪烁与定时;用计数器 T0 和 T1 控制单片机发出 1 kHz 音频和测量正脉冲宽度;用外部中断 0 扩展 4 个外部中断。具体内容如下:

(1)用定时器 T0 的方式 1 控制 LED 闪烁和长时间定时;

(2)用定时器 T1 的方式 1 控制两个 LED 以不同周期闪烁;

(3)用计数器 T1 的中断方式控制单片机发出 1 kHz 音频;

(4)用计数器 T0 的方式 2 对外部脉冲计数;

(5)用定时器 T0 门控制位测量外部正脉冲宽度;

(6)用外部中断$\overline{INT0}$测量负跳变信号累计数和中断测量外部负脉冲宽度;

(7)利用外部中断 0 扩展 4 个外部中断。

知识链接

中断系统在单片机应用中起着十分重要的作用,是现代嵌入式控制系统广泛采用的一种实时控制技术,能对突发事件进行及时处理,从而大大提高系统对外部事件的处理能力。可以说,正是有了中断技术,单片机才得以普及。因此,中断技术是单片机的一项重要技术,只有掌握了中断技术才能开发出灵活、高效的单片机应用系统。

7.1 单片机中断系统的概念

在日常生活中,"中断"是一种很普遍的现象。例如,你正在家中看书,突然电话铃响了,你放下书,去接电话并和来电话的人交谈,然后放下电话,回来继续看书。这就是生活中的"中断"的现象,就是正常的工作过程被外部的事件打断了。单片机也有同样的问题。CPU

在处理某一事件 A 时,发生了另一事件 B 请求 CPU 迅速去处理(中断发生);CPU 暂时中断当前的工作,转去处理事件 B(中断响应和中断服务);待 CPU 将事件 B 处理完毕后,再回到原来事件 A 被中断的地方继续处理事件 A(中断返回),这一过程称为中断,如图 7-1 所示。

图 7-1　中断过程示意图

1. 中断源

引起 CPU 中断的根源称为中断源。中断源向 CPU 提出中断请求,CPU 暂时中断原来的事件 A,转去处理事件 B;事件 B 处理完毕后,再回到原来被中断的地方(即断点),称为中断返回。实现上述中断功能的部件称为中断系统(又称中断机构)。

随着计算机技术的应用,人们发现中断技术不仅解决了快速主机与慢速 I/O 设备的数据传送问题,而且还具有如下优点:

(1)分时操作。CPU 可以分时为多个 I/O 设备服务,提高了计算机的利用率。

(2)实时响应。CPU 能够及时处理应用系统的随机事件,系统的实时性大大增强。

(3)可靠性高。CPU 具有处理设备故障及掉电等突发性事件的能力,从而使系统可靠性提高。

STC-51 单片机有 5 个中断源。其中 2 个为外部中断请求源 $\overline{INT0}$(P3.2)和 $\overline{INT1}$(P3.3),2 个片内定时器/计数器 T0 和 T1 的溢出请求中断源 TF0(TCON 的第 5 位)和 TF1(TCON 的第 7 位),1 个片内串行口发送或接收中断请求源 TI(SCON 的第 1 位)和 RI(SCON 的第 0 位)。

(1)$\overline{INT0}$,外部中断 0。可由 IT0(TCON.0)选择其为低电平有效还是下降沿有效。当 CPU 检测到 P3.2 引脚上出现有效的中断信号时,中断标志 IE0(TCON.1)置 1,向 CPU 申请中断。

(2)$\overline{INT1}$,外部中断 1。可由 IT1(TCON.2)选择其为低电平有效还是下降沿有效。当 CPU 检测到 P3.3 引脚上出现有效的中断信号时,中断标志 IE1(TCON.3)置 1,向 CPU 申请中断。

(3)TF0(TCON.5),片内定时器/计数器 T0 溢出中断请求标志。当定时器/计数器 T0 发生溢出时,置位 TF0,并向 CPU 申请中断。

(4)TF1(TCON.7),片内定时器/计数器 T1 溢出中断请求标志。当定时器/计数器 T1 发生溢出时,置位 TF1,并向 CPU 申请中断。

（5）RI(SCON.0)或 TI(SCON.1),串行口中断请求标志。当串行口接收完一帧串行数据时置位 RI 或当串行口发送完一帧串行数据时置位 TI,向 CPU 申请中断。

2. 中断的优先级别

单片机内的 CPU 工作时,如果一个中断源向它发出中断请求信号,它就会产生中断。但是如果同时有两个中断请求信号,CPU 会优先接受优先级别高的中断源,然后再接受优先级别低的中断请求。表 7-1 列出了 STC-51 单片机中断源的自然优先级、入口地址及中断编号。

表 7-1　STC-51 单片机中断源的自然优先级、入口地址及中断编号

中　断　源	C51 编译器对中断的编号	中断服务程序入口地址	优先级顺序
外部中断 0($\overline{INT0}$)	0	0003H	高 ↓ 低
定时器/计数器 0(T0)溢出中断	1	000BH	
外部中断 1($\overline{INT1}$)	2	0013H	
定时器/计数器 1(T1)溢出中断	3	001BH	
串行口中断 RI 或 TI	4	0023H	

需要说明的是,为了便于用 C 语言编写单片机中断程序,C51 编译器也支持 STC-51 单片机的中断服务程序,而且 C 语言编写中断服务程序,比用汇编语言方便得多。C 语言编写中断服务程序的格式如下:

函数类型　函数名(形式参数列表)[interrupt n][using m]

其中,interrupt 后面的 n 是中断编号,取值范围为 0~4,其意义见表 7-1;using 后面的 m 表示使用的工作寄存器组号(如不另外说明,则默认用第 0 组)。

例如,定时器 T0 的中断服务程序可用如下方法编写:

```
void  Time0(void)  interrupt 1  using 0
//定时器 T0 的中断服务函数,T0 的中断编号为 1,使用第 0 组工作寄存器
{
    …//中断服务程序
}
```

3. 中断的响应过程

中断的响应过程包括保护断点和将程序转向中断服务程序的入口地址。

CPU 响应中断时,将相应的优先级状态触发器置 1,然后由硬件自动产生一个长调用指令 LCALL,此指令首先把断点地址压入堆栈保护,再将中断服务程序的入口地址送入程序计数器(PC),使程序转向相应的中断服务程序。

4. 中断服务与中断返回

中断服务与中断返回是通过执行中断服务程序完成的。中断服务程序从中断入口地址开始执行,到返回指令 RETI 为止,一般包括 4 部分内容:保护现场,中断服务,恢复现场,中断返回。

（1）保护现场：通常，主程序和中断服务程序都会用到累加器 A、状态寄存器 PSW 及其他一些寄存器，当 CPU 进入中断服务程序用到上述寄存器时，会破坏原来存储在寄存器中的内容，一旦中断返回，将会导致主程序的混乱。因此，在进入中断服务程序后，一般要先保护现场，即用入栈操作指令将需要保护的寄存器的内容压入堆栈。

（2）中断服务：中断服务程序的核心部分，是中断源中断请求之所在。

（3）恢复现场：在中断服务结束后，中断返回之前，用出栈操作指令将保护现场中压入堆栈的内容弹回到相应的寄存器中，注意弹出顺序必须与压入顺序相反。

（4）中断返回：中断返回是指中断服务完成后，计算机返回原来断开的位置（即断点），继续执行原来的程序。

7.2　中断系统的结构及控制

1. 中断系统的结构

STC-51 单片机的中断系统结构如图 7-2 所示。

（1）5 个中断请求源。STC-51 单片机有 5 个中断请求源：

①外部中断请求源$\overline{INT0}$，由 P3.2 引脚输入；

②外部中断请求源$\overline{INT1}$，由 P3.3 引脚输入；

③定时器/计数器溢出中断请求源 T0；

④定时器/计数器溢出中断请求源 T1；

⑤串行口中断请求源 TI 或 RI。

图 7-2　STC-51 单片机的中断系统结构

（2）中断源控制寄存器。STC-51 单片机的中断源控制寄存器有两个，即定时器/计数器控制寄存器 TCON 和串行通信控制寄存器 SCON，它们可以向 CPU 发出中断请求。

（3）中断允许控制寄存器。STC-51 单片机有 1 个中断允许控制寄存器 IE，其功能是控制各个中断请求能否通过(即是否允许使用各个中断)。

(4)中断优先级控制寄存器。STC-51 单片机有 1 个中断优先级控制寄存器 IP,其功能是设置每个中断的优先级。

2. 中断系统的控制

STC-51 单片机中断的各种控制是通过设置 TCON、SCON、IE、IP 这 4 个寄存器来实现的。

(1)定时器/计数器控制寄存器 TCON。TCON 的功能是接收外部中断源($\overline{INT0}$、$\overline{INT1}$)和定时器/计数器(T0、T1)送来的中断请求信号。字节地址为 88H,可以进行位操作。表 7-2 列出了 TCON 的格式。

表 7-2　TCON 的格式

位地址	8FH	8EH	8DH	8CH	8BH	8AH	89H	88H
位符号	TF1	TR1	TF0	TR0	IE1	IT1	IE0	IT0

IT0 和 IT1 分别为外部中断的触发方式控制位,可以进行置位和复位。以外部中断$\overline{INT1}$为例,IT1 = 0 时,Intel 公司的$\overline{INT1}$为低电平触发方式(即由"0"来触发外部中断$\overline{INT1}$)(而 STC 公司的$\overline{INT1}$为上下沿方式触发);IT1 = 1 时,$\overline{INT1}$为负跳变触发方式(即由"1"到"0"跳变时触发外部中断$\overline{INT1}$)。

IE0 和 IE1 分别为外部中断$\overline{INT0}$和$\overline{INT1}$中断请求标志位。以外部中断$\overline{INT1}$为例,当外部有中断请求信号(针对 MCS-51 为低电平或负跳变)输入 P3.3 引脚时,寄存器 TCON 的 IE1 位会被硬件自动置"1"。在 CPU 响应中断后,硬件自动将 IE1 清 0。

TF0 和 TF1 分别为定时器/计数器 T0 和 T1 的中断请求标志。当定时器/计数器工作产生溢出,会将 TF0 和 TF1 置"1"。以定时器 T0 为例,当 T0 溢出时,TF0 被置"1",同时向 CPU 发出中断请求。在 CPU 响应中断后,硬件自动将 TF0 清 0。注意和定时器查询方式的区别,查询到 TF0 被置"1"后,需由软件清 0。

TR0 和 TR1 分别为定时器/计数器 T0 和 T1 的启动/停止位。在编写程序时,若将 TR0 或 TR1 置为"1",那么相应的定时器/计数器就开始工作;若置为"0",相应的定时器/计数器则停止工作。

在单片机复位时,寄存器 TCON 的各位均被初始化为"0"。

(2)串行通信控制寄存器 SCON。SCON 的功能主要是接收串行口送来的中断请求信号,具体格式将在后面串行通信中进行介绍。

(3)中断允许控制寄存器 IE。中断是否能够被响应和执行,要看相应的中断是否被允许,STC-51 单片机的各个中断是否允许是由中断允许控制寄存器 IE 来控制的,IE 的字节地址是 A8H,可以进行位操作,其格式见表 7-3。

表 7-3 IE 的格式

位地址	AFH	—	—	ACH	ABH	AAH	A9H	A8H
位符号	EA	—	—	ES	ET1	EX1	ET0	EX0

EA：中断系统总允许控制位。EA=0，关闭所有中断，只有在 EA=1 的条件下开通某一个中断源的允许控制位，该中断才能被 CPU 响应。

ES：串行口中断允许控制位。ES=1，串行口开中断；ES=0，串行口关中断。

ET1：定时器/计数器 T1 的溢出中断允许控制位。ET1=0，禁止 T1 中断；ET1=1，允许 T1 中断。

EX1：外部中断$\overline{\text{INT1}}$中断允许控制位。EX1=1，允许$\overline{\text{INT1}}$中断；EX0=0，禁止$\overline{\text{INT1}}$中断。

ET0：定时器/计数器 T0 的溢出中断允许控制位。ET0=1，允许 T0 中断；ET0=0，禁止 T0 中断。

EX0：外部中断$\overline{\text{INT0}}$中断允许控制位。EX0=1，允许$\overline{\text{INT0}}$中断；EX0=0，禁止$\overline{\text{INT0}}$中断。

（4）中断优先级控制寄存器 IP。由于 STC-51 单片机的 5 个独立中断源的硬件结构不同，在同时发生中断请求时，CPU 按照表 7-1 所列的自然优先级顺序接受它们的中断请求。然而在某些场合，系统需要优先接受某些自然优先级较低的中断请求，这时需要通过中断优先级控制寄存器 IP 来进行设置。

中断优先级控制寄存器 IP 的字节地址为 B8H，可进行位操作，格式见表 7-4。

表 7-4 IP 的格式

位地址	—	—	—	BCH	BBH	BAH	B9H	B8H
位符号	—	—	—	PS	PT1	PX1	PT0	PX0

PX0：外部中断$\overline{\text{INT0}}$中断优先级控制位。PX0=1，$\overline{\text{INT0}}$设置为高优先级中断；PX0=0，$\overline{\text{INT0}}$设置为低优先级中断。

PT0：定时器/计数器 T0 中断优先级控制位，功能同上。

PX1：外部中断$\overline{\text{INT1}}$中断优先级控制位，功能同上。

PT1：定时器/计数器 T1 中断优先级控制位，功能同上。

PS：串行口中断优先级控制位，功能同上。

中断优先级控制寄存器 IP 的各位都由用户通过程序置 1 和清 0，可用位操作指令或字节操作指令设置 IP 的内容，以改变各中断源的中断优先级。例如，尽管定时器 T0 的自然优先级高于外部中断，但仍然可以通过设置 IP 使$\overline{\text{INT1}}$的中断请求比 T0 优先响应，其设置方法有两种。

①位操作设置方法：

```
PX1=1;        //外部中断INT1被设置为高优先级中断
PT0=0;        //定时器 T0 被设置为低优先级中断
```

②字节操作设置方法

```
IP=0x04;    //IP=0000 0100B,即PX1=1,PT0=0
```

综上所述,一个中断源的中断请求被响应,需要满足以下必要条件:

a. CPU 开中断,即 IE 寄存器中的中断系统总允许控制位 EA=1。

b. 中断源发出中断请求,即该中断源所对应的中断请求标志位为 1。

c. 中断源的中断允许位为 1,即该中断没有被屏蔽。

d. 无同级或更高级中断正在被服务。

7.3　外部中断源的扩展

STC-51 单片机仅有两个外部中断请求输入端$\overline{INT0}$和$\overline{INT1}$。在实际应用中,若外部中断源超过两个,则需要扩展外部中断源。常用的扩展方法有定时器扩展法和中断加查询扩展法。

7.3.1　定时器扩展法

STC-51 单片机内部设有两个 16 位可编程定时器/计数器。定时器/计数器工作于计数方式时,定时器 T0 外部输入端(P3.4)或定时器 T1 外部输入端(P3.5)作为计数脉冲输入端,在计数输入脉冲的下降沿到来时进行加 1 计数。当定时器/计数器计满后,若再有脉冲到来,定时器/计数器将产生溢出中断。

在外部中断源个数不太多并且定时器的两个中断标志 TF0 或 TF1、外部计数引脚 T0(P3.4)或 T1(P3.5)没有使用的情况下,一般可采用定时器扩展法进行外部中断源的扩展。具体方法如下:将定时器/计数器设置为计数方式,计数初值设置为满量程,当外部计数输入端 T0(P3.4)或 T1(P3.5)发生下降沿跳变时,计数器将加 1 产生溢出中断,将立即向 CPU 发出中断请求,在满足 CPU 中断响应条件的情况下,CPU 将执行相应的中断服务程序。利用此特性,可把 T0 或 T1 引脚作为外部中断请求信号输入端,把计数器的溢出中断标志作为外部中断请求标志。

例如,将定时器 T0 扩展为外部中断源。分析如下:将定时器 T0 设定为方式 2(初值自动重载工作方式),TH0 和 TL0 的初值均设为 0FFH,允许定时器 T0 中断,CPU 开放中断。

源程序如下:

```
TMOD=0x06;      //设定定时器的工作方式为方式2,计数方式
TH0 = 0xff;     //送计数初值为满量程
TL0 = 0xff;
TR0 = 1;        //启动定时器T0
ET0 = 1;        //定时器T0中断允许
EA = 1;         //CPU总中断允许
```

7.3.2　中断加查询扩展法

利用单片机的两个外部中断请求信号输入引脚,每个都可以由多个外部中断源通过或非门连接多个外部中断源,同时利用并行输入端口作为多个外部中断源的识别线,以达到扩

展外部中断源的目的。

中断加查询扩展法比较简单,可以用于外部中断源较多的场合,它的缺点是:因查询时间较长,不能满足实时控制的要求。

项目实施

【技能训练 7.1】 用定时器 T0 的方式 1 控制 LED 闪烁

用定时器 T0 的方式 1 控制 LED 闪烁,要求闪烁周期为 100 ms,即亮 50 ms,灭 50 ms。本训练采用的电路原理图如图 7-3 所示。

图 7-3 用定时器 T0 方式 1 控制 LED 闪烁的电路原理图

1. 实现方法

将定时器 T0 设置为工作方式 1,而要使 T0 作为中断源,必须开总中断开关 EA 和 T0 的分支开关 ET0,然后还要将 TR0 置"1"以启动定时器 T0。

2. 用定时器 T0 的方式 1 控制 LED 闪烁的程序设计

先建立文件夹"Ex7.1",然后建立"Ex7.1"工程项目,最后建立源程序文件"Ex7.1.c"输入如下源程序:

```
//技能训练 7.1:用定时器 T0 的方式 1 控制 LED 闪烁
/////////////////////////////////////////////////////////////
//设计项目:用定时器 T0 方式 1 控制 LED 闪烁                    //
//设 计 人:                                                  //
//设计时间:2017.5.15                                         //
//设计说明:实现 LED 闪烁,要求用定时器 T0 的中断控制            //
//硬件连接条件:单片机 P0.0 引脚接 1 个 LED                    //
/////////////////////////////////////////////////////////////
#include<STC89C52RC.h>                //包含 51 单片机寄存器定义的头文件
///////变量说明////////
sbit L1 = P0^0;                       //定义 LED 指示灯的名称为 L1
void main(void)                       //主程序
{
    ////////初始化区////////////////
    EA = 1;                           //开总中断
    ET0 = 1;                          //定时器 T0 中断允许
    TMOD = 0x01;                      //使用定时器 T0 的方式 1
    TH0 = (65536-46083)/256;          //定时器 T0 的高 8 位赋初值
    TL0 = (65536-46083)%256;          //定时器 T0 的低 8 位赋初值
    TR0 = 1;                          //启动定时器 T0
    while(1);                         //无限循环等待中断
}
/////////////////////////////////////////////////////////////
//函数名称:void Time0(void) interrupt 1 using 0
//函数功能:定时器 T0 的中断服务程序
//入口参数:
//出口参数:
//函数说明:
/////////////////////////////////////////////////////////////
void Time0(void) interrupt 1 using 0     //"interrupt"声明函数为中断服务函数
                                         //其后的 1 为定时器 T0 的中断编号;0 表示使用第 0
                                         //组工作寄存器
{
    L1 = ~L1;                            //按位取反操作,将 P0.0 引脚输出电平取反
    TH0 = (65536-46083)/256;             //定时器 T0 的高 8 位重新赋初值
    TL0 = (65536-46083)%256;             //定时器 T0 的低 8 位重新赋初值
}
```

3. 利用 Proteus 软件仿真

经 Keil C51 软件编译通过后,可利用 Proteus 软件进行仿真。根据电路原理图 7-3,在 Proteus ISIS 编辑环境中绘制仿真电路图,将编译好的"Ex7.1.hex"文件载入单片机。启动仿真,即可看到 P0.0 引脚 LED 开始闪烁,仿真电路图如图 7-4 所示。

图 7-4　仿真电路图

4. 采用实验板试验

程序仿真无误后, 将 Keil C51 软件编译通过后产生的 "Ex7.1. hex" 文件烧录到 STC89C52RC 芯片中, 再将烧录好的单片机插入实验板, 通电运行即可看到和仿真类似的试验结果。

【技能训练 7.2】　用定时器 T1 的方式 1 控制两个 LED 以不同周期闪烁

使用定时器 T1 的中断来控制 P0.0、P0.1 引脚的两个 LED 分别以 200 ms 和 800 ms 的周期闪烁。采用的电路原理图如项目 3 中的图 3-10 所示。

1. 实现方法

通过给定时器 T1 赋适当的初值, 可将其设置为每 50 ms 产生 1 次中断, 由于要控制两个 LED 以不同周期闪烁, 第一个 LED 亮、灭时间为 100 ms, 第二个 LED 亮、灭时间为 400 ms, 所以设置两个变量 Countor1 和 Countor2 来分别统计中断次数, Countor1 累计满 2 次时所计时为 100 ms, Countor2 累计满 8 次时所计时为 400 ms。

2. 用定时器 T1 的方式 1 控制两个 LED 以不同周期闪烁的程序设计

先建立文件夹 "Ex7.2", 然后建立 "Ex7.2" 工程项目, 最后建立源程序文件 "Ex7.2. c" 输入如下源程序:

```
//技能训练 7.2:用定时器 T1 的方式 1 控制两个 LED 以不同周期闪烁
/////////////////////////////////////////////////////////////////
//设计项目:用定时器 T1 的方式 1 控制两个 LED 以不同周期闪烁                  //
```

```
//设 计 人:                                                    //
//设计时间:2017.5.15                                            //
//设计说明:实现两个 LED 以不同周期闪烁,要求用定时器 T1 的方式 1 控制,计数器循环计数    //
//硬件连接条件:单片机 P0.0 和 P0.1 接第 1 个和第 2 个 LED                    //
//////////////////////////////////////////////////////////////////
#include<STC89C52RC.h>              //包含 51 单片机寄存器定义的头文件
////////变量说明////////
sbit L1 = P0^0;                      //将 L1 位定义为 P0.0 引脚
sbit L2 = P0^1;                      //将 L2 位定义为 P0.1 引脚
unsigned char Countor1;              //设置全局变量,记录定时器 T1 中断次数
unsigned char Countor2;              //设置全局变量,记录定时器 T1 中断次数
void main(void)                      //主程序
{
  EA = 1;                            //开总中断
  ET1 = 1;                           //定时器 T1 中断允许
  TMOD = 0x10;                       //使用定时器 T1 的方式 1
  TH1 = (65536-46083)/256;           //定时器 T1 的高 8 位赋初值
  TL1 = (65536-46083)%256;           //定时器 T1 的低 8 位赋初值
  TR1 = 1;                           //启动定时器 T1
  Countor1 = 0;                      //从 0 开始累计中断次数 1
  Countor2 = 0;                      //从 0 开始累计中断次数 2
  while(1);                          //无限循环等待中断
}

//////////////////////////////////////////////
// 函数名称:void Time1(void) interrupt 3 using 0
// 函数功能:定时器 T0 的中断服务程序
// 入口参数:
// 出口参数:
// 函数说明:
//////////////////////////////////////////////
void Time1(void) interrupt 3 using 0     // "interrupt"声明函数为中断服务函数
                                          //其后的 3 为定时器 T1 的中断编号;0 表示使用
                                          //第 0 组工作寄存器
{
  Countor1++;                        //Countor1 自加 1
  Countor2++;                        //Countor2 自加 1
  if(Countor1 == 2)                  //若累计满 2 次,即计时满 100 ms
  {
    L1 = ~L1;                        //按位取反操作,将 P0.0 引脚输出电平取反
    Countor1 = 0;                    //将 Countor1 清 0,重新从 0 开始计数
  }
  if(Countor2 == 8)                  //若累计满 8 次,即计时满 400 ms
```

```
  {
    L2 = ~L2;                               //按位取反操作,将 P0.1 引脚输出电平取反
    Countor2 = 0;                           //将 Countor2 清 0,重新从 0 开始计数
  }
  TH1 = (65536-46083)/256;                  //定时器 T1 的高 8 位重新赋初值
  TL1 = (65536-46083)%256;                  //定时器 T1 的低 8 位重新赋初值
}
```

3. 利用 Proteus 软件仿真

经 Keil C51 软件编译通过后,可利用 Proteus 软件进行仿真。根据电路原理图 3-10,在 Proteus ISIS 编辑环境中绘制仿真电路图,将编译好的"Ex7.2.hex"文件载入单片机。启动仿真,即可看到 P0.0 和 P0.1 引脚 LED 开始闪烁,仿真电路图如图 7-5 所示。

图 7-5　仿真电路图

4. 采用实验板试验

程序仿真无误后,将 Keil C51 软件编译通过后产生的"Ex7.2.hex"文件烧录到 STC89C52RC 芯片中,再将烧录好的单片机插入实验板,通电运行即可看到和仿真类似的试验结果。

【技能训练 7.3】　用计数器 T1 的中断方式控制单片机发出 1 kHz 音频

用计数器 T1 的中断方式控制单片机发出 1 kHz 音频,采用的电路原理图如项目 6 中的图 6-11 所示。

1. 实现方法

先将计数器 T1 设置为工作方式 1,再开总中断 EA、分支中断 ET1,接着启动定时器 T1 即可使用其中断。由技能训练 6.2 可知,要产生 1 kHz 音频,定时器 T1 的初值应设置如下:

```
TH1=(65536-921)/256;            //定时器 T1 的高 8 位赋初值
TL1=(65536-921)%256;            //定时器 T1 的低 8 位赋初值
```

2. 用计数器 T1 的中断方式控制单片机发出 1 kHz 音频的程序设计

先建立文件夹"Ex7.3",然后建立"Ex7.3"工程项目,最后建立源程序文件"Ex7.3.c"输入如下源程序:

```
//技能训练 7.3:用计数器 T1 的中断方式控制单片机发出 1 kHz 音频
/////////////////////////////////////////////////////////////////
//设计项目:用计数器 T1 的中断方式控制单片机发出 1 kHz 音频        //
//设 计 人:                                                       //
//设计时间:2017.5.15                                             //
//设计说明:实现单片机发出 1 kHz 音频,要求用计数器 T1 中断方式控制蜂鸣器音频  //
//硬件连接条件:单片机 P1.4 引脚接蜂鸣器                            //
/////////////////////////////////////////////////////////////////
#include<STC89C52RC.h>                 //包含 51 单片机寄存器定义的头文件
///////变量说明///////
sbit sound=P1^4;                        //将 sound 位定义为 P1.4 引脚
void main(void)                         //主程序
{
    EA=1;                               //开总中断
    ET1=1;                              //定时器 T1 中断允许
    TMOD=0x10;                          //TMOD=0001 0000B,使用定时器 T1 的方式 1
    TH1=(65536-921)/256;               //定时器 T1 的高 8 位赋初值
    TL1=(65536-921)%256;               //定时器 T1 的低 8 位赋初值
    TR1=1;                              //启动定时器 T1
    while(1);                           //无限循环等待中断
}
/////////////////////////////////////////////////////////////////
//函数名称:void Time1(void) interrupt 3 using 0
//函数功能:定时器 T1 的中断服务程序
//入口参数:
//出口参数:
//函数说明:
/////////////////////////////////////////////////////////////////
void Time1(void) interrupt 3 using 0   //"interrupt"声明函数为中断服务函数
{
    sound=~sound;
    TH1=(65536-921)/256;               //定时器 T1 的高 8 位重新赋初值
    TL1=(65536-921)%256;               //定时器 T1 的低 8 位重新赋初值
```

3. 利用 Proteus 软件仿真

经 Keil C51 软件编译通过后,可利用 Proteus 软件进行仿真。根据电路原理图 6-11,在 Proteus ISIS 编辑环境中绘制仿真电路图,将编译好的"Ex7.3.hex"文件载入单片机。启动仿真,即可听到蜂鸣器发出"嘀"的 1 kHz 音频,仿真电路图如图 7-6 所示。

图 7-6　仿真电路图

4. 采用实验板试验

程序仿真无误后,将 Keil C51 软件编译通过后产生的"Ex7.3.hex"文件烧录到 STC89C52RC 芯片中,再将烧录好的单片机插入实验板,通电运行即可看到和仿真类似的试验结果。

【技能训练 7.4】　用计数器 T0 的方式 2 对外部脉冲计数

用单片机 U1(P1.4 引脚送出)送出 50 个矩形脉冲,再用单片机 U2(P3.4 引脚接收)进行脉冲个数的统计,结果由 P0 口 8 位 LED 显示验证。本训练采用的电路原理图如图 7-7 所示。

1. 实现的方法

(1)使单片机 U1 输出 100 ms 方波,因对方波宽度未作准确要求,其脉冲宽度可用一般延时函数控制(延时约为 30 ms)。

(2)使用定时器 T0 的方式 2 对输入脉冲进行计数。需要注意的是,因为只计 50 个数,所以不必使用 T0 的中断,因而将 ET0 置"0"。

图 7-7   用计数器 T0 的方式 2 对外部脉冲计数的电路原理图

2. 用计数器 T0 的方式 2 对外部脉冲计数的程序设计

（1）设计第一个程序，让单片机 U1 产生 50 个矩形脉冲。

先建立一个文件目录"Ex7.4"，然后建立"Ex7.4.1"子文件夹，再建立"Ex7.4.1"工程项目，最后建立源程序文件"Ex7.4.1.c"输入如下源程序：

```
//技能训练 7.4.1:输出 50 个矩形脉冲
///////////////////////////////////////////////////////////////////////
//设计项目:输出 50 个矩形脉冲                                              //
//设 计 人:                                                             //
//设计时间:2017.5.15                                                    //
//设计说明:实现输出 50 个矩形脉冲实验,要求用单片机 U1 输出 50 个脉冲         //
//硬件连接条件:(1)单片机 U1 的 P1.4 引脚端口接 U2 的 P3.4                   //
//            (2)单片机 U2 的 P0 口接 8 个 LED 指示灯                     //
///////////////////////////////////////////////////////////////////////
#include<STC89C52RC.h>        //包含 51 单片机寄存器定义的头文件
///////// SFR 位定义 /////////
sbit u=P1^4;                  //将 u 位定义为 P1.4
///////// 函数说明 /////////
void delay30ms(void);         //延时 30 ms 子程序
void main(void)               //主函数
{
  unsigned char i;
  u=1;                        //初始化输出高电平
  for(i=0;i<50;i++)           //输出 50 个矩形脉冲
  {
    u=1;
    delay30ms();
    u=0;
    delay30ms();
  }
  while(1);                   //无限循环,防止程序"跑飞"
}
///////////////////////////////////////////////////////////////////////
//函数名称:void delay30ms(void)
//函数功能:延时 30 ms 子程序
//入口参数:
//出口参数:
//函数说明:
///////////////////////////////////////////////////////////////////////
void delay30ms(void)
{
  unsigned char m,n;
  for(m=0;m<100;m++)
```

```
  for(n=0;n<100;n++);
}
```

（2）设计第二个程序，让单片机 U2 统计 50 个矩形脉冲。

在文件目录"Ex7.4"中再建立"Ex7.4.2"子文件夹，然后建立"Ex7.4.2"工程项目，最后建立源程序文件"Ex7.4.2.c"输入如下源程序：

```
//技能训练 7.4.2:计数器 T0 统计外部脉冲数
/////////////////////////////////////////////////////////////////
//设计项目:计数器 T0 统计外部脉冲数                              //
//设 计 人:                                                      //
//设计时间:2017.5.15                                            //
//设计说明:实现统计 50 个矩形脉冲,要求用单片机 U2 统计 50 个脉冲    //
//硬件连接条件:(1)单片机 U1 的 P1.4 引脚接 U2 的 P3.4 引脚         //
//            (2)单片机 U2 的 P0 口接 8 个 LED 指示灯            //
/////////////////////////////////////////////////////////////////
#include<STC89C52RC.h>    //包含 51 单片机寄存器定义的头文件
//////// SFR 位定义 ////////
sbit L1=P1^0;             //定义第 1 个 LED 指示灯的名称为 L1
sbit L2=P1^1;             //定义第 2 个 LED 指示灯的名称为 L2
sbit L3=P1^2;             //定义第 3 个 LED 指示灯的名称为 L3
sbit L4=P1^3;             //定义第 4 个 LED 指示灯的名称为 L4
sbit L5=P1^4;             //定义第 5 个 LED 指示灯的名称为 L5
sbit L6=P1^5;             //定义第 6 个 LED 指示灯的名称为 L6
sbit L7=P1^6;             //定义第 7 个 LED 指示灯的名称为 L7
sbit L8=P1^7;             //定义第 8 个 LED 指示灯的名称为 L8
void main(void)           //主函数
{
  TMOD=0x06;              //TMOD=0000 0110B,使用计数器 T0 的方式 2
  EA=1;                   //开总中断
  ET0=0;                  //不使用定时器 T0 的中断
  TR0=1;                  //启动计数器 T0
  TH0=0;                  //计数器 T0 高 8 位赋初值
  TL0=0;                  //计数器 T0 低 8 位赋初值
  while(1)                //无限循环,不停地将 TL0 计数结果送 P0 口
  P0=TL0;
}
```

3. 利用 Proteus 软件仿真

两个程序均经 Keil C51 软件编译通过后，可利用 Proteus 软件进行仿真。根据电路原理图 7-7，在 Proteus ISIS 编辑环境中绘制仿真电路图，先将编译好的"Ex7.4.1.hex"文件载入单片机 U1；再将编译好的"Ex7.4.2.hex"文件载入单片机 U2；启动仿真，仿真电路图如图 7-8 所示，与预期结果相同。

4. 采用实验板试验

程序仿真无误后，将 Keil C51 软件编译通过后产生的"Ex7.4.2.hex"文件烧录到

图 7-8　仿真电路图

STC89C52RC 芯片中,通电运行后,可用将 P3.4 引脚(T0 输入端)接地的方法模拟外脉冲输入,将细铜线一端接地,另一端接 P3.4 引脚。可以看到,随着铜线接地次数的增加,P0 口 8 位 LED 的亮灭状态随之发生相应变化。

【技能训练 7.5】　用定时器 T0 的门控制位测量外部正脉冲宽度

使用单片机 U1(从 P1.4 引脚)输出正脉冲宽度为 50 ms 的方波,再用单片机 U2 的 $\overline{INT0}$ (P3.2)引脚检测、验证该方波的正脉冲宽度,结果由 P0 口 8 位 LED 显示验证。本技能训练采用的电路原理图如图 7-7 所示。

1. 实现方法

(1)第一个程序使单片机 U1 产生正脉冲宽度为 50 ms 的方波。为精确考虑,需使用定时器 T0 的方式 2 控制产生。

(2)第二个程序使用定时器 T0 的门控制位测量 $\overline{INT0}$ 引脚上出现的正脉冲宽度。当 T0 的门控制位 GATE = 1 时,需要 TR0 和 $\overline{INT0}$ 同时为高电平时,才能启动 T0 计时。所以,可以利用定时器在 $\overline{INT0}$ 为高电平期间对外部正脉冲宽度进行测量。

2. 用定时器 T0 的门控制位测量外部正脉冲宽度的程序设计

(1)设计第一个程序,使单片机 U1 产生正脉冲宽度为 50 ms 的方波。

先建立一个文件目录"Ex7.5",然后建立"Ex7.5.1"子文件夹,然后建立"Ex7.5.1"工程项目,最后建立源程序文件"Ex7.5.1.c"输入如下源程序:

```
//技能训练 7.5.1:输出正脉冲宽度为 50 ms 的方波
////////////////////////////////////////////////////////////////////
//设计项目:输出正脉宽为 50 ms 的方波                                    //
//设 计 人:                                                          //
//设计时间:2017.5.15                                                 //
//设计说明:要求用单片机 U1 利用 T0 从 P1.4 端口输出 50 ms 的方波          //
////////////////////////////////////////////////////////////////////
#include<STC89C52RC.h>          //包含 51 单片机寄存器定义的头文件
```

```
sbit u = P1^4;                      //将 u 位定义为 P1.4
void main(void)                     //主函数
{
    TMOD = 0x01;                    //TMOD = 0000 0010B,使用定时器 T0 的方式 1
    EA = 1;                         //开总中断
    ET0 = 1;                        //定时器 T0 中断允许
    TH0 = (65536-50000)/256;        //定时器 T0 的高 8 位赋初值
    TL0 = (65536-50000)%256;        //定时器 T0 的低 8 位赋初值
    TR0 = 1;                        //启动定时器 T0
    while(1);                       //无限循环,等待中断
}
/////////////////////////////////////////////////////////////////////////
//函数名称:void Time0(void) interrupt 1 using 0
//函数功能:定时器 T0 的中断服务程序
//入口参数:
//出口参数:
//函数说明:
/////////////////////////////////////////////////////////////////////////
void Time0(void) interrupt 1 using 0  //"interrupt"声明函数为中断服务函数
{
    u = ~u;                         //将 P1.4 引脚输出电平取反,产生方波
}
```

(2)设计第二个程序,使用定时器 T0 的门控制位测量$\overline{\text{INT0}}$引脚上出现的正脉冲宽度。

在文件目录"Ex7.5"中再建立"Ex7.5.2"子文件夹,然后建立"Ex7.5.2"工程项目,最后建立源程序文件"Ex7.5.2.c"输入如下源程序:

```
//技能训练 7.5.2:定时器 T0 的方式 2 测量正脉冲宽度
/////////////////////////////////////////////////////////////////////////
//设计项目:定时器 T0 测量正脉冲宽度                                          //
//设 计 人:                                                               //
//设计时间:2017.5.15                                                      //
//设计说明:测量正脉冲宽度实验,要求用单片机 U1 输出脉冲,U2 检测                  //
//硬件连接条件:(1)单片机 U1 的 P1.4 引脚接 U2 的 P3.2 引脚                    //
//            (2)单片机 U2 的 P0 口接 8 个 LED 指示灯                        //
/////////////////////////////////////////////////////////////////////////
#include<AT89X51.H>     //包含 51 单片机寄存器定义的头文件
sbit ui = P3^2;         //将 ui 位定义为 P3.2(INT0)引脚,表示输入电压
void main(void)         //主函数
{
    TMOD = 0x0a;        //TMOD = 0000 1010B,使用定时器 T0 的方式 2,GATE 置 1
    EA = 1;             //开总中断
    ET0 = 0;            //不使用定时器 T0 的中断
```

```
TR0 = 1;                    //启动 T0
TH0 = 0;                    //计数器 T0 的高 8 位赋初值
TL0 = 0;                    //计数器 T0 的低 8 位赋初值
while(1)                    //无限循环,不停地将 TL0 计数结果送 P0 口
{
    while(ui == 0);        //INT0为低电平,T0 不能启动
    TL0 = 0;               //INT0为高电平,启动 T0 计时,所以将 TL0 清 0
    while(ui == 1);        //在INT0高电平期间,等待,计时
    P0 = TL0;              //将计时结果送 P0 口显示
}
}
```

3. 利用 Proteus 软件仿真

两个程序均经 Keil C51 软件编译通过后,可利用 Proteus 软件进行仿真。根据电路原理图 7-7,在 Proteus ISIS 编辑环境中绘制仿真电路图,先将编译好的"Ex7.5.1.hex"文件载入单片机 U1;再将编译好的"Ex7.5.2.hex"文件载入单片机 U2;启动仿真,仿真电路图如图 7-9 所示,与预期 250 μs 仅在 4 μs 的误差。

图 7-9　仿真电路图

4. 采用实验板试验

如果有信号发生器,可利用实验板进行试验。程序仿真无误后,将 Keil C51 软件编译通过后产生的 Ex7.5.1.hex 与 Ex7.5.2.hex 文件分别烧录到各自的 STC89C52RC 芯片中。通电运行后,将信号发生器产生的脉冲信号送到 P3.2 引脚即可测量脉冲宽度。

【技能训练 7.6】　用外部中断INT0测量负跳变信号累计数

用外部中断INT0测量从 P3.0 引脚输出的负跳变信号累计数,并将结果送 P0 口显示验证。采用的电路原理图如图 7-10 所示。

1. 实现方法

(1)外部中断的使用。要使用外部中断,必须对中断允许控制寄存器 IE 和定时器/计数

器控制寄存器 TCON 进行如下设置:

```
EA = 1;        //开总中断
EX0 = 1;       //允许使用外部中断
IT0 = 1;       //选择负跳变来触发外部中断
```

而对负跳变信号的统计可利用外部中断$\overline{\text{INT0}}$的中断服务函数进行,即当外部中断到来时,让计数变量自加 1 即可。

图 7-10　用外部中断$\overline{\text{INT0}}$测量负跳变信号累计数的电路原理图

(2)负跳变的形成。由软件控制 P3.0 引脚输出电平产生。

2. 用外部中断$\overline{\text{INT0}}$测量负跳变信号累计数的程序设计

先建立文件夹"Ex7.6",然后建立"Ex7.6"工程项目,最后建立源程序文件"Ex7.6.c"输入如下源程序:

```
//训练任务 7.6:用外部中断INT0测量负跳变信号累计数
//////////////////////////////////////////////////////////////////
//设计项目:用外部中断INT0测量负跳变信号累计数              //
//设 计 人:                                                //
//设计时间:2017.5.15                                       //
//设计说明:从 P3.0 输出高低宽度不同的矩形波以模拟负跳变信号    //
//硬件连接条件:(1)单片机 P0.0~P0.7 依次接第 1~第 8 个 LED      //
```

```
//                    (2)单片机 P3.0 引脚接 P3.2 引脚                              //
/////////////////////////////////////////////////////////////////////
#include<STC89C52RC.H>              //包含 51 单片机寄存器定义的头文件
sbit u = P3^0;                      //将 u 位定义为 P3.0,从该引脚输出矩形脉冲
////////// 函数说明 //////////
void delay30ms(void);               //延时 30 ms 子程序
unsigned char Countor;              //设置全局变量,存储负跳变累计数
void main(void)                     //主函数
{
  unsigned char i;
  EA = 1;                           //开总中断
  EX0 = 1;                          //允许使用外部中断
  IT0 = 1;                          //选择负跳变来触发外部中断
  Countor = 0;
  for(i = 0;i<100;i++)              //输出 100 个负跳变
  {
    u = 1;
    delay30ms();
    u = 0;
    delay30ms();
  }
  while(1) ;                        //无限循环,防止程序"跑飞"
}
void int0(void) interrupt 0 using 0  //外部中断 0 的中断编号为 0
{
  Countor++;                        //每触发一次外部中断,计数变量加 1
  P0 = Countor;                     //计数结果送 P0 口显示
}
/////////////////////////////////////////////////
//函数名称:void delay30ms(void)
//函数功能:延时 30 ms 的子程序
//入口参数:
//出口参数:
//函数说明:
/////////////////////////////////////////////////
void delay30ms(void)
{
  unsigned char m,n;
  for(m=0;m<100;m++)
    for(n=0;n<100;n++);
}
```

3. 利用 Proteus 软件仿真

经 Keil C51 软件编译通过后,可利用 Proteus 软件进行仿真。根据电路原理图 7-10,在

Proteus ISIS 编辑环境中绘制仿真电路图,将编译好的"Ex7.6.hex"文件载入单片机。启动仿真,仿真电路图如图 7-11 所示,与预期发送的 100 个负跳变数相同。

图 7-11　仿真电路图

4. 采用实验板试验

程序仿真无误后,将 Keil C51 软件编译通过后产生的"Ex7.6.hex"文件烧录到 STC89C52RC 芯片中,再用细铜线将 P3.0 和 P3.2 引脚连起来,通电运行后,即可看到和仿真类似的试验结果。

【技能训练 7.7】　利用外部中断$\overline{\text{INT0}}$扩展 4 个外部中断源

利用或非门连接多个外部中断,实现扩展外部中断源。

1. 实现方法

利用单片机的两根外部中断请求信号输入引脚,通过或非门连接多个外部中断源,同时利用并行输入口作为多个外部中断源的识别线,以达到扩展外部中断源的目的。

2. 外部中断源扩展电路设计

4 个外部扩展中断源通过一个或非门与外部中断 0 请求信号输入引脚$\overline{\text{INT0}}$(P3.2 引脚)相连接,4 个外部扩展中断源同时分别连接到单片机 P2 口的 P2.0~P2.3 引脚,如图 7-12 所示。

在 4 个外部扩展中断源中若有一个或几个为高电平,则输出为 0,则$\overline{\text{INT0}}$(P3.2 引脚)为低电平,从而向 CPU 发出中断请求。可以看出,这些扩展的外部中断源都是下降沿触发方式(负跳变有效),可利用按键产生。

3. 外部中断源扩展程序设计

CPU 在执行中断服务程序时,先依次查询 P2 口的中断源输入状态,然后转入到相应的中断服务程序。4 个外部扩展中断源的优先级顺序由软件的查询顺序决定,即最先查询的优先级最高,最后查询的优先级最低。

图 7-12　外部中断INT0扩展成多个外部中断电路图

中断服务程序如下：

```
void  interr_0() interrupt 0    //外部中断INT0的中断类型号为 0
{
  if( P2_0 == 1)
    inte1();                      //调用 inte1 函数,为外部扩展中断源 1 服务
  else  if( P2_1 == 1)
    inte2();                      //调用 inte2 函数,为外部扩展中断源 2 服务
  else  if( P2_2 == 1)
    inte3();                      //调用 inte3 函数,为外部扩展中断源 3 服务
  else
    inte4();                      //调用 inte4 函数,为外部扩展中断源 4 服务
```

本技能训练的"利用 Proteus 软件仿真"和"采用实验板试验"的内容由读者自行完成。项目 8(除技能训练 8.3、8.4)、项目 9 不再采用实验板试验。

自我测试

7-1　什么是中断? 中断有什么优点?

7-2　什么是中断源？STC-51 单片机有几个中断源,各中断标志是如何产生的？又是如何清 0 的？CPU 响应中断时,它们的中断-入口地址分别是多少？

7-3　外部中断有哪两种触发方式？对触发脉冲或电平有什么要求？如何选择和设定？

7-4　STC-51 单片机的中断系统有几个优先级？如何设定？

7-5　CPU 响应中断有哪些条件？在什么情况下中断响应会受阻？

7-6　STC-51 单片机中断处理的过程如何描述？

7-7　试用中断方式设计秒发生器,即在 STC89C52RC 的 P1.0 口每秒产生一个机器周期的正脉冲,由 P1.1 口每分钟产生一个机器周期的正脉冲。

7-8　试用定时器中断技术设计一个秒闪电路,要求发光二极管(LED)每秒闪亮 400 ms,设时钟频率为 6 MHz。

项目 **8**　单片机串行通信的设计与实现

学习目标

1. 了解串行通信基本概念。
2. 熟悉串行口的基本结构及相关寄存器的设置。
3. 掌握串行口的4种工作方式。
4. 掌握单片机多机通信原理。
5. 通过对单片机串行通信基本原理的学习,掌握单片机点对点数据传输的设计方法及 C51 编程方法。

项目描述

本项目使用两片 STC89C52RC 单片机实现点对点数据传输。具体内容如下:

(1)将方式0用于扩展并行输出控制流水灯;
(2)基于方式1的单工通信;
(3)基于方式3的单工通信;
(4)单片机向计算机发送数据;
(5)单片机接收计算机发出的数据。

知识链接

单片机与外部的信息交换称为通信。单片机与外部最常用的通信方式是串行通信。串行通信通过内部的串行通信口与外围设备进行数据交换,在数据采集和信息处理等众多场合都有重要的应用。

8.1　串行通信的概念

在计算机系统中,单片机之间的通信,通常采用两种形式:并行通信——数据的各位同时进行传输的通信方式;串行通信——数据一位一位顺序传输的通信方式。

1. 并行通信与串行通信

(1)并行通信的特点:各位数据同时传送,传送速度快、效率高。但有多少数据位就需要有多少根数据线,因此传送成本高。在集成电路芯片的内部、同一插件板上各部件之间、同一机箱内各插件板之间等长数据传送都是并行的。并行数据传送的距离通常小于3 m。

并行通信通常是将收发设备的所有数据位用多条数据线连接并同时传送,如图 8-1

所示。

　　并行通信时除了数据线外还有通信控制线。发送设备在发送数据时要先检测接收设备的状态,若接收设备处于可以接收数据的状态,发送设备就发出选通信号。在选通信号的作用下各数据位信号同时传送到接收设备。可以看出,传送 1 字节仅用了 1 个周期。

　　(2)串行通信的特点:数据传送按位顺序进行,最少只需一根传输线即可完成,成本低,但速度慢。计算机与远程终端之间的数据传送通常都是串行的。串行数据传送的距离可以传送十几米,但通过光纤等间接设备可传送几十千米。

图 8-1　并行通信示意图

　　串行通信是将数据字节分成一位一位的形式在一根传输线上逐个地传送,如图 8-2 所示。串行通信时,数据发送设备先将数据代码由并行形式转换成串行形式,然后一位一位地逐个放在传输线路上进行传送;数据接收设备将接收的串行位形式的数据转换成并行形式进行存储或处理。串行通信必须采取一定的方法进行数据传送的起始及停止控制。

图 8-2　串行通信示意图

2. 异步通信与同步通信

　　对于串行通信,数据信息和控制信息都要在一根传输线上实现。为了对数据和控制信息进行区分,收发双方要事先约定共同遵守的通信协议。通信协议约定内容包括:同步方式、数据格式、传输速率、检验方式。

　　依发送与接收时钟的配置方式,串行通信可以分为异步通信与同步通信。

　　(1)异步通信方式(asynchronous communication)。异步通信是指通信的发送与接收设备使用各自的时钟来控制数据发送和接收的过程。为使双方的收发协调,要求发送与接收设备的时钟尽可能一致。异步通信示意图如图8-3所示。

图8-3 异步通信示意图

异步通信是以字符(构成的帧)为单位进行传输的,字符与字符之间的间隙(时间间隔)是任意的,但每个字符中的各位是以固定的时间传送的,即字符之间是异步的(字符之间不一定有"位间隔"的整数倍关系),但同一字符内的各位是同步的(各位之间的距离均为"位间隔"的整数倍)。

异步通信也要求发送设备与接收设备传送数据同步,采用的办法是使传送的每一个字符都以起始位0开始,以停止位1结束。这样,传送的每一帧都用起始位来进行收发双方的同步。停止位和间隙作为时钟频率偏差的缓冲,即使收发双方时钟频率略有偏差,积累的误差也仅限制在本帧之内。异步通信的帧格式如图8-4所示。

图8-4 异步通信的帧格式

由图8-4可见,异步通信的每帧数据由4部分组成:起始位(1位)、数据位(8位)、奇偶检验位(1位,可无检验位)和停止位(1位)。各部分功能如下:

①起始位:位于字符帧开头,只占1位,始终为逻辑0(低电平),用于向接收设备表示发送端开始发送一帧信息。

②数据位:紧跟在起始位之后,用户根据情况可取5位、6位、7位或8位,低位在前高位在后。若所传数据位为ASCII字符,则常取7位。

③奇偶检验位:位于数据位之后,仅占1位,用来表征串行通信采用奇检验还是偶检验,用户根据需要决定。

④停止位:位于字符帧末尾,为逻辑1(高电平),通常取1位、1.5位或2位,用于向接收端表示一帧字符信息已发送完毕,也为发送下一字符做准备。

在异步通信中,为了确保收发双方通信协调,事先必须设置好波特率。波特率是指单位时间内被传送的二进制数据的位数,以Bd为单位。同时是衡量串行数据传输快慢的重要指

标和参数。假设数据传输的速率是 120 字符/s,字符为 10 位,则传输的波特率为

$$10 \text{ b/字符} \times 120 \text{ 字符/s} = 1 \ 200 \text{ Bd}$$

每一位传输的时间 T_d 为波特率的倒数,则

$$T_d = \frac{1}{1 \ 200 \text{ s}} = 0.833 \text{ ms}$$

异步通信的特点是不要求收发双方时钟频率的严格一致,实现容易,设备开销较小,但每个字符要附加 2~3 位,用于起止位,各帧之间还有间隔,因此传输效率不高。

(2)同步通信方式(synchronous communication)。同步通信时要建立发送方时钟对接收方时钟的直接控制,使双方达到完全同步。同步通信传输效率高。

由于 STC-51 单片机的串行口属于通用的异步收发器(UART),所以本书只讨论异步通信。

(3)串行通信的方式。在串行通信中,数据是在两个站之间传送的。按照数据传输方向及时间关系可分为:单工、半双工和全双工 3 种串行通信方式,如图 8-5 所示。

图 8-5　3 种串行通信方式

①单工方式。在单工方式下通信线的一端接发送端,另一端接接收端,它们形成单向连接,只允许数据按照一个固定方向传送,如图 8-5(a)所示,数据只能单方向传送。

②半双工方式。在半双工方式下,系统中的每个通信设备都由一个发送器和一个接收器组成,通过收发开关接到通信线上,如图 8-5(b)所示。在这种方式下,数据能够实现双方向传送,但任何时刻只能由其中的一方发送数据,另一方接收数据。其收发开关并不是实际的物理开关,而是由软件控制的电子开关,通信线两端通过半双工协议进行功能切换。

③全双工方式。虽然半双工比单工方式灵活,但它的效率依然很低,可以通过采用信道划分技术来克服它的这个缺点。在图 8-5(c)所示的全双工方式中,不是交替发送和接收的,而是同时发送和接收的。全双工通信系统的每端都含有发送器和接收器,数据可以同时在两个方向上传送。

需要注意的是,尽管许多串行通信接口电路具有全双工功能,但在实际应用中,大多数情况下只工作于半双工方式,即两个工作站通常并不同时收发。这种用法并无害处,虽然没有充分发挥效率,但简单、实用。

(4)串行通信的奇偶检验。通信线路可能受到干扰,所以通信过程中就有可能产生错误。为了确保数据的正确传输,最简单且常用的方法就是奇偶检验。

单片机的特殊功能寄存器中有一个程序状态字寄存器(PSW),它的最低位 P 称为奇偶检验位。如果累加器 ACC 中的"1"的个数为偶数,则 P=0;如果为奇数,则 P=1。假如要传送数据"1010 1110"(奇数个"1",P=1),接收到数据后,要对数据奇偶检验,如果 P=1,则认为数据传输正确;如果 P=0(偶数个"1"),则认为数据传输错误,通过发送方,再次传输。

3. 串行通信的结构

STC-51 单片机有一个可编程的全双工串行通信接口,通过它可进行异步通信,其内部结构如图 8-6 所示。

(1)两个数据缓冲器。SBUF 是一个特殊功能寄存器,它包括发送数据缓冲寄存器 SBUF 和接收数据缓冲寄存器 SBUF。前者用来发送串行数据,后者用来接收串行数据。它们共用同一个地址 99H。发送数据时,该地址指向发送数据缓冲寄存器 SBUF;接收数据时,该地址指向接收数据缓冲寄存器 SBUF。可同时发送、接收数据(全双工)。发送缓冲器只能写入,不能读出;接收缓冲器只能读出,不能写入。

(2)输入移位寄存器。输入移位寄存器的功能是在接收控制器的控制下,将输入的数据逐位移入接收数据缓冲寄存器 SBUF。

(3)串行控制寄存器(SCON)。SCON 的功能是控制串行通信的工作方式,并反映串行通信口的工作状态。

(4)定时器 T1。定时器 T1 用作波特率发生器,控制传输数据的速度。

图 8-6　STC-51 单片机串行通信接口的内部结构

8.2　串行通信的控制

在 STC-51 单片机的特殊功能寄存器中,有 4 个与串行通信有关,分别为 SCON、PCON、IE 和 IP。其中,SCON 和 PCON 直接控制串行口的工作方式。

1. 串行控制寄存器(SCON)

SCON 是一个特殊功能寄存器,用以设定串行口的工作方式、接收/发送状态控制以及设置状态标志。字节地址为 98H。可进行字节寻址还可位寻址,SCON 的格式见表 8-1。

表 8-1　SCON 的格式

位地址	9FH	9EH	9DH	9CH	9BH	9AH	99H	98H
位名称	SM0	SM1	SM2	REN	TB8	RB8	TI	RI

(1)SM0、SM1:工作方式选择位,可选择 4 种工作方式,见表 8-2。

表 8-2　串行口的 4 种工作方式

SM0	SM1	方式	功　能　说　明
0	0	0	同步移位寄存器方式(用于控制 I/O 口)$f_{osc}/12$
0	1	1	8 位异步收发,波特率可变(由定时器 T1 设置)
1	0	2	8 位异步收发,波特率为 $f_{osc}/64$ 或 $f_{osc}/32$
1	1	3	9 位异步收发,波特率可变(由定时器 T1 设置)

(2)SM2:多机通信控制位,主要用于方式 2 和方式 3 的多机通信情况。SM2＝1 时,允许多机通信;SM2＝0 时,禁止多机通信。

(3)REN:允许串行接收位。由软件置 REN＝1,则启动串行口接收数据;若软件置 REN＝0,则禁止串行口接收数据。

(4)TB8:在方式 2 或方式 3 中,是发送数据的第 9 位,可以用软件规定其作用。可以用作数据的奇偶检验位,或在多机通信中,作为地址帧/数据帧的标志位。在方式 0 和方式 1 中,该位未用。

(5)RB8:在方式 2 或方式 3 中,是接收数据的第 9 位,作为奇偶检验位或地址帧/数据帧的标志位。在方式 1 时,若 SM2＝0,则 RB8 是接收到的停止位。

(6)TI:发送中断标志位。在方式 0 时,当串行发送第 8 位数据结束时,或在其他方式,串行发送停止位的开始时,由内部硬件使 TI 置 1,向 CPU 发中断申请。在中断服务程序中,必须用软件将其清 0,取消此中断申请。

(7)RI:接收中断标志位。在方式 0 时,当串行接收第 8 位数据结束时,或在其他方式,串行接收停止位的中间时,由内部硬件使 RI 置 1,向 CPU 发中断申请。在中断服务程序中,必须用软件将其清 0,取消此中断申请。

在系统复位时,SCON 的所有位均被清 0。

2. 电源控制寄存器(PCON)

PCON(97H)不能进行位寻址。PCON 中的第 7 位 SMOD 与串行口有关。PCON 的格式见表 8-3。

表 8-3　PCON 的格式

位	D7	D6	D5	D4	D3	D2	D1	D0
位名称	SMOD	—	—	—	GF1	GF0	PD	IDL

SMOD:波特率倍增位。在串行口方式 1、方式 2、方式 3 时,波特率与 SMOD 有关,当 SMOD＝1 时,波特率提高一倍。当系统复位时,SMOD＝0。控制字中其余各位与串行口无关。

3. 4 种工作方式与波特率的设置

STC-51 单片机有 4 种工作方式,即方式 0、方式 1、方式 2 和方式 3。由串行控制寄存器(SCON)中 SM0、SM1 决定。

(1)方式 0。SM0SM1＝00 时,串行口工作于方式 0。

①数据发送。若要发送数据,通常需要外接 8 位串行输入/并行输出移位寄存器

74LS164,具体发送电路如图 8-7 所示。其中,RXD 端用来输出串行数据;TXD 端用来输出移位脉冲。只要将数据写入 SBUF,单片机即自动开始数据发送,从 RXD(P3.0)引脚送出 8 位数据。与此同时,单片机 TXD 端输出移位脉冲到 74LS164 的 8 引脚(时钟引脚),使 74LS164 按照先低位后高位的原则从 RXD 端接收 8 位数据。数据发送完毕,74LS164 的 D7~D0 端即输出 8 位数据。最后,数据发送完毕后,SCON 的发送中断标志位 TI 自动置"1"。为继续发送数据,需要用软件将其清 0。

图 8-7　串行通信在方式 0 时的发送电路

②数据接收。若要接收数据,通常需要在外部接 8 位并行输入/串行输出移位寄存器 74LS165,具体接收电路如图 8-8 所示。其中,RXD 端用来接收输入的串行数据,TXD 端用来输出移位脉冲,P1.0 端用来对 74LS165 的数据进行锁存。

图 8-8　串行通信在方式 0 时的接收电路

　　首先从 P1.0 端发出一个低电平信号到 74LS165 的引脚 1(S/$\overline{L}$ 端),锁存由 D7~D0 端输入的 8 位数据,然后由单片机执行读 SBUF 指令(开始接收数据)。同时,TXD 端送移位脉冲到 74LS165 的引脚 2(CLK 端),使数据逐位从 RXD 端送入单片机。在串行口接收到一帧数据后,接收中断标志位 RI 中断置位,如果要继续接收数据,需要用软件将 RI 清 0。

　　在方式 0 中,串行通信口发送和接收数据的波特率都是 $f_{osc}/12$。

　　(2)方式 1。当 SM0SM1=01 时,串行口工作于方式 1。此时,可发送或接收的一帧信息共 10 位,1 位起始位(高电平"0")、8 位数据位(D0~D7)和 1 位停止位(低电平"1")。

　　①数据发送。发送数据时,只要指令将数据写入发送数据缓冲寄存器 SBUF 时,发送控制器在移位脉冲(由定时器 T1 产生的信号经 16 分频或 32 分频得到)的控制下,先从 TXD 端输出 1 位起始位,然后再逐位将 8 位数据从 TXD 端送出,当最后一位数据发送完毕,发送控制器立即将 SCON 的 TI 位置"1",向 CPU 发出中断请求,同时从 TXD 端输出停止位(高电平)。

②数据接收。在 REN=1 时,方式 1 允许接收。串行口开始采样 RXD 端的信号,当采样到由"1"至"0"的负跳变信号时,确认是开始位 0,就开始启动接收,将输入的 8 位数据逐位移入内部的输入移位寄存器。如果接收不到起始位,则重新检测 RXD 端上是否有负跳变信号。

当一帧数据接收完毕以后,必须同时满足以下两个条件,这帧数据接收才真正有效。

a. RI=0,即无中断请求,或者在上一帧数据接收完成时,RI=1 发出的中断请求已被响应,SBUF 中的数据已被取走,SBUF 已空。

b. SM2=0。

若这两个条件不能同时满足时,接收到的数据不装入 SBUF,该帧数据将丢弃。

(3)方式 2。当 SM0SM1=10 时,串行口工作于方式 2。工作在方式 2 时,每帧数据均为 11 位,即 1 位起始位 0,8 位数据位,1 位可编程的第 9 位数据和 1 位停止位。其中,第 9 位数据(TB8)可作奇偶检验位,也可作多机通信数据、地址标志位。

①数据发送。发送前,先根据通信协议由软件设置 TB8(第 9 位数据),然后将要发送的数据写入 SBUF,即可启动发送过程。串行口能自动将 TB8 取走,并装入第 9 位数据位的位置,再逐一发送出去。发送一帧信息后,则将 TI 置"1"。

②数据接收。在方式 2 时,需要先设置 SCON 中的 REN=1,串行口才允许接收数据,然后当 RXD 端检测到有负跳变时,即说明外围设备发来了数据的起始位,开始接收此帧数据的其余数据。

当一帧数据接收完毕后,必须同时满足以下两个条件,这帧数据接收才真正有效。

a. RI=0,意味着接收缓冲器为空。

b. SM2=0。

当上述两个条件满足时,接收到的数据送入 SBUF,第 9 位数据送入 RB8,并由硬件自动置 RI 为 1。若不满足这两个条件,接收的信息将被丢弃。

(4)方式 3。当 SM0SM1=11 时,串行口工作于方式 3。

方式 3 与方式 2 一样,传送的一帧数据都是 11 位的,工作原理也相同。两者区别仅在于波特率不同。

(5)波特率的设置。在串行通信中,为了保证数据发送和接收的成功,要求发送方发送数据的速率和接收方接收数据的速率必须相同,这就需要将双方的波特率设置为相同。

由于设置波特率比较麻烦,且在一般情况下常用的波特率足以满足实际应用。因此,本书不介绍设置波特率的计算方法,而是直接给出常用波特率、晶振频率和定时器计数初值之间的关系,见表 8-4,应用时查表即可。

表 8-4　常用波特率、晶振频率和定时器计数初值之间的关系

工作方式	常用波特率/Bd	晶振频率/MHz	SMOD	TH1 初值
1、3	19 200	11.059 2	1	FDH
1、3	9 600	11.059 2	0	FDH
1、3	4 800	11.059 2	0	FAH
1、3	2 400	11.059 2	0	F4H
1、3	1 200	11.059 2	0	E8H

注:晶振频率选用 11.059 2 MHz 时,极易获得标准波特率

8.3 单片机点对多数据传输

8.3.1 STC-51单片机多机通信技术

1. 多机通信原理

多机通信时,主机向从机发送的信息分为地址帧和数据帧两类,以第9位可编程 TB8 作为区分标志。

TB8=0:表示发送的信息为数据帧;

TB8=1:表示发送的信息为地址帧。

多机通信充分利用了 STC89C52RC 单片机串行控制寄存器(SCON)中的多机通信控制位 SM2 的特性。

当 SM2=1 时,CPU 接收的前8位数据是否送入 SBUF 取决于接收的第9位 RB8 的状态。若 RB8=1,则将接收到的前8位数据送入 SBUF,并置位 RI 产生中断请求;若 RB8=0,则将接收到的前8位数据丢弃。即当从机 SM2=1 时,从机只能接收主机发送的地址帧(RB8=1),对数据帧(RB8=0)不予理睬;当从机 SM2=0 时,从机可接收主机发送的所有信息。

通信开始时,主机首先发送地址帧。由于各从机的 SM2=1 和 RB8=1,所以各从机均分别发出串行接收中断请求,通过串行中断服务程序来判断主机发送的地址与本从机地址是否相符。如果相符,则把自身的 SM2 清 0,以准备接收随后传送来的数据帧。其余从机由于地址不符,则仍保持 SM2=1 状态,因而不能接收主机送来的数据帧。这就是多机通信中主、从机一对一的通信情况。这种通信只能在主、从机之间进行,如果想在两个从机之间进行通信,则要通过主机作为中介才能实现。

2. 多机通信过程

(1)主、从机工作在方式2或方式3,主机置 SM2=0,REN=1;从机置 SM2=1,REN=1。

(2)主机置位 TB8=1,向从机发送寻址地址帧,各从机因满足接收条件(SM2=1,RB8=1),从而接收到主机发来的地址,并与本机地址进行比较。

(3)地址一致的从机(未被寻址机)保持 SM2=1。

(4)主机核对返回的地址,若与此前发出的地址一致,则准备发送数据;若不一致,则返回第(2)步重新发送地址帧。

(5)主机向从机发送数据,此时主机 TB8=0,只有被选中的那台从机能接收到该数据,其他从机则舍弃该数据。

(6)本次通信结束后,从机重新置 SM2=1,等待下次通信。

3. RS-232-C 串行通信总线及其接口

RS-232-C 是使用最早、应用最多的一种异步串行通信总线标准。它是数据终端设备(DTE)和数据通信设备(DCE)之间串行二进制数据交换接口技术标准。由于 STC-51 单片机本身有一个异步串行通信接口,因此该系列单片机用 RS-232-C 串行接口总线极为方便。

RS-232-C 采用按位串行方式。RS-232-C 传递信息的格式标准对所传递的信息规定如下,格式标准如图 8-9 所示。

(1)信息的开始为起始位,信息的结尾为停止位,它可以是1位、1.5 或2位。

（2）信息本身可以是 5 位、6 位、7 位、8 位再加 1 位奇偶检验位。

（3）如果两个信息之间无信息，则应写"1"，表示空。

RS-232-C 传送速率规定 19 200 bit/s、9 600 bit/s、4 800 bit/s、2 400 bit/s、600 bit/s、300 bit/s、150 bit/s、110 bit/s、75 bit/s、50 bit/s，RS-232-C 接口总线的传送距离一般不超过 50 m。

RS-232-C 的电平使用下面的负逻辑：

低电平"0"：+5~+15 V；高电平"1"：-5~-15 V。

因此 RS-232-C 不能和 TTL 电平直接相连，使用时必须加上适当的接口，否则将使 TTL 电路烧毁。实际使用时，RS-232-C 和 TTL 电平之间必须进行电平转换，可采用 MAX232 集成电路转换，图 8-10 为其引脚图。

图 8-9　RS-232-C 数据传输格式

图 8-10　MAX232 引脚图

8.3.2　单片机数据传输电路设计

根据技能训练任务要求，主机发送的信息可以传到各个从机或指定的从机，各从机发送的信息才能被主机接收。单片机数据传输电路包含通信发送电路、通信接收电路和通信连接等部分。

1. 通信发送电路

通信发送电路由 STC89C52RC 单片机最小应用系统、转换电路构成。转换电路可以完成 TTL 电平与 RS-232-C 电平之间的转换，由 MAX232 芯片实现。

2. 通信接收电路

通信接收电路由 STC89C52RC 单片机最小应用系统、转换电路、LED 指示电路构成。转换电路可以完成 TTL 电平与 RS-232-C 电平之间的转换，用 MAX232 芯片实现。最后，用 Proteus 仿真软件完成通信电路设计。

🛠️ 项目实施

【技能训练 8.1】　基于方式 1 的单工通信

基于方式 1 的单工通信是使用单片机 U1 通过串行口 TXD 端将一段流水灯控制码以方式 1 发送至单片机 U2 的 RXD 端，U2 再利用该段流水灯控制码点亮其 P0 口的 8 位 LED。本技能训练的电路原理图 8-11 所示［其中，U1 的 P3.1（TXD）引脚接 U2 的 P3.0（RXD）引脚］。

图 8-11　单片机间通信电路原理图

1. 实现方法

本技能训练要求对两个单片机 U1 和 U2 分别设计两个程序:程序 1 完成数据发送任务(对 U1);程序 2 完成数据接收任务(对 U2)。根据任务要求,对单片机 U1 编程时,需要令 SM0=0,SM1=1;对单片机 U2 编程时,除了需要令 SM=0,SM1=1,还需要设置 REN=1,使接收允许。这里选择波特率为 9 600 Bd,由表 8-4 可得:SMOD=0,TH1=FDH。

2. 基于方式 1 的单工通信的程序设计

(1)单片机 U1 的数据发送程序。先建立一个文件目录"Ex8.1",再建立子文件夹"Ex8.1.1",然后建立"Ex8.1.1"工程项目,最后建立源程序文件"Ex8.1.1.c"输入如下源程序:

```
//技能训练 8.1.1:数据发送程序
///////////////////////////////////////////////////////////////////
//设计项目:数据发送程序                                          //
//设 计 人:                                                     //
//设计时间:2017.5.15                                            //
//设计说明:实现一个或多个 LED 指示灯,按照不同要求花色运行           //
//硬件连接条件:(1)单片机 P0.0~P0.7 接第 1~第 8 个 LED             //
//            (2)单片机 U1 的 P3.1 引脚接 U2 的 P3.0 引脚         //
///////////////////////////////////////////////////////////////////
#include<STC89C52RC.H>        //包含单片机寄存器的头文件
unsigned char code Tab[ ]={0xFE,0xFD,0xFB,0xF7,0xEF,0xDF,0xBF,0x7F};
                            //流水灯控制码,该数组被定义为全局变量
//////////////////////////////////////////////////
//函数名称:void Send(unsigned char dat)
//函数功能:向 PC 发送 1 字节数据
//入口参数:
//出口参数:
//函数说明:
//////////////////////////////////////////////////
void Send(unsigned char dat)
{
  SBUF=dat;                 //将待发送数据写入发送缓冲器
  while(TI==0)              //若发送中断标志位没有置"1"(正在发送)就等待
  ;                         //空操作
  TI=0;                     //用软件将 TI 清 0
}
//////////////////////////////////////////////////
//函数名称:void delay(void)
//函数功能:延时约 150 ms
//入口参数:
//出口参数:
//函数说明:
```

```
////////////////////////////////////////////
void delay(void)
{
  unsigned char m,n;
  for(m=0;m<200;m++)
  for(n=0;n<250;n++);
}
void main(void)                      //主程序
{
  unsigned chari;
  TMOD = 0x20;                       //TMOD = 0010 0000B,定时器 T1 工作于方式 2
  SCON = 0x40;                       //SCON = 0100 0000B,串行口工作于方式 1
  PCON = 0x00;                       //PCON = 0000 0000B,波特率为 9 600 Bd
  TH1 = 0xfd;                        //根据规定给定时器 T1 高 8 位赋初值
  TL1 = 0xfd;                        //根据规定给定时器 T1 低 8 位赋初值
  TR1 = 1;                           //启动定时器 T1
  while(1)
  {
    for(i=0;i<8;i++)                 //一共 8 位流水灯控制码
    {
      Send(Tab[i]);                  //发送数据 i
      delay();                       //150 ms 发送一次数据(等待 150 ms 再发送一次数据)
    }
  }
}
```

(2)单片机 U2 的数据接收程序。在文件目录"Ex8.1"中,再建立子文件夹"Ex8.1.2",然后建立"Ex8.1.2"工程项目,最后建立源程序文件"Ex8.1.2.c"输入如下源程序:

```
//技能训练 8.1.2:数据接收程序
//////////////////////////////////////////////////////////////////////////////
//设计项目:数据接收程序                                                      //
//设 计 人:                                                                  //
//设计时间:2017.5.15                                                          //
//设计说明:实现一个或多个 LED 指示灯,按照不同要求花色运行                     //
//硬件连接条件:(1)单片机 U2 的 P0.0~P0.7 接第 1~第 8 个 LED               //
//             (2)单片机 U1 的 P3.1 引脚接 U2 的 P3.0 引脚                   //
//////////////////////////////////////////////////////////////////////////////
#include<STC89C52RC.H>              //包含单片机寄存器的头文件
//////////////////////////////////////////////////////////////
//函数名称:void Send(unsigned char dat)
//函数功能:接收 1 字节数据
//入口参数:
//出口参数:
```

```
// 函数说明:
/////////////////////////////////////////////////////
unsigned char Receive(void)
{
    unsigned char dat;
    while(RI==0)              // 只要接收中断标志位 RI 没有被置"1"
        ;                     // 等待,直至接收完毕(RI=1)
    RI=0;                     // 为了接收下一帧数据,需要将 RI 清 0
    dat=SBUF;                 // 将接收缓冲器中的数据存于 dat
    return dat;
}
/////////////////
函数功能:主函数
/////////////////
void main(void)
{
    TMOD=0x20;                // 定时器 T1 工作于方式 2
    SCON=0x50;                // SCON=0101 0000B,串行口工作于方式 1,允许接收(REN=1)
    PCON=0x00;                // PCON=0000 0000B,波特率为 9 600 Bd
    TH1=0xfd;                 // 根据规定给定时器 T1 高 8 位赋初值
    TL1=0xfd;                 // 根据规定给定时器 T1 低 8 位赋初值
    TR1=1;                    // 启动定时器 T1
    REN=1;                    // 允许接收
    while(1)
    {
        P0=Receive();         // 将接收到的数据送 P0 口显示
    }
}
```

3. 利用 Proteus 软件仿真

经 Keil C51 软件编译通过后,可利用 Proteus 软件进行仿真。根据电路原理图 8-11,在 Proteus ISIS 编辑环境中绘制仿真电路图,先将编译好的"Ex8.1.1.hex"文件载入单片机 U1,再将编译好的"Ex8.1.2.hex"文件载入单片机 U2。启动仿真,即可看到单片机 U2 的 P0 口 8 位 LED 被依次点亮,仿真电路图如图 8-12 所示。

4. 采用实验板试验

经 Keil C51 软件编译通过后,可利用两个实验板进行试验。先将编译好的程序 "Ex8.1.1.hex"烧录到第一个实验板的 STC89C52RC 芯片,然后再将"Ex8.1.2.hex"烧录到 第二个实验板的 STC89C52RC 芯片,接着利用杜邦线将第一个单片机实验板 P3.1 与第二个 单片机实验板 P3.0 相连接,线连接好以后,通电运行,即可看到第二个单片机实验板 P0 口 所连接的 8 位 LED 被依次点亮。

【技能训练 8.2】　基于方式 3 的单工通信

基于方式 3 的单工通信是使用单片机 U1 通过串行口 TXD 端将一段流水灯控制码发送

至单片机 U2 的 RXD 端,U2 再利用该段控制码点亮其 P0 口的 8 位 LED。本技能训练采用的电路原理图如图 8-11 所示[其中,U1 的 P3.1(TXD)引脚接 U2 的 P3.0(RXD)引脚]。

图 8-12　仿真电路图

1. 实现方法

本技能训练的通信方式比方式 1 多了一个可编程位 TB8,该位用作奇偶检验位。接收到的 8 位二进制数据有可能出错,需要进行奇偶检验。其方法是,将单片机 U2 的 RB8 和 PSW 的奇偶检验位比较。如果相同,接收数据;否则,拒绝接收。

2. 基于方式 3 的单工通信的程序设计

(1)单片机 U1 的数据发送程序。先建立一个文件目录"Ex8.2",再建立子文件夹"Ex8.2.1",然后建立"Ex8.2.1"工程项目,最后建立源程序文件"Ex8.2.1.c"输入如下源程序:

```
//技能训练 8.2.1:数据发送程序
////////////////////////////////////////////////////////////////////
//设计项目:数据发送程序                                              //
//设 计 人:                                                          //
//设计时间:2017.5.16                                                 //
//设计说明:单片机 U1 向单片机 U2 发送数据,用方式 3 单工通信          //
//硬件连接条件:(1)单片机 U1 的 P3.1 引脚接 U2 的 P3.0 引脚           //
//             (2)单片机 U2 的 P0 口连接 8 个 LED 指示灯             //
////////////////////////////////////////////////////////////////////
#include<STC89C52RC.H>        //包含单片机寄存器的头文件
sbit p=PSW^0;                 //将 p 位定义为程序状态字寄存器的第 0 位(奇偶检验)
unsigned char code Tab[ ]={0xFE,0xFD,0xFB,0xF7,0xEF,0xDF,0xBF,0x7F};
                             //流水灯控制码,该数组被定义为全局变量
/////////////////////////////////////////////////////////
//函数名称:void Send(unsigned char dat)
//函数功能:向 U2 发送 1 字节数据
//入口参数:
```

```c
//出口参数:
//函数说明:
//////////////////////////////////////////////////////
void Send(unsigned char dat)
{
  ACC=dat;
  TB8=p;                  //将奇偶检验位写入 TB8
  SBUF=dat;               //将待发送数据写入发送缓冲器
  while(TI==0)            //若发送标志位没有置"1"(正在发送)就等待
    ;                     //空操作
  TI=0;                   //用软件将 TI 清 0
}
//////////////////////////////////////////////////////
//函数名称:void delay(void)
//函数功能:延时约 150 ms
//入口参数:
//出口参数:
//函数说明:
//////////////////////////////////////////////////////
void delay(void)
{
  unsigned char m,n;
  for(m=0;m<200;m++)
  for(n=0;n<250;n++)
    ;
}
////////////////////////////
```

函数功能:主函数

```c
////////////////////////////
void main(void)
{
  unsigned chari;
  TMOD=0x20;              //TMOD=0010 0000B,定时器 T1 工作于方式 2
  SCON=0xc0;             //SCON=1100 0000B,串行口工作于方式 3,
                          //SM2 置 0,不使用多机通信,TB8 置 0
  PCON=0x00;             //PCON=0000 0000B,波特率为 9 600 Bd
  TH1=0xfd;              //根据规定给定时器 T1 高 8 位赋初值
  TL1=0xfd;              //根据规定给定时器 T1 低 8 位赋初值
  TR1=1;                 //启动定时器 T1
  while(1)
  {
    for(i=0;i<8;i++)     //一共 8 位流水灯控制码
```

```
        }
    Send(Tab[i]);                 //发送数据 i
    delay();                      //每 150 ms 发送一次数据(等待 150 ms 后再发送一次数据)
        }
    }
}
```

(2)单片机 U2 的数据接收程序。在文件目录"Ex8.2"中,再建立子文件夹"Ex8.2.2",然后建立"Ex8.2.2"工程项目,最后建立源程序文件"Ex8.2.2.c"输入如下源程序:

```
//技能训练 8.2.2:数据接收程序
///////////////////////////////////////////////////////////////////
//设计项目:数据接收程序                                            //
//设 计 人:                                                        //
//设计时间:2017.5.16                                              //
//设计说明:单片机 U2 接收单片机 U1 发送的数据                        //
//硬件连接条件:(1)单片机 U1 的 P3.1 引脚接 U2 的 P3.0 引脚            //
//            (2)单片机 U2 的 P0 口接 8 个 LED 指示灯                //
///////////////////////////////////////////////////////////////////
#include<STC89C52RC.H>           //包含单片机寄存器的头文件
sbit p = PSW^0;
///////////////////////////////////////////////////////////////////
//函数名称:unsigned char Receive(void)
//函数功能:接收 1 字节数据
//入口参数:
//出口参数:
//函数说明:
///////////////////////////////////////////////////////////////////
unsigned char Receive(void)
{
    unsigned char dat;
    while(RI = = 0)               //只要接收中断标志位 RI 没有被置"1"
        ;                        //等待,直至接收完毕(RI=1)
    RI = 0;                       //为了接收下一帧数据,需要将 RI 清 0
    ACC = SBUF;                   //将接收缓冲器中的数据存于 dat
    if(RB8 = = p)                 //只有奇偶检验成功,才能接收数据
    {
        dat = ACC;                //将数据存入 dat
        return dat;               //将接收的数据返回
    }
}
///////////////
函数功能:主函数
///////////////
```

```
void main(void)
{
  TMOD = 0x20;                    //定时器 T1 工作于方式 2
  SCON = 0xd0;                    //SCON = 1101 0000B,串行口工作于方式 1,允许接收(REN = 1)
  PCON = 0x00;                    //PCON = 0000 0000B,波特率为 9 600 Bd
  TH1 = 0xfd;                     //根据规定给定时器 T1 高 8 位赋初值
  TL1 = 0xfd;                     //根据规定给定时器 T1 低 8 位赋初值
  TR1 = 1;                        //启动定时器 T1
  REN = 1;                        //允许接收
  while(1)
  {
    P0 = Receive();               //将接收到的数据送 P0 口显示
  }
}
```

3. 利用 Proteus 软件仿真

经 Keil C51 软件编译通过后,可利用 Proteus 软件进行仿真。根据电路原理图 8-11,在 Proteus ISIS 编辑环境中绘制仿真电路图,先将编译好的"Ex8.2.1.hex"文件载入单片机 U1,再将编译好的"Ex8.2.2.hex"文件载入单片机 U2。启动仿真,即可看到单片机 U2 的 P0 口 8 位 LED 被依次点亮,仿真电路图如图 8-13 所示。

图 8-13　仿真电路图

4. 采用实验板试验

经 Keil C51 软件编译通过后,可利用两个实验板进行试验。先将编译好的程序 "Ex8.2.1.hex"烧录到第一个实验板的 STC89C52RC 芯片,然后再将"Ex8.2.2.hex"烧录到第二个实验板的 STC89C52RC 芯片,接着利用杜邦线将第一个单片机实验板 P3.1 与第二个单片机实验板 P3.0 相连接,线连接好以后,通电运行,即可看到单片机第二个单片机实验板 P0 口所连接的 8 位 LED 被依次点亮。

【技能训练 8.3】　单片机向计算机发送数据

单片机向计算机发送数据的电路原理图如图 8-14 所示。要求单片机 U1 通过其串行口

TXD 端向计算机发送一组数据"0xab"。图 8-14 中集成电路芯片 MAX232 的作用是为了将单片机的输出信号转换为计算机能够识别的信号。

图 8-14　单片机计算机发送数据的电路原理图

1. 实现方法

要实现单片机和计算机的通信,首先需要解决单片机和计算机的电平转换问题,而这个转换可由专门的集成电路芯片 MAX232 完成。

为了能够在计算机端看到单片机发出数据,较好的方法是借助于调试软件"串口调试助手"(该软件可免费从网上下载),运行界面如图 8-15 所示,可设定串口号、波特率、检验位等参数,非常方便。

图 8-15　串口调试助手软件的运行界面

2. 单片机向计算机发送数据的程序设计

先建立文件夹"Ex8.3",然后建立"Ex8.3"工程项目,最后建立源程序文件"Ex8.3.c"输入如下源程序:

```
//技能训练8.3:单片机向计算机发送数据
///////////////////////////////////////////////////
//设计项目:单片机向计算机发送数据                          //
//设 计 人:                                             //
//设计时间:2017.5.16                                    //
//设计说明:单片机通过MAX232向计算机发送数据                   //
//硬件连接条件:单片机连接MAX232,通过MAX232连接计算机           //
///////////////////////////////////////////////////
#include<STC89C52RC.H>        //包含单片机寄存器的头文件
unsigned char code Tab[ ]={0xFE,0xFD,0xFB,0xF7,0xEF,0xDF,0xBF,0x7F};
                            //流水灯控制码,该数组被定义为全局变量
///////////////////////////////////////////////////
//函数名称:void Send(unsigned char dat)
//函数功能:向PC发送1字节数据
//入口参数:
//出口参数:
//函数说明:
///////////////////////////////////////////////////
void Send(unsigned char dat)
{
  SBUF=dat;                 //将待发送数据写入发送缓冲器
  while(TI==0)              //若发送中断标志位没有置"1"(正在发送)就等待
  ;                         //空操作
  TI=0;                     //用软件将TI清0
}
///////////////////////////////////////////////////
//函数名称:void delay(void)
//函数功能:延时约150 ms
//入口参数:
//出口参数:
//函数说明:
///////////////////////////////////////////////////
void delay(void)
{
  unsigned char m,n;
  for(m=0;m<200;m++)
  for(n=0;n<250;n++);
}
///////////////
```

函数功能:主函数

```
/////////////
void main(void)
{
  unsigned char i;
  TMOD = 0x20;                   //TMOD = 0010 0000B,定时器 T1 工作于方式 2
  SCON = 0x40;                   //SCON = 0100 0000B,串行口工作于方式 1
  PCON = 0x00;                   //PCON = 0000 0000B,波特率为 9 600 Bd
  TH1 = 0xfd;                    //根据规定给定时器 T1 高 8 位赋初值
  TL1 = 0xfd;                    //根据规定给定时器 T1 低 8 位赋初值
  TR1 = 1;                       //启动定时器 T1
  while(1)
  {
    for(i = 0;i<8;i++)           //一共 8 位流水灯控制码
    {
      Send(Tab[i]);             //发送数据 i
      delay();                  //每 150 ms 发送一次数据(等待 150 ms 再发送一次数据)
    }
  }
}
```

3. 采用实验板试验

经 Keil C51 软件编译通过后,可利用实验板进行试验。先将编译好的程序"Ex8.3. hex"烧录到 STC89C52RC 芯片中,然后再将单片机实验板与计算机的串口通过数据线连接好以后,通电运行,在串口调试助手软件上单击"打开串口",即可看到单片机向计算机发送数据。

【技能训练8.4】 单片机接收计算机发送的数据

使用单片机接收计算机发送的数据,并把接收的数据送 P0 口 8 位 LED 显示。单片机接收计算机发送的数据的电路原理图如图 8-16 所示。

1. 实现方法

为了能使计算机向单片机发送数据,需借助于串口调试助手,但要求将图 8-15 中的"十六进制发送"复选框选中,表示要向单片机发送十六进制数据。

2. 单片机接收计算机发送的数据的程序设计

先建立文件夹"Ex8.4",然后建立"Ex8.4"工程项目,最后建立源程序文件"Ex8.4. c"输入如下源程序:

```
//技能训练 8.4:单片机接收计算机发送的数据
//////////////////////////////////////////////////////////////////////////
//设计项目:单片机接收计算机发送的数据                                        //
//设 计 人:                                                                //
//设计时间:2017.5.16                                                       //
//设计说明:单片机通过 MAX232 接收计算机发送的数据                            //
//硬件连接条件:(1)单片机连接 MAX232,通过 MAX232 连接计算机                   //
//           (2)单片机 P0 口接 8 个 LED 指示灯                              //
```

图 8-16　单片机接收计算机发送的数据的电路原理图

```
/////////////////////////////////////////////////////////
#include<STC89C52RC.H>        //包含单片机寄存器的头文件
/////////////////////////////////////////////////////////
// 函数名称:unsigned char Receive(void)
// 函数功能:接收 1 字节数据
// 入口参数:
// 出口参数:
// 函数说明:
/////////////////////////////////////////////////////////
unsigned char Receive(void)
{
  unsigned char dat;
```

```
    while(RI==0)                   //只要接收中断标志位 RI 没有被置"1"
        ;                          //等待,直至接收完毕(RI=1)
    RI=0;                          //为了接收下一帧数据,需要将 RI 清 0
    dat=SBUF;                      //将接收缓冲器中的数据存于 dat
    return dat;
}
///////////////
函数功能:主函数
///////////////
void main(void)
{
    TMOD=0x20;                     //定时器 T1 工作于方式 2
    SCON=0x50;                     //SCON=0101 0000B,串行口工作于方式 1,允许接收(REN=1)
    PCON=0x00;                     //PCON=0000 0000B,波特率为 9 600 Bd
    TH1=0xfd;                      //根据规定给定时器 T1 高 8 位赋初值
    TL1=0xfd;                      //根据规定给定时器 T1 低 8 位赋初值
    TR1=1;                         //启动定时器 T1
    REN=1;                         //允许接收
    while(1)
    {
    P0=Receive();                  //将接收到的数据送 P0 口显示
    }
}
```

3. 采用实验板试验

经 Keil C51 软件编译通过后,可利用实验板进行试验。先将编译好的程序"Ex8.4. hex"烧录到 STC89C52RC 芯片中,然后再将单片机实验板与计算机的串口通过数据线连接好以后,通电运行,通过串口调试助手软件给单片机发送一个数据"0xf0",即可看到单片机 P0 口的高 4 位 LED 被点亮,低 4 位 LED 熄灭(注意:下载程序后,单片机实验板上的 LED 会乱码显示,因为单片机下载程序时计算机向单片机发送了数据,只要按下实验板上的复位按钮即可正常运行)。

自我测试

8-1　串行数据传送与并行数据传送相比的主要优点和用途是什么?

8-2　简述 STC-51 单片机串行口 4 种工作方式的接收和发送数据的过程。

8-3　串行口有几种工作方式? 各种方式的波特率如何确定?

8-4　定时器 1 作为串行口波特率发生器时,为什么常采用方式 2?

8-5　简述串口通信的初始化步骤。

8-6　使用 STC89C52RC 的串行口按工作方式 1 进行串行数据通信,假定波特率为 2 400 Bd,以中断方式传送数据,试编写全双工通信程序。

项目 **9**   I²C 总线应用与温度采集监控电路设计

学习目标

1. 了解 I²C 总线接口器件 AT24C02、传输协议与数据传送。

2. 掌握 DS18B20 内部结构和工作步骤,以及 DS18B20 的通信协议。

3. 利用 I/O 口进行按键、显示以及温度采集电路设计。

4. 能利用 STC89C52RC 单片机及 DS18B20 单线数字传感器,通过 C 语言程序实现温度采集监控。

项目描述

本项目是利用 STC89C52RC 单片机和总线接口器件 AT24C02 进行读写与显示操作;用 DS18B20 进行温度检测及显示的。具体内容如下:

(1)将数据"0x0f"写入 AT24C02,再读出送 P0 口显示;

(2)将按键次数写入 AT24C02,再读出送 LCD 显示;

(3)DS18B20 温度检测及其液晶显示。

知识链接

STC-51 单片机具有很强的外部扩展功能。其外部扩展都是通过三总线进行的。

(1)地址总线(AB)。地址总线用于传送单片机输出的地址信号,宽度为 16 位,可以寻址 64 KB 的外 ROM 和外 RAM。由 P0 口经锁存器提供低 8 位地址线 A0~A7,P2 口提供高 8 位地址线 A8~A15。由于 P0 口是数据、地址分时复用,所以 P0 口输出的低 8 位地址必须用地址锁存器进行锁存。

(2)数据总线(DB)。数据总线是由 P0 口提供的,宽度为 8 位。

(3)控制总线(CB)。控制总线实际上是单片机输出的一组控制信号。

STC-51 单片机通过三总线扩展外围设备的总体结构图如图 9-1 所示。

图 9-1 STC-51 单片机通过三总线扩展外围设备的总体结构图

由上述可见,单片机与外围设备用 8 根数据总线进行数据交换,再加上一些地址总线和控制总线,占用了大量的单片机 I/O 口,这不仅造成单片机资源的浪费,甚至还会影响单片机其他功能的实现。因此,近年来越来越多的新型外围器件采用了串行接口,绝大多数单片机应用系统的外围扩展接口也从并行方式过渡到了串行方式。

9.1　I^2C 总线器件及应用

I^2C 总线是 inter integrated circuit bus(内部集成电路总线)的缩写。它是 Philips 公司研发的一种双向二线制总线,用于单片机及其外围设备,是近年来应用较多的串行总线之一。

I^2C 总线的优点是简单、有效,并且占用的空间非常小,减少了电路板的空间和芯片引脚的数量,降低了互连成本。总线的长度可高达 8 m,最多可支持 40 个器件。目前具备 I^2C 接口的芯片已有很多,如 AT24C 系列 E^2PROM、PCF8563 日历时钟芯片、PCF8576 LCD 驱动器及 PCF8591 A/D 转换器等。

1. I^2C 总线接口

I^2C 总线只有两根信号线,一根是双向的数据/地址总线 SDA(serial data line);另一根是串行时钟总线 SCL(serial clock line)。所有连接到 I^2C 总线上的设备的串行数据线都接到总线 SDA 上,而设备的串行时钟总线都接到总线的 SCL 上。图 9-2 所示为典型单片机 I^2C 总线外围扩展系统示意图。

图 9-2　典型单片机 I^2C 总线外围扩展系统示意图

一个单片机外围系统可以扩展多个 I^2C 总线器件,每个器件需要设定不同的地址。这样单片机可以根据器件的不同地址进行识别并与之进行相互间的数据传输。挂接到总线上的所有外围器件的外设接口都是总线上的节点。在任何时刻,总线上只有一个主控器件实现总线的控制操作。

I^2C 总线的数据传输速率在标准工作方式下为 100 kbit/s。在快速方式下,最高传输速率可达 400 kbit/s。需要说明的是,应用时两根总线必须接在 5~10 kΩ 的上拉电阻上。

当某个器件向总线发送信息时,这个器件就是发生器(又称主器件)。而当其从总线上接收信息时,该器件称为接收器(又称从器件)。主器件用于启动总线上传送数据并产生时钟信号以开放传送的器件,此时任何被寻址的器件均被认为是从器件。I^2C 总线器件完全由挂接在总线上的主器件送出的地址和数据控制。

2. I^2C 总线器件地址

I^2C 总线是由数据/地址总线 SDA 和串行时钟总线 SCL 构成的串行总线,可发送和接收数据。在单片机与被控器件之间、器件与器件之间均可进行双向信息传送。外围器件并联在总线上,就像电话机一样只有拨通各自号码才能工作,所以每个器件都有唯一的地址。器件地址共 7 位,它与方向位构成 I²C 总线器件的寻址字节 SLA。表 9-1 列出 I²C 总线器件寻址字节 SLA。

表 9-1　I²C 总线器件寻址字节 SLA

位	D7	D6	D5	D4	D3	D2	D1	D0
含义	DA3	DA2	DA1	DA0	A2	A1	A0	$R/\overline{W}$

(1)DA3、DA2、DA1 和 DA0:器件的地址位,是 I²C 总线外围接口器件固有的地址编码,器件在出厂时就已经给定了(使用者不能改变)。例如,I²C 总线器件 AT24C×× 系列器件的地址为 1010。

(2)A2、A1 和 A0:引脚地址位,是由 I²C 总线外围器件的地址端口根据接地或接电源的不同而形成的地址数据(由使用者控制)。

(3)$R/\overline{W}$:数据方向位,规定了总线上主节点对从节点的数据方向。$R/\overline{W}=1$ 时,为接收;$R/\overline{W}=0$ 时,为发送。

3. I²C 总线上的时钟信号

I²C 总线上的时钟信号是挂接在 SCL 上所有器件的时钟信号逻辑与运算的结果。SCL 上由高电平到低电平的跳变将影响到这些器件。一旦某个器件的时钟信号下跳变为低电平,将使 SCL 线一直保持低电平,所有器件开始低电平期。此时,低电平期短的器件的时钟由低至高的跳变并不能影响 SCL 的状态,于是这些器件将进入高电平等待状态。

当所有器件的时钟信号都跳变为高电平时,低电平期结束,SCL 被释放返回高电平,即所有的器件都同时开始它们的高电平期。其后,第一个结束高电平期的器件又使 SCL 的信号变成低电平,这样就在 SCL 上产生一个同步时钟。可见,时钟低电平时间由低电平期最长的器件确定,而时钟高电平时间由高电平期最短的器件确定。

4. I²C 总线的传输协议与数据传送

(1)起始和停止条件。在数据传送过程中,必须确认数据传送的开始和结束。在技术规范中,开始和结束信号(又称启动和停止信号)的定义如图 9-3 所示。

①开始信号:SCL 为高电平时,SDA 由高电平向低电平跳变,开始传送数据。

②结束信号:SCL 为高电平时,SDA 由低电平向高电平跳变,结束传送数据。

开始信号和结束信号都是由主器件产生的。在开始信号后,总线被认为处于忙状态,其他器件不能再产生开始信号。主器件在结束信号后退出主器件角色,经过一段时间,总线才被认为是空闲的。

(2)数据格式。在 I²C 总线开始信号后,送出的第一个字节数据是用来选择从器件地址的。其中,前 7 位为地址码,第 8 位为数据方向位($R/\overline{W}$)。数据方向位为"0"表示发送,即主器件把信息写到所选择的从器件;数据方向位为"1"表示主器件将从从器件读信息。开始信号后,系统中的各个器件将自己的地址和主器件送到总线上的地址进行比较,如果两者一致,则该器件为被主器件寻址的器件。

I²C 总线的数据传输采用时钟脉冲逐位串行传送方式,时序如图 9-4 所示。在 SCL 的低电平期间,SDA 上高、低电平能变化,即数据允许变化。在 SCL 高电平期间,SDA 上数据表现保持稳定,不允许变化。因为此时 SDA 状态的改变已被用来表示起始和停止条件,以便接收器件的采样接收。

图 9-3　起始和停止条件

图 9-4　I²C 总线的数据传输时序

(3)响应。I²C 总线协议规定:每传送一个数据(含地址及命令字)后,都要有一个应答信号(又称应答位,用 ACK 表示),以确定数据传送是否正确。应答位的时钟脉冲由主机产生,发送器件需要在应答时钟脉冲的高电平期间释放(送高电平)数据/地址总线 SDA,转由接收器件控制。通常接收器件在这个时钟脉冲内必须向 SDA 传送低电平,以产生有效的应答信号,表示接收正常。若接收器件不能接收或不产生应答信号时,则保持 SDA 为高电平。此时,主机产生一个停止信号,表示接收异常,使传送异常结束。

当主机为接收器件时,主机对最后一个字节不应答,以向发送器件表示数据传送结束。此时,发送器件应释放 SDA,以便主机产生一个停止信号。

5. I²C 总线接口器件 AT24C02

AT24C02 是美国 Atmel 公司生产的低功耗 CMOS 串行 E²PROM(电可擦编程只读存储器),它内含 256×8 位存储空间,具有工作电压宽(2.5~5.5 V)、擦写次数多(大于 10 000 次)、写入速度快(小于 10 ms),并且掉电后数据可保存 40 年以上。图 9-5 所示为 AT24C02 的封装图。

(1)A0、A1、A2:器件地址输入端。

(2)SCL:串行时钟。在该引脚信号的上升沿时,系统将数据输入到器件内;在下降沿时,数据从器件内向外输出。

图 9-5　AT24C02 的封装图

(3)SDA:串行数据,可双向输入或输出数据。

(4)WP:硬件写保护。当该引脚信号为高电平时,禁止写入数据;为低电平时,可正常读写数据。

(5)V_{CC}:电源,通常接+5 V。

(6)GND:接地。

9.2　DS18B20 温度传感器

9.2.1　认识 DS18B20

1.DS18B20 的引脚功能

I²C 总线器件与单片机之间的通信需要两根导线,而单总线器件与单片机间的数据通信只要一根导线,DS18B20 是美国 DALLAS 公司生产的单线数字传感器,是继 DS1820 之后推出的一种改进型智能温度传感器。它可以直接读出被测温度值,采用"一线总线"与单片机相连,减少了外部的硬件电路,具有低成本和易使用的特点。

DS18B20 具有微型化、低功耗、高性能、抗干扰能力强等优点,特别适合于构成多点温度测控系统,可直接将温度转化成串行数字信号进行处理。而且每片 DS18B20 都有唯一的产品序列号并存储在内部 ROM 中,以便在构成大型温度测控系统时在单线上挂接任意多个 DS18B20 芯片,为测量系统的构建引入全新概念。它采用单根信号线,既可以传输时钟信号,又可以传输数据信号,而数据又可双向传输,因而这种总线技术具有线路简单、成本低廉、便于扩展和维护等优点。本项目介绍常见的单总线数字温度传感器 DS18B20 的使用方法及其应用。图 9-6 所示为单总线数字温度传感器 DS18B20 的外形及引脚排列。

（b）DS18B20 TO-92 封装底视图

（a）DS18B20 TO-92 封装外形图　　　（c）引脚排列

图 9-6　单总线数字温度传感器 DS18B20 的外形及引脚排列

DQ—数字信号输入端;GND—电源地;V_{DD}—外接线电源端;NC—空引脚

下面以 TO-92 封装为例,说明 DS18B20 引脚,见表 9-2。

表 9-2　DS18B20 引脚说明

引　脚	符　号	说　明
1	GND	接地
2	DQ	数据输入/输出引脚
3	V_{DD}	可选的 V_{DD} 引脚

2. DS18B20 的供电方式

用于读写和温度转换的电源可以从数据本身获得,无须外部电源。DS18B20 可以设置成两种供电方式,即寄生电源方式(数据总线供电方式)和外部供电方式。

（1）寄生电源方式。寄生电源方式是在信号线处于高电平期间把能量存储在内部寄生电容里,在信号线处于低电平期间消耗电容中的电能工作,直到高电平到来再给寄生电源(电容)充电。要想使 DS18B20 能够进行精确的温度转换,I/O 端必须在转换期间保证供电,用 MOSFET 把 I/O 端直接拉到电源上就可以实现,如图 9-7(a)所示。

寄生电源有两个好处:进行远距离测温时,无须外部电源,可以在没有常规电源的条件下读 ROM。(注:温度高于 100 ℃,不要使用,因为 DS18B20 在这种温度下表现出的漏电流比较大,通信可能无法进行;使用寄生电源方式时,V_{DD} 引脚必须接地。)

(2)外部供电方式。外部供电方式是从 V_{DD} 引脚接入一个外部电源,如图 9-7(b)所示。

DS18B20 采取寄生电源方式可用一根导线,但完成温度测量的时间较长。若采用外部供电方式则多用一根导线,但测量速度快(注:当采用外部供电方式时,GND 引脚不能悬空)。

（a）寄生电源方式   （b）外部供电方式

图 9-7　DS18B20 的供电方式

3. DS18B20 的应用特性

(1)采用单总线技术,与单片机通信时只需要一根 I/O 线,无须外部器件,在一个线上可以挂接多个 DS18B20 芯片。

(2)每个 DS18B20 具有一个独有的、不可以修改的 64 位序列号,根据序列号访问对应的器件。

(3)低压供电,电源范围为 3～5.5 V,可以本地供电,也可以通过数据线供电(寄生电源方式)。

(4)零待机功耗。

(5)测量温度范围为-55～+125 ℃,在-10～+85 ℃范围内,误差为±5 ℃。

(6)DS18B20 的分辨率由用户通过 E^2PROM 设置为 9～12 位。

(7)可编辑数据为 9～12 位,转换 12 位温度的时间为 750 ms(最大)。

(8)用户可自行设定报警上下限温度。

(9)报警搜索命令可识别和寻址哪个器件的温度超出预定值。

(10)应用包括温度控制、工业系统、消费品、温度计或任何温度测量系统。

9.2.2　DS18B20 的内部结构及功能

1. DS18B20 的内部结构

DS18B20 的内部结构如图 9-8 所示,主要包括 64 位 ROM、温度敏感元件、非易失性温度报警触发器 TH 和 TL、配置寄存器、高速暂存器。图 9-8 中,DQ 为数字信号输入/输出端;V_{DD} 为外接供电电源输入端。

ROM 中 64 位序列号是出厂前就被光刻好的,它是 DS18B20 的地址序列码,作用是使每个 DS18B20 的地址都不相同,这样就可以实现在一根总线上挂接多个 DS18B20 的目的。非易失性温度报警触发器 TH 和 TL 可通过软件写入用户报警上下限值。高速暂存器中的第 5 个字节为配置寄存器,设置后可更改 DS18B20 的测温分辨率以获得所需精度的数值,DS18B20 数据格式和各位定义如下:

TM	R1	R0	1	1	1	1	1

其中,TM 是测试模式位,用于设置 DS18B20 是工作模式还是测试模式,DS18B20 出厂时该位被写入"0",用户不能改变;低 5 位一直都是 1;R1 和 R0 用来设置分辨率,表 9-3 列出了配置寄存器与分辨率的关系。

图 9-8 DS18B20 的内部结构

表 9-3 配置寄存器与分辨率的关系

R0	R1	分辨率/位	最大转换时间/ms
0	0	9	93.75
0	1	10	187.5
1	0	11	375
1	1	12	750

出厂时,R0 = 1,R1 = 1(即 12 位分辨率),用户可以根据需要修改配置寄存器以获得合适的分辨率。

非易失性温度报警触发器 TH 和 TL、配置寄存器均由 1 字节的高速暂存器 E²PROM 组成。高速暂存器是一个 9 字节的存储器,格式分配如下:

温度低位	温度高位	TH	TL	配置	保留	保留	保留	8 位 CRC

LSB   MSB

当温度转换命令发出后,经转换所得的温度值以 2 字节补码形式存放高速暂存寄存器的第 1 个字节和第 2 个字节。单片机可以通过单总线接口读到该数据,读取时低位在前,高位在后。第 3、4、5 个字节分别是 TH、TL、配置寄存器的临时副本,每一次加电复位时被刷新;第 6、7、8 个字节未用,表现为全逻辑 1;第 9 个字节读出的是前面所有 8 字节的 CRC(循环冗余检验码)码,可以用来保证通信正确。一般情况下,用户只使用第 1 个字节和第 2 个字节。

表 9-4 列出了 DS18B20 温度采集转化后所得到的 16 位数据,存储在 DS18B20 的两个 8 位 RAM 中,二进制中的前 5 位是符号位。如果测得的温度大于或等于 0,符号位为 0,只要将测得的数值除以 16 即可得到实际温度;如果测得的温度小于 0,符号位为 1,测得的数值取反加 1 除以 16 即可得到实际温度。

表 9-4　DS18B20 温度采集转化后所得到的 16 位数据

温度/℃	二进制表示																十六进制
	符号位(前 5 位)																
+125	0	0	0	0	0	1	1	1	1	1	0	1	0	0	0	0	07D0H
+25.062 5	0	0	0	0	0	0	0	1	1	0	0	1	0	0	0	1	0191H
−25.062 5	1	1	1	1	1	1	1	0	0	1	1	0	1	1	1	1	FE6FH
−55	1	1	1	1	1	1	0	0	1	0	0	1	0	0	0	0	FC90H

下面通过一个例子介绍温度转换的计算方法。

当 DS18B20 采集到+125 ℃时,输出为 07D0H,则

$$实际温度 = \frac{07D0H}{16} = \frac{0 \times 16^3 + 7 \times 16^2 + 13 \times 16^1 + 0 \times 16^0}{16} ℃ = 125 ℃$$

当 DS18B20 采集到−55 ℃时,输出为 FC90H,则应先将 11 位数据取反加 1 得 0370H(符号位不变,也不进行计算),则

$$实际温度 = \frac{0370H}{16} = \frac{0 \times 16^3 + 3 \times 16^2 + 7 \times 16^1 + 0 \times 10^0}{16} = 55 ℃$$

负号需要对检测结果进行逻辑判断后再予以显示。

2. DS18B20 的工作时序

DS18B20 的工作时序包括初始化时序、写时序和读时序,如图 9-9 所示。

图 9-9　DS18B20 的基本工作时序

（1）初始化：单片机将数据线的电平拉低 480~960 μs 后释放，等待 15~60 μs，单总线器件即可输出一持续 60~240 μs 的低电平（存在脉冲），单片机收到此应答后即可进行操作。

（2）写时序：当主机将数据线的电平从高拉到低时，形成写时序，有写"0"和写"1"两种时序。写时序开始后，DS18B20 在 15~60 μs 期间从数据总线上采样。如果采样到低电平，则向 DS18B20 写"0"；如果采样到高电平，则向 DS18B20 写"1"。两个独立的时序间至少需要 1 μs 的恢复时间（拉高总线电平）。

（3）读时序：当主机从 DS18B20 读取数据时，产生读时序。此时，主机将数据总线的电平从高拉到低使读时序被初始化。如果此后 15 μs 内，主机在总线上采样到低电平，则从 DS18B20 读"0"；如果此后 15 μs 内，主机在总线上采样到高电平，则从 DS18B20 读"1"。

3. DS18B20 的功能命令

DS18B20 所有的功能命令均为 8 位字长，常用的功能命令见表 9-5。

表 9-5　DS18B20 常用的功能命令

功　能　描　述	代　码
启动温度转换	44H
读取暂存器内容	BEH
读 DS18B20 的序列号（总线上仅有 1 个 DS18B20 时使用）	33H
将数据写入暂存器的第二、三个字节中	4EH
匹配 ROM（总线上有多个 DS18B20 时使用）	55H
搜索 ROM（使单片机识别所有 DS18B20 的 64 位编码）	F0H
报警搜索（仅温度测量报警时使用）	ECH
跳过读序列号的操作（总线上仅有 1 个 DS18B20 时使用）	CCH
读电源供给方式，0 为寄生电源方式；1 为外部电源方式	B4H

项目实施

【技能训练 9.1】　将数据"0x0f"写入 AT24C02 再读出送 P0 口显示

使用单片机将数据"0x0f"写入 AT24C02，然后将其读出并送 P0 口的 8 位 LED 显示，采用的接口电路原理图如图 9-10 所示。

1. 实现方法

对 AT24C02（I²C 器件）的基本操作有两种：一种是读数据；另一种是写数据。

读操作：开始→写入"读"命令→写入欲读的地址→读数据→结束。

写操作：开始→写入"写"命令→写入欲写的地址→写数据→应答→结束。

图 9-10　对 AT24C02 读写的电路原理图

2. 将数据"0x0f"写入 AT24C02 再读出送 P0 口显示的程序设计

先建立文件夹"Ex9.1",然后建立"Ex9.1"工程项目,最后建立源程序文件"Ex9.1.c"输入如下源程序:

```
//技能训练 9.1:将数据"0x0f"写入 AT24C02 再读出送 P0 口显示
////////////////////////////////////////////////////////////////////////////////
//设计项目:将数据"0x0f"写入 AT24C02 再读出送 P0 口显示        //
//设 计 人:                                                //
//设计时间:2017.5.15                                       //
//设计说明:使用单片机将数据"0x0f"写入 AT24C02,然后将其读出并送 P0 口的 8 位 LED 显示  //
//硬件连接条件:单片机 P0.0~P0.7 依次接第 1~8 个 LED            //
////////////////////////////////////////////////////////////////////////////////
#include <STC89C52RC.H>        //包含 51 单片机寄存器定义的头文件
#include <intrins.h>          //包含_nop_()函数定义的头文件
#defineOP_READ 0xa1           //器件地址以及读取操作,0xa1 即为 10100001B
#defineOP_WRITE 0xa0          //器件地址以及写入操作,0xa0 即为 10100000B
```

```
sbit SDA = P2^1;                                    //将串行数据/地址总线 SDA 位定义为 P2.1 引脚
sbit SCL = P2^0;                                    //将串行时钟总线 SCL 位定义为 P2.0 引脚
void delay1ms();
void delaynms(unsigned char n);
void start();
void stop();
unsigned char ReadData();
bit WriteCurrent(unsigned char y);
void WriteSet(unsigned char add, unsigned char dat);
unsigned char ReadCurrent();
unsigned char ReadSet(unsigned char set_addr);
main(void)                                          //主函数
{
  SDA = 1;                                          //SDA = 1,SCL = 1,使主从设备处于空闲状态
  SCL = 1;
  WriteSet(0x36,0x0f);                              //在指定地址"0x36"中写入数据"0x0f"
  P0 = ReadSet(0x36);                               //从指定地址"0x36"中读取数据并送 P0 口显示
}
///////////////////////////////////////////////////
//函数名称:void start()
//函数功能:开始数据传送
//入口参数:
//出口参数:
//函数说明:开始位
///////////////////////////////////////////////////
void start()
{
  SDA = 1;      //SDA 初始化为高电平"1"
  SCL = 1;      //开始数据传送时,要求 SCL 为高电平"1"
  _nop_();      //等待 1 个机器周期
  _nop_();      //等待 1 个机器周期
  _nop_();      //等待 1 个机器周期
  _nop_();      //等待 1 个机器周期
  SDA = 0;      //SDA 的下降沿被认为是开始信号
  _nop_();      //等待 1 个机器周期
  _nop_();      //等待 1 个机器周期
  _nop_();      //等待 1 个机器周期
  _nop_();      //等待 1 个机器周期
  SCL = 0;      //SCL 为低电平时,SDA 上数据才允许变化(即允许以后的数据传送)
}
///////////////////////////////////////////////////
//函数名称:void stop()
```

```
//函数功能:结束数据传送
//入口参数:
//出口参数:
//函数说明:
//////////////////////////////////////////////
void stop()
{
    SDA = 0;            //SDA 初始化为低电平"0"
    SCL = 1;            //结束数据传送时,要求 SCL 为高电平"1"
    _nop_();            //等待 1 个机器周期
    _nop_();            //等待 1 个机器周期
    _nop_();            //等待 1 个机器周期
    _nop_();            //等待 1 个机器周期
    SDA = 1;            //SDA 的上升沿被认为是结束信号
    _nop_();            //等待 1 个机器周期
    _nop_();            //等待 1 个机器周期
    _nop_();            //等待 1 个机器周期
    _nop_();            //等待 1 个机器周期
    SDA = 0;
    SCL = 0;
}
//////////////////////////////////////////////
//函数名称:unsigned char ReadData()
//函数功能:从 AT24Cxx 读取数据
//入口参数:
//出口参数:x
//函数说明:
//////////////////////////////////////////////
unsigned char ReadData()
{
    unsigned char i;
    unsigned char x;            //存储从 AT24Cxx 中读出的数据
    for(i = 0; i<8; i++)
    {
        SCL = 1;                //SCL 置为高电平
        x<<=1;                  //将 x 中的各二进制位向左移一位
        x|=(unsigned char)SDA;  //将 SDA 上的数据通过按位"或"运算存入 x 中
        SCL = 0;                //在 SCL 的下降沿读出数据
    }
    return(x);                  //将读取的数据返回
}
//////////////////////////////////////////////////////////////////////////////
```

```
// 函数名称:bit WriteCurrent(unsigned char y)
// 函数功能:向 AT24Cxx 的当前地址写入数据
// 入口参数:y (存储待写入的数据)
// 出口参数:
// 函数说明:在调用此数据写入函数前,需首先调用开始函数 start(),所以 SCL = 0
//////////////////////////////////////////////////////////////////////////////////
bit WriteCurrent(unsigned char y)
{
  unsigned char i;
  bit ack_bit;                  // 存储应答位
  for(i = 0; i < 8; i++)    // 循环移入 8 个位
  {
    SDA = (bit)(y&0x80);  // 通过按位"与"运算将最高位数据送到 SDA
                          // 因为传送时高位在前,低位在后
    _nop_();              // 等待 1 个机器周期
    SCL = 1;              // 在 SCL 的上升沿将数据写入 AT24Cxx
    _nop_();              // 等待 1 个机器周期
    _nop_();              // 等待 1 个机器周期
    SCL = 0;              // 将 SCL 重新置为低电平,以在 SCL 上形成传送数据所需的 8 个脉冲
    y <<= 1;              // 将 y 中的各二进制位向左移一位
  }
    SDA = 1;              // 发送设备(主机)应在时钟脉冲的高电平期间(SCL=1)释放 SDA 线,
                          // 以让 SDA 线转由接收设备(AT24Cxx)控制
    _nop_();              // 等待 1 个机器周期
    _nop_();              // 等待 1 个机器周期
    SCL = 1;              // 根据上述规定,SCL 应为高电平
    _nop_();              // 等待 1 个机器周期
    _nop_();              // 等待 1 个机器周期
    _nop_();              // 等待 1 个机器周期
    _nop_();              // 等待 1 个机器周期
    ack_bit = SDA;        // 接收设备(AT24Cxx)向 SDA 送低电平,表示已经接收到 1 字节
    SCL = 0;              // SCL 为低电平时,SDA 上数据才允许变化(即允许以后的数据传送)
    return  ack_bit;      // 返回 AT24Cxx 应答位
}
//////////////////////////////////////////////////////////////////////////////////
// 函数名称:void WriteSet(unsigned char add, unsigned char dat)
// 函数功能:向 AT24Cxx 中的指定地址写入数据
// 入口参数:add (存储指定的地址);dat(存储待写入的数据)
// 出口参数:
// 函数说明:在指定地址 addr 处写入数据 WriteCurrent
//////////////////////////////////////////////////////////////////////////////////
void WriteSet(unsigned char add, unsigned char dat)
```

```
{
    start();                        //开始数据传递
    WriteCurrent(OP_WRITE);         //选择要操作的 AT24Cxx 芯片,并告知要对其写入数据
WriteCurrent(add);                  //写入指定地址
WriteCurrent(dat);                  //向当前地址(上面指定的地址)写入数据
stop();                             //停止数据传送
delaynms(4);                        //1 字节的写入周期为 1 ms,最好延时 1 ms 以上
}
///////////////////////////////////////////////////////////////////
// 函数名称:unsigned char ReadCurrent()
// 函数功能:从 AT24Cxx 中的当前地址读取数据
// 入口参数:
// 出口参数:x(存储读出的数据)
// 函数说明:
///////////////////////////////////////////////////////////////////
unsigned char ReadCurrent()
{
    unsigned char x;
    start();                        //开始数据传递
    WriteCurrent(OP_READ);          //选择要操作的 AT24Cxx 芯片,并告知要读其数据
    x=ReadData();                   //将读取的数据存入 x
    stop();                         //停止数据传递
    return x;                       //返回读取的数据
}
///////////////////////////////////////////////////////////////////////
// 函数名称:unsigned char ReadSet(unsigned char set_addr)
// 函数功能:从 AT24Cxx 中的指定地址读取数据
// 入口参数:set_addr
// 出口参数:x
// 函数说明:在指定地址读取
///////////////////////////////////////////////////////////////////////
unsigned char ReadSet(unsigned char set_addr)
{
    start();                        //开始数据传送
    WriteCurrent(OP_WRITE);         //选择要操作的 AT24Cxx 芯片,并告知要对其写入数据
    WriteCurrent(set_addr);         //写入指定地址
    return(ReadCurrent());          //从指定地址读出数据并返回
}
///////////////////////////////////////////////////////////////
// 函数名称:void delay1ms()
// 函数功能:延时 1 ms 的子程序
// 入口参数:
// 出口参数:
// 函数说明:
```

```
//////////////////////////////////////////////
void delay1ms()
{
  unsigned char i,j;
  for(i=0;i<10;i++)
    for(j=0;j<33;j++);
}
//////////////////////////////////////////////////////
// 函数名称:void delaynms(unsigned char n)
// 函数功能:延时 n ms 的子程序
// 入口参数:
// 出口参数:
// 函数说明:
//////////////////////////////////////////////////////
void delaynms(unsigned char n)
{
  unsigned char i;
  for(i=0;i<n;i++)
  delay1ms();
}
```

3. 利用 Proteus 软件仿真

经 Keil C51 软件编译通过后,可利用 Proteus 软件进行仿真。根据电路原理图 9-10,在 Proteus ISIS 编辑环境中绘制仿真电路图,将编译好的"Ex9.1.hex"文件载入单片机。启动仿真,即可看到 P0 口高 4 位 LED 点亮,而低 4 位 LED 熄灭,表明输出为"0000 1111B",即"0x0f",与预期结果相同,仿真电路图如图 9-11 所示。

图 9-11　仿真电路图

4. 采用实验板试验

程序仿真无误后,将 Keil C51 软件编译通过后产生的"Ex9.1.hex"文件下载到 STC89C52RC 芯片中,再将下载好的单片机插入实验板,通电运行即可看到和仿真类似的试验结果。

【技能训练9.2】 将按键次数写入 AT24C02,再读出送 LCD 显示

这是一个综合性技能训练,将按键次数写入 AT24C02,再读出送 LCD 显示,采用的电路原理图如图 9-12 所示。

图 9-12 将按键次数写入 AT24C02,再读出送 LCD 显示电路原理图

1. 实现方法

先对按键进行软件消抖,再通过编程,在按下按键 K1 时,将计数变量加1,然后再利用技能训练 9.1 的方法将计数变量的值写入 AT24C02 芯片并读出送 LCD 显示。图 9-13 所示为

本技能训练的软件流程图。

图 9-13　软件流程图

2. 将按键次数写入 AT24C02,再读出送 LCD 显示的程序设计

先建立文件夹"Ex9.2",然后建立"Ex9.2"工程项目,最后建立源程序文件"Ex9.2.c"输入如下源程序:

```
//技能训练 9.2:将按键次数写入 AT24C02,再读出送 LCD 显示
////////////////////////////////////////////////////////////////////////////
//设计项目:将按键次数写入 AT24C02,再读出送 LCD 显示                          //
//设 计 人:                                                                  //
//设计时间:2017.5.15                                                         //
//设计说明:按键次数写入 AT24C02,再读出送 LCD 显示按键次数                     //
//硬件连接条件:(1)单片机 P3.4 接按键 key1                                     //
//             (2)P2.2~P2.4 接 LCD 液晶的 RS、RW、E 端口                      //
//             (3)P2.0、P2.1 接 AT24C02 的 SCL 和 SDA 端口                    //
////////////////////////////////////////////////////////////////////////////
#include<STC89C52RC.H>              //包含单片机寄存器的头文件
#include<intrins.h>                 //包含_nop_()函数定义的头文件
#defineOP_READ 0xa1                 //器件地址以及读取操作,0xa1 即为 10100001B
#defineOP_WRITE 0xa0                //器件地址以及写入操作,0xa0 即为 10100000B
sbit RS = P2^2;                     //寄存器选择位,将 RS 位定义为 P2.2 引脚
sbit RW = P2^3;                     //读写选择位,将 RW 位定义为 P2.3 引脚
sbit E = P2^4;                      //使能信号位,将 E 位定义为 P2.4 引脚
sbit BF = P0^7;                     //忙碌标志位,,将 BF 位定义为 P0.7 引脚
sbit key_1 = P3^4;                  //定义第 1 个按键为 key_1
sbit SDA = P2^1;                    //将串行数据/地址总线 SDA 位定义为 P2.1 引脚
sbit SCL = P2^0;                    //将串行时钟总线 SCL 位定义为 P2.0 引脚
unsigned char code digit[ ] = {"0123456789"};//定义字符数组显示数字
////////////////////////////////////////////////
//函数名称:void delay1ms()
```

```
// 函数功能:延时 1 ms 的子程序
// 入口参数:
// 出口参数:
// 函数说明:
////////////////////////////////////////////
void delay1ms()
{
  unsigned char i,j;
  for(i=0;i<10;i++)
  for(j=0;j<33;j++);
}
/////////////////////////////////////////////////////////////
// 函数名称:void delaynms(unsigned char n)
// 函数功能:延时 n ms 的子程序
// 入口参数:
// 出口参数:
// 函数说明:
/////////////////////////////////////////////////////////////
void delaynms(unsigned char n)
{
  unsigned char i;
  for(i=0;i<n;i++)
  delay1ms();
}
```

以下是对液晶模块的操作程序

```
// 函数名称:unsigned char BusyTest(void)
// 函数功能:判断液晶模块的忙碌状态
// 入口参数:
// 出口参数:result。result=1,忙碌;result=0,不忙
// 函数说明:
/////////////////////////////////////////////////////////////
unsigned char BusyTest(void)
{
  bit result;
  RS=0;              //根据规定,RS 为低电平,RW 为高电平时,可以读状态
  RW=1;
  E=1;               //E=1,才允许读写
  _nop_();           //空操作
  _nop_();
```

```
    _nop_();
    _nop_();                    //空操作4个机器周期,给硬件反应时间
    result=BF;                  //将忙碌标志电平赋给result
    E=0;                        //将E恢复低电平
    return result;
}
```

```
////////////////////////////////////////////////////////////////////
//函数名称:void WriteInstruction (unsigned char dictate)
//函数功能:将模式设置指令或显示地址写入液晶模块
//入口参数:dictate
//出口参数:
//函数说明:
////////////////////////////////////////////////////////////////////
void WriteInstruction (unsigned char dictate)
{
    while(BusyTest()==1);       //如果忙就等待
    RS=0;                       //根据规定,RS和RW同时为低电平时,可以写入指令
    RW=0;
    E=0;                        //E置低电平(根据表5-2,写指令时,E为高脉冲)
                                //就是让E从0到1发生正跳变,所以应先置"0"
    _nop_();
    _nop_();                    //空操作2个机器周期,给硬件反应时间
    P0=dictate;                 //将数据送入P0口,即写入指令或地址
    _nop_();
    _nop_();
    _nop_();
    _nop_();                    //空操作4个机器周期,给硬件反应时间
    E=1;                        //E置高电平
    _nop_();
    _nop_();
    _nop_();
    _nop_();                    //空操作4个机器周期,给硬件反应时间
    E=0;                        //当E由高电平跳变成低电平时,液晶模块开始执行命令
}
```

```
////////////////////////////////////////////////////////////////////
//函数名称:void WriteAddress(unsigned char x)
//函数功能:指定字符显示的实际地址
//入口参数:x
//出口参数:
//函数说明:
////////////////////////////////////////////////////////////////////
void WriteAddress(unsigned char x)
```

```
{
    WriteInstruction(x |0x80);    //显示位置的确定方法规定为"80H+地址码 x"
}
//////////////////////////////////////////////////////////////////////////
//函数名称:void WriteData(unsigned char y)
//函数功能:将数据(字符的标准 ASCII 码)写入液晶模块
//入口参数:y(为字符常量)
//出口参数:
//函数说明:
//////////////////////////////////////////////////////////////////////////
void WriteData(unsigned char y)
{
    while(BusyTest()= =1);
    RS=1;                         //RS 为高电平,RW 为低电平时,可以写入数据
    RW=0;
    E=0;                          //E 置低电平(根据表 5-2,写指令时,E 为高脉冲)
                                  //就是让 E 从 0 到 1 发生正跳变,所以应先置"0"
    P0=y;                         //将数据送入 P0 口,即将数据写入液晶模块
    _nop_();
    _nop_();
    _nop_();
    _nop_();                      //空操作 4 个机器周期,给硬件反应时间
    E=1;                          //E 置高电平
    _nop_();
    _nop_();
    _nop_();
    _nop_();                      //空操作 4 个机器周期,给硬件反应时间
    E=0;                          //当 E 由高电平跳变成低电平时,液晶模块开始执行命令
}
//////////////////////////////////////////////////////////////////////////
//函数名称:void LcdInitiate(void)
//函数功能:对 LCD 的显示模式进行初始化设置
//入口参数:
//出口参数:
//函数说明:
//////////////////////////////////////////////////////////////////////////
void LcdInitiate(void)
{
    delaynms(15);                 //延时 15 ms,首次写指令时应给 LCD 一段较长的反应时间
    WriteInstruction(0x38);       //显示模式设置:16×2 显示,5×7 点阵,8 位数据接口
    delaynms(5);                  //延时 5 ms,给硬件一些反应时间
    WriteInstruction(0x38);
```

```
  delaynms(5);
  WriteInstruction(0x38);      //连续 3 次,确保初始化成功
  delaynms(5);
  WriteInstruction(0x0c);      //显示模式设置:显示开、无光标、光标不闪烁
  delaynms(5);
  WriteInstruction(0x06);      //显示模式设置:光标右移、字符不移
  delaynms(5);
  WriteInstruction(0x01);      //清屏幕指令,将以前的显示内容清除
  delaynms(5);
}
```

```
////////////////////////////////////////////////////////////
// 函数名称:void Display(unsigned char x)
// 函数功能:LCD 显示
// 入口参数:
// 出口参数:
// 函数说明:
////////////////////////////////////////////////////////////
void Display(unsigned char x)
{
  unsigned char i,j;
  i=x/10;                //取整运算,求得十位数
  j=x%10;                //取余运算,求得个位数
  WriteAddress(0x44);    //写显示地址,将十位数显示在第 2 行第 5 列
  WriteData(digit[i]);   //将十位数的字符常量写入 LCD
  WriteData(digit[j]);   //将个位数的字符常量写入 LCD
  }
```

```
////////////////////////////////////////////////////////////////
以下是对 AT24C02 的读写操作程序
////////////////////////////////////////////////////////////////
////////////////////////////////////////////////
// 函数名称:void start()
// 函数功能:
// 入口参数:
// 出口参数:
// 函数说明:开始位
////////////////////////////////////////////////
void start()
{
  SDA = 1;               //SDA 初始化为高电平"1"
  SCL = 1;               //开始数据传送时,要求 SCL 为高电平"1"
  _nop_();               //等待 1 个机器周期
  _nop_();               //等待 1 个机器周期
```

```
    SDA = 0;                    //SDA 的下降沿被认为是开始信号
    _nop_();                    //等待 1 个机器周期
    _nop_();                    //等待 1 个机器周期
    _nop_();                    //等待 1 个机器周期
    _nop_();                    //等待 1 个机器周期
    SCL = 0;                    //SCL 为低电平时,SDA 上数据才允许变化(即允许以后的数据传送)
}
//////////////////////////////////////
//函数名称:void stop()
//函数功能:结束数据传送
//入口参数:
//出口参数:
//函数说明:停止位
//////////////////////////////////////
void stop()
{
    SDA = 0;                    //SDA 初始化为低电平"0"
    _nop_();                    //等待 1 个机器周期
    _nop_();                    //等待 1 个机器周期
    SCL = 1;                    //结束数据传送时,要求 SCL 为高电平"1"
    _nop_();                    //等待 1 个机器周期
    _nop_();                    //等待 1 个机器周期
    _nop_();                    //等待 1 个机器周期
    SDA = 1;                    //SDA 的上升沿被认为是结束信号
}
////////////////////////////////////////////////////////////
//函数名称:unsigned char ReadData()
//函数功能:
//入口参数:
//出口参数:
//函数说明:从 AT24Cxx 移入数据到单片机
////////////////////////////////////////////////////////////
unsigned char ReadData()
{
    unsigned char i;
    unsigned char x;            //存储从 AT24Cxx 中读出的数据
    for(i = 0; i < 8; i++)
    {
        SCL = 1;                //SCL 置为高电平
        x<<=1;                  //将 x 中的各二进制位向左移一位
        x|=(unsigned char)SDA;  //将 SDA 上的数据通过按位"或"运算存入 x 中
```

```
    SCL = 0;                    //在 SCL 的下降沿读出数据
  }
  return(x);                    //将读取的数据返回
}
```

```
/////////////////////////////////////////////////////////////////////////////
// 函数名称:bit WriteCurrent(unsigned char y)
// 函数功能:向 AT24Cxx 的当前地址写入数据
// 入口参数:y(存储待写入的数据)
// 出口参数:
// 函数说明:在调用此数据写入函数前,需首先调用开始函数 start(),所以 SCL = 0
/////////////////////////////////////////////////////////////////////////////
bit WriteCurrent(unsigned char y)
{
  unsigned char i;
  bit ack_bit;                  //存储应答位
  for(i = 0; i < 8; i++)        //循环移入 8 个位
  {
    SDA = (bit)(y&0x80);        //通过按位"与"运算将最高位数据送到 SDA
                                //因为传送时高位在前,低位在后
    _nop_();                    //等待 1 个机器周期
    SCL = 1;                    //在 SCL 的上升沿将数据写入 AT24Cxx
    _nop_();                    //等待 1 个机器周期
    _nop_();                    //等待 1 个机器周期
    SCL = 0;                    //将 SCL 重新置为低电平,以在 SCL 上形成传送数据所需的 8 个脉冲
    y <<= 1;                    //将 y 中的各二进制位向左移一位
  }
  SDA = 1;                      //发送设备(主机)应在时钟脉冲的高电平期间(SCL=1)释放 SDA 线,
                                //以让 SDA 线转由接收设备(AT24Cxx)控制
  _nop_();                      //等待 1 个机器周期
  _nop_();                      //等待 1 个机器周期
  SCL = 1;                      //根据上述规定,SCL 应为高电平
  _nop_();                      //等待 1 个机器周期
  _nop_();                      //等待 1 个机器周期
  _nop_();                      //等待 1 个机器周期
  _nop_();                      //等待 1 个机器周期
  ack_bit = SDA;                //接收设备(AT24Cxx)向 SDA 送低电平,表示已经接收到 1 字节
                                //若送高电平,表示没有接收到,传送异常
  SCL = 0;                      //SCL 为低电平时,SDA 上数据才允许变化(即允许以后的数据传送)
  return  ack_bit;              //返回 AT24Cxx 应答位
}
```

```
/////////////////////////////////////////////////////////////////////////////
// 函数名称:void WriteSet(unsigned char add, unsigned char dat)
```

```
// 函数功能:向 AT24Cxx 中的指定地址写入数据
// 入口参数:add (存储指定的地址);dat(存储待写入的数据)
// 出口参数:
// 函数说明:在指定地址 addr 处写入数据 WriteCurrent
///////////////////////////////////////////////////////////////////////////////////////
void WriteSet(unsigned char add, unsigned char dat)
{
    start();                    //开始数据传递
    WriteCurrent(OP_WRITE);     //选择要操作的 AT24Cxx 芯片,并告知要对其写入数据
    WriteCurrent(add);          //写入指定地址
    WriteCurrent(dat);          //向当前地址(上面指定的地址)写入数据
    stop();                     //停止数据传送
    delaynms(4);                //1 字节的写入周期为 1 ms, 最好延时 1 ms 以上
}
////////////////////////////////////////////////////////////////////////////
// 函数名称:unsigned char ReadCurrent()
// 函数功能:从 AT24Cxx 中的当前地址读取数据
// 入口参数:
// 出口参数:x (存储读出的数据)
// 函数说明:
////////////////////////////////////////////////////////////////////////////
unsigned char ReadCurrent()
{
    unsigned char x;
    start();                    //开始数据传递
    WriteCurrent(OP_READ);      //选择要操作的 AT24Cxx 芯片,并告知要读其数据
    x=ReadData();               //将读取的数据存入 x
    stop();                     //停止数据传递
    return x;                   //返回读取的数据
}
///////////////////////////////////////////////////////////////////////////////////////
// 函数名称:unsigned char ReadSet(unsigned char set_add)
// 函数功能:从 AT24Cxx 中的指定地址读取数据
// 入口参数:set_add
// 出口参数:x (存储读出的数据)
// 函数说明:在指定地址读取
////////////////////////////////////////////////////////////////////////////
unsigned char ReadSet(unsigned char set_add)
{
    start();                    //开始数据传送
    WriteCurrent(OP_WRITE);     //选择要操作的 AT24Cxx 芯片,并告知要对其写入数据
    WriteCurrent(set_add);      //写入指定地址
```

```
    return(ReadCurrent());     //从指定地址读出数据并返回
}
/////////////////////////////////////////////////////////////////////////
函数功能:主函数
/////////////////////////////////////////////////////////////////////////
void main(void)
{
  unsigned char sum;           //存储计数值
  unsigned char x;             //存储从 AT24C02 读出的值
  LcdInitiate();               //调用 LCD 初始化函数
  sum=0;                       //将计数值初始化为 0
  while(1)                     //无限循环
  {
    if(key_1==0)               //如果按键按下
    {
      delaynms(80);            //软件消抖,延时 80 ms
      if(key_1==0)             //按键的确按下
    {
      sum++;                   //按键值加 1
      if(sum==99)              //如果计满 99
      sum=0;                   //清 0,重新开始计数
      while(key_1==0){;}       //按键等待抬起
    }
    }
  WriteSet(0x01,sum);          //将按键值写入 AT24C02 中的指定地址"0x01"
  x=ReadSet(0x01);             //从 AT24C02 中读出按键值
  Display(x);                  //将按键值用 LCD 显示
  }
}
```

3. 利用 Proteus 软件仿真

经 Keil C51 软件编译通过后,根据电路原理图 9-12,可利用 Proteus 软件进行仿真。在 Proteus ISIS 编辑环境中绘制仿真电路图,将编译好的"Ex9.2.hex"文件载入单片机。启动仿真,即可看到用鼠标按下按键 K1 时,液晶显示的数字就随之加 1,与预期的结果相同,仿真电路图如图 9-14 所示。

4. 采用实验板试验

程序仿真无误后,将 Keil C51 软件编译通过后产生的"Ex9.2.hex"文件下载到实验板上的 STC89C52RC 芯片中,连接各器件间的导线,通电运行即可看到和仿真类似的试验结果。

【技能训练 9.3】   DS18B20 温度检测及其液晶显示

使用数字温度传感器 DS18B20 检测温度,并通过 1602 字符型 LCD 显示检测结果。采用的接口电路原理图如图 9-15 所示。

图 9-14　仿真电路图

图 9-15　DS18B20 温度检测及其液晶显的电路原理图

1. **实现方法**

（1）DS18B20 的操作。根据单总线协议,使用 DS18B20 的步骤是初始化→识别→数据交换。由于本技能训练的单总线上仅挂接 1 个 DS18B20,允许单片机不必读取 64 位序列码而直接对 DS18B20 操作,因此可以使用跳过读序列码的操作命令(CCH);然后对 DS18B20 发出启动温度转换的操作命令(44H);等待转换完成后,再次将 DS18B20 初始化并跳过读序列码操作;接着向 DS18B20 发出读暂存器的操作命令(BEH),就可以读出温度值。

（2）温度值的 LCD 显示。温度值的 LCD 显示方法可参考项目 5 中的 LCD 显示实验。

（3）软件流程:开始→初始化 DS18B20→跳过读序列码→启动温度转换→延时等待→初始化 DS18B20→跳过读序列码→读取温度。

2. **DS18B20 温度检测及其液晶显示的程序设计**

先建立文件夹"Ex9.3",然后建立"Ex9.3"工程项目,最后建立源程序文件"Ex9.3.c"输入如下源程序:

```
//技能训练9.3　DS18B20 温度检测及其液晶显示
////////////////////////////////////////////////////////////////////////
//设计项目:DS18B20 温度检测及其液晶显示                                   //
//设 计 人:                                                              //
//设计时间:2017.5.15                                                     //
//设计说明:用 DS18B20 检测温度,用 1602 字符型 LCD 显示出来                 //
//硬件连接条件:(1)单片机 P1.7 接 DS18B20 的 DQ 端口                        //
//            (2)P2.2~P2.4 接 LCD1602 液晶的 RS、RW、E 端口                //
////////////////////////////////////////////////////////////////////////
#include<STC89C52RC.H>                      //包含单片机寄存器的头文件
#include<intrins.h>                         //包含_nop_()函数定义的头文件
unsigned char code digit[10]={"0123456789"};    //定义字符数组显示数字
unsigned char code Str[]={"Test by DS18B20"};   //说明显示的是温度
unsigned char code Error[]={"Error! Check!"};   //说明没有检测到 DS18B20
unsigned char code Temp[]={"Temp:"};            //说明显示的是温度
unsigned char code Cent[]={"Cent"};             //温度单位
unsigned char time;                             //设置全局变量,专门用于严格延时
sbit RS=P2^2;                               //寄存器选择位,将 RS 位定义为 P2.2 引脚
sbit RW=P2^3;                               //读写选择位,将 RW 位定义为 P2.3 引脚
sbit E=P2^4;                                //使能信号位,将 E 位定义为 P2.4 引脚
sbit BF=P0^7;                               //忙碌标志位,将 BF 位定义为 P0.7 引脚
sbit DQ=P1^7;                               //将 DS18B20 的 DQ 位定义为 P1.7 引脚
////////////////////////////////////////////////////////////////////////
以下是对液晶模块的操作程序
////////////////////////////////////////////////////////////////////////
////////////////////////////////////////////////////////////////////////
//函数名称:void delay1ms()
//函数功能:延时 1 ms
//入口参数:y（存储待写入的数据）
```

```
//出口参数:
//函数说明:(3j+2) * i=(3×33+2)×10=1010(μs),约为 1 ms
/////////////////////////////////////////////////////////////
void delay1ms()
{
  unsigned char i,j;
  for(i=0;i<10;i++)
  for(j=0;j<33;j++);
}
/////////////////////////////////////////////////////
//函数名称:void delaynms(unsigned char n)
//函数功能:延时若干毫秒
//入口参数:n
//出口参数:
//函数说明:
/////////////////////////////////////////////////////
void delaynms(unsigned char n)
{
  unsigned char i;
  for(i=0;i<n;i++)
  delay1ms();
}
/////////////////////////////////////////////////////////////////////////
//函数名称:bit BusyTest(void)
//函数功能:判断液晶模块的忙碌状态
//入口参数:
//出口参数:result。result=1,忙碌;result=0,不忙
//函数说明:
/////////////////////////////////////////////////////////////////////////
bit BusyTest(void)
{
  bit result;
  RS=0;                        //根据规定,RS 为低电平,RW 为高电平时,可以读状态
  RW=1;
  E=1;                         //E=1,才允许读写
  _nop_();                     //空操作
  _nop_();
  _nop_();
  _nop_();                     //空操作 4 个机器周期,给硬件反应时间
  result=BF;                   //将忙碌标志电平赋给 result
  E=0;                         //将 E 恢复低电平
  return result;
```

```
}
//////////////////////////////////////////////////////////////////
// 函数名称:void WriteInstruction (unsigned char dictate)
// 函数功能:将模式设置指令或显示地址写入液晶模块
// 入口参数:dictate
// 出口参数:
// 函数说明:
//////////////////////////////////////////////////////////////////
void WriteInstruction (unsigned char dictate)
{
  while(BusyTest()==1);        // 如果忙就等待
  RS=0;                        // 根据规定,RS 和 RW 同时为低电平时,可以写入指令
  RW=0;
  E=0;                         // E 置低电平(根据表 5-2,写指令时,E 为高脉冲)
                               // 就是让 E 从 0 到 1 发生正跳变,所以应先置"0"
  _nop_();
  _nop_();                     // 空操作 2 个机器周期,给硬件反应时间
  P0=dictate;                  // 将数据送入 P0 口,即写入指令或地址
  _nop_();
  _nop_();
  _nop_();
  _nop_();                     // 空操作 4 个机器周期,给硬件反应时间
  E=1;                         // E 置高电平
  _nop_();
  _nop_();
  _nop_();
  _nop_();                     // 空操作 4 个机器周期,给硬件反应时间
  E=0;                         // 当 E 由高电平跳变成低电平时,液晶模块开始执行命令
}
//////////////////////////////////////////////////////////////////
// 函数名称:void WriteAddress(unsigned char x)
// 函数功能:指定字符显示的实际地址
// 入口参数:x
// 出口参数:
// 函数说明:
//////////////////////////////////////////////////////////////////
void WriteAddress(unsigned char x)
{
  WriteInstruction(x|0x80);    // 显示位置的确定方法规定为"80H+地址码 x"
}
//////////////////////////////////////////////////////////////////
// 函数名称:void WriteData(unsigned char y)
```

```c
// 函数功能:将数据(字符的标准 ASCII 码)写入液晶模块
// 入口参数:y(为字符常量)
// 出口参数:
// 函数说明:
/////////////////////////////////////////////////
void WriteData(unsigned char y)
{
    while(BusyTest()==1);
    RS=1;                       //RS 为高电平,RW 为低电平时,可以写入数据
    RW=0;
    E=0;                        //E 置低电平(根据表 5-2,写指令时,E 为高脉冲)
                                //就是让 E 从 0 到 1 发生正跳变,所以应先置"0"
    P0=y;                       //将数据送入 P0 口,即将数据写入液晶模块
    _nop_();
    _nop_();
    _nop_();
    _nop_();                    //空操作 4 个机器周期,给硬件反应时间
    E=1;                        //E 置高电平
    _nop_();
    _nop_();
    _nop_();
    _nop_();                    //空操作 4 个机器周期,给硬件反应时间
    E=0;                        //当 E 由高电平跳变成低电平时,液晶模块开始执行命令
}
/////////////////////////////////////////////////////////////////
// 函数名称:void LcdInitiate(void)
// 函数功能:对 LCD 的显示模式进行初始化设置
// 入口参数:
// 出口参数:
// 函数说明:
/////////////////////////////////////////////////////////////////
void LcdInitiate(void)
{
    delaynms(15);               // 延时 15 ms,首次写指令时应给 LCD 一段较长的反应时间
    WriteInstruction(0x38);     // 显示模式设置:16×2 显示,5×7 点阵,8 位数据接口
    delaynms(5);                // 延时 5 ms,给硬件一些反应时间
    WriteInstruction(0x38);
    delaynms(5);                // 延时 5 ms,给硬件一些反应时间
    WriteInstruction(0x38);     // 连续 3 次,确保初始化成功
    delaynms(5);                // 延时 5 ms,给硬件一些反应时间
    WriteInstruction(0x0c);     // 显示模式设置:显示开、无光标、光标不闪烁
    delaynms(5);                // 延时 5 ms,给硬件一些反应时间
```

```
    WriteInstruction(0x06);        //显示模式设置:光标右移、字符不移
    delaynms(5);                   //延时 5 ms,给硬件一些反应时间
    WriteInstruction(0x01);        //清屏幕指令,将以前的显示内容清除
    delaynms(5);                   //延时 5 ms,给硬件一些反应时间
}
//////////////////////////////////////////////////////////////////////////
以下是 DS18B20 的操作程序
//////////////////////////////////////////////////////////////////////////
//////////////////////////////////////////////
//函数名称:bit Init_DS18B20(void)
//函数功能:将 DS18B20 传感器初始化,读取应答信号
//入口参数:
//出口参数:flag
//函数说明:
//////////////////////////////////////////////
bit Init_DS18B20(void)
{
    bit flag;                      //存储 DS18B20 是否存在的标志,flag=0,表示存在;flag=1,
                                   //表示不存在
    DQ = 1;                        //先将数据线拉高
    for(time=0;time<2;time++);     //略微延时约 6 μs
    DQ = 0;                        //再将数据线从高拉低,要求保持 480~960 μs
    for(time=0;time<200;time++)    //略微延时约 600 μs
        ;                          //以向 DS18B20 发出一持续 480~960 μs 的低电平复位脉冲
    DQ = 1;                        //释放数据线(将数据线拉高)
    for(time=0;time<10;time++);    //延时约 30 μs(释放总线后需等待 15~60 μs 让 DS18B20
                                   输出存在
                                   //脉冲)
    flag=DQ;                       //让单片机检测是否输出了存在脉冲(DQ=0 表示存在)
    for(time=0;time<200;time++);   //延时足够长时间,等待存在脉冲输出完毕
    return (flag);                 //返回检测成功标志
}
////////////////////////////////////////////
//函数名称:unsigned char ReadOneChar(void)
//函数功能:从 DS18B20 读取 1 字节数据
//入口参数:
//出口参数:dat
//函数说明:
////////////////////////////////////////////
unsigned char ReadOneChar(void)
{
    unsigned char i = 0;
```

```
unsigned char dat;                        //存储读出的 1 字节数据
for (i=0;i<8;i++)
{
    DQ =1;                                //先将数据线拉高
    _nop_();                              //等待 1 个机器周期
    DQ = 0;                               //单片机从 DS18B20 读数据时,将数据线从高拉低,即启动读时序
    dat>>=1;
    _nop_();                              //等待 1 个机器周期
    DQ = 1;                               //将数据线"人为"拉高,为单片机检测 DS18B20 的输出电平做准备
    for(time=0;time<2;time++);            //延时约 6 μs,使主机在 15 μs 内采样
    if(DQ==1)
    dat |=0x80;                           //如果读到的数据是 1,则将 1 存入 dat
    else
    dat |=0x00;                           //如果读到的数据是 0,则将 0 存入 dat
                                          //将单片机检测到的电平信号 DQ 存入 r[i]
    for(time=0;time<8;time++);            //延时 3 μs,两个读时序之间必须有大于 1 μs 的恢复期
}
return(dat);                              //返回读出的十进制数据
}
```

///

```
//函数名称:WriteOneChar(unsigned char dat)
//函数功能:向 DS18B20 写入 1 字节数据
//入口参数:dat
//出口参数:
//函数说明:
```

///

```
WriteOneChar(unsigned char dat)
{
    unsigned char i=0;
    for (i=0; i<8; i++)
    {
        DQ =1;                            //先将数据线拉高
        _nop_();                          //等待 1 个机器周期
        DQ =0;                            //将数据线从高拉低时即启动写时序
        DQ =dat&0x01;                     //利用与运算取出要写的某位二进制数据,
                                          //并将其送到数据线上等待 DS18B20 采样
        for(time=0;time<10;time++);       //延时约 30 μs,DS18B20 在拉低后的 15~60 μs 期间从数据
                                          //线上采样
        DQ =1;                            //释放数据线
        for(time=0;time<1;time++);        //延时 3 μs,两个写时序间至少需要 1 μs 的恢复期
        dat>>=1;                          //将 dat 中的各二进制位数据右移一位
    }
```

```
    for(time=0;time<4;time++);  //稍作延时,给硬件一些反应时间
}
```

///

以下是与温度有关的显示设置

///
///

```
//函数名称:void display_error(void)
//函数功能:显示没有检测到 DS18B20
//入口参数:
//出口参数:
//函数说明:
///////////////////////////////////////////////
void display_error(void)
{
  unsigned char i;
  WriteAddress(0x00);              //写显示地址,将在第 1 行第 1 列开始显示
  i = 0;                           //从第一个字符开始显示
  while(Error[i] != '\0')          //只要没有写到结束标志,就继续写
  {
    WriteData(Error[i]);           //将字符常量写入 LCD
    i++;                           //指向下一个字符
    delaynms(100);                 //延时 100 ms,以看清关于显示的说明
  }
  while(1);                        //进入死循环,等待查明原因
}
```

///

```
//函数名称:void display_explain(void)
//函数功能:显示说明信息
//入口参数:
//出口参数:
//函数说明:
///////////////////////////////////////////////
void display_explain(void)
{
  unsigned char i;
  WriteAddress(0x00);              //写显示地址,将在第 1 行第 1 列开始显示
  i = 0;                           //从第一个字符开始显示
  while(Str[i] != '\0')            //只要没有写到结束标志,就继续写
  {
    WriteData(Str[i]);             //将字符常量写入 LCD
    i++;                           //指向下一个字符
    delaynms(100);                 //延时 100 ms,以看清关于显示的说明
```

```
    }
}
//////////////////////////////////////////
//函数名称:void display_symbol(void)
//函数功能:显示温度符号
//入口参数:
//出口参数:
//函数说明:
//////////////////////////////////////////
void display_symbol(void)
{
  unsigned char i;
  WriteAddress(0x40);            //写显示地址,将在第 2 行第 1 列开始显示
  i = 0;                        //从第一个字符开始显示
  while(Temp[i] ! = '\0')        //只要没有写到结束标志,就继续写
  {
    WriteData(Temp[i]);          //将字符常量写入 LCD
    i++;                        //指向下一个字符
    delaynms(50);                //延时 1 ms,给硬件一些反应时间
  }
}
//////////////////////////////////////////
//函数名称:void display_dot(void)
//函数功能:显示温度的小数点
//入口参数:
//出口参数:
//函数说明:
//////////////////////////////////////////
void display_dot(void)
{
  WriteAddress(0x49);            //写显示地址,将在第 2 行第 10 列开始显示
  WriteData('.');               //将小数点的字符常量写入 LCD
  delaynms(50);                //延时 1 ms,给硬件一些反应时间
}
//////////////////////////////////////////
//函数名称:void display_cent(void)
//函数功能:显示温度的单位(Cent)
//入口参数:
//出口参数:
//函数说明:
//////////////////////////////////////////
void display_cent(void)
```

```
{
  unsigned char i;
  WriteAddress(0x4c);           //写显示地址,将在第 2 行第 13 列开始显示
  i = 0;                        //从第一个字符开始显示
  while(Cent[i] ! = '\0')       //只要没有写到结束标志,就继续写
  {
    WriteData(Cent[i]);         //将字符常量写入 LCD
    i++;                        //指向下一个字符
    delaynms(50);               //延时 1 ms,给硬件一些反应时间
  }
}
////////////////////////////////////////////////////
// 函数名称:void display_temp1(unsigned char x)
// 函数功能:显示温度的整数部分
// 入口参数:x
// 出口参数:
// 函数说明:
////////////////////////////////////////////////////
void display_temp1(unsigned char x)
{
  unsigned char j,k,l;          //j,k,1 分别存储温度的百位、十位和个位
  j=x/100;                      //取百位
  k=(x%100)/10;                 //取十位
  l=x%10;                       //取个位
  WriteAddress(0x46);           //写显示地址,将在第 2 行第 7 列开始显示
  WriteData(digit[j]);          //将百位数字的字符常量写入 LCD
  WriteData(digit[k]);          //将十位数字的字符常量写入 LCD
  WriteData(digit[l]);          //将个位数字的字符常量写入 LCD
  delaynms(50);                 //延时 1 ms,给硬件一段反应时间
}
////////////////////////////////////////////////////
// 函数名称:void display_temp2(unsigned char x)
// 函数功能:显示温度的小数部分
// 入口参数:x
// 出口参数:
// 函数说明:
////////////////////////////////////////////////////
void display_temp2(unsigned char x)
{
  WriteAddress(0x4a);           //写显示地址,将在第 2 行第 11 列开始显示
  WriteData(digit[x]);          //将小数部分的第 1 位数字字符常量写入 LCD
  delaynms(50);                 //延时 1 ms,给硬件一些反应时间
```

```
}
//////////////////////////////////////
// 函数名称:void ReadyReadTemp(void)
// 函数功能:做好读温度的准备
// 入口参数:x
// 出口参数:
// 函数说明:
//////////////////////////////////////
void ReadyReadTemp(void)
{
    Init_DS18B20();                          //将 DS18B20 初始化
    WriteOneChar(0xCC);                      //跳过读序号列号的操作
    WriteOneChar(0x44);                      //启动温度转换
    for(time=0;time<100;time++);             //温度转换需要一些时间
    Init_DS18B20();                          //将 DS18B20 初始化
    WriteOneChar(0xCC);                      //跳过读序列码的操作
    WriteOneChar(0xBE);                      //读取温度寄存器,前两个分别是温度的低位和高位
}
////////////////////////////////////////////////////////
函数功能:主函数
////////////////////////////////////////////////////////
void main(void)
{
    unsigned char TL;                        //存储暂存器的温度低位
    unsigned char TH;                        //存储暂存器的温度高位
    unsigned char TN;                        //存储温度的整数部分
    unsigned char TD;                        //存储温度的小数部分
    LcdInitiate();                           //将液晶初始化
    delaynms(5);                             //延时 5 ms,给硬件一些反应时间
    if(Init_DS18B20()==1)
        display_error();
        display_explain();
        display_symbol();                    //显示温度说明
        display_dot();                       //显示温度的小数点
        display_cent();                      //显示温度的单位
    while(1)                                 //不断检测并显示温度
    {
        ReadyReadTemp();                     //读温度准备
        TL=ReadOneChar();                    //先读的是温度值低位
        TH=ReadOneChar();                    //接着读的是温度值高位
        TN=TH*16+TL/16;                      //实际温度值=(TH*256+TL)/16,即 TH*16+TL/16
                                             //这样得出的是温度的整数部分,小数部分被丢弃了
```

282

```
TD = (TL% 16) * 10 /16;          //计算温度的小数部分,将余数乘以 10 再除以 16 取整,
                                 //这样得到的是温度小数部分的第 1 位数字(保留 1 位小数)
display_temp1(TN);               //显示温度的整数部分
display_temp2(TD);               //显示温度的小数部分
delaynms(10);
  }
}
```

3. 利用 Proteus 软件仿真

经 Keil C51 软件编译通过后,可利用 Proteus 软件进行仿真。根据电路原理图 9-15,在 Proteus ISIS 编辑环境中绘制仿真电路图,将编译好的"Ex9.3.hex"文件载入单片机。启动仿真,即可看到其仿真效果,仿真电路图如图 9-16 所示。

图 9-16　仿真电路图

4. 采用实验板试验

程序仿真无误后,将 Keil C51 软件编译通过后产生的"Ex9.3.hex"文件下载到实验板上的 STC89C52RC 芯片中,接好器件之间的相互连线,通电运行即可看到和仿真类似的试验结果。

自我测试

9-1　I²C 总线的特点是什么? 简述 I²C 总线的通信原理并画出 I²C 器件与接口电路原理图。

9-2　已知 AT24C02 与 STC89C52RC 单片机的接口电路如图 9-15 所示,试编写程序将字符串"The date is 2017-6-2"写入 AT24C02 芯片,然后再读出该字符串并通过 1602 字符型 LCD 显示。结果用 Proteus 软件仿真和实验板验证。

9-3　DS18B20 的初始化协议的规定是什么? 画出 DS18B20 初始化的时序波形图。

9-4　使用 DS18B20 温度传感器设计一个数字式温度计。要求测温度范围为-50 ~ +100 ℃。精度误差在 0.1 ℃以内,4 位共阴极 LED 数码管动态扫描显示。

项目 **10**   模拟量、数字量输入/输出设计与实现

学习目标

1. 了解 A/D(模/数)、D/A(数/模)转换的概念。

2. 了解 ADC0832、DAC0832 的功能及应用。

3. 掌握 A/D、D/A 转换在单片机中的应用及编程。

4. 能完成单片机与 ADC0832、模/数转换芯片的电路和 C 语言程序设计,掌握 ADC0832、DAC0832 与单片机的连接及编程技能。

项目描述

使用 STC89C52RC 单片机,实现 ADC0832、DAC0832 应用训练。具体内容如下:

(1)利用 ADC0832 设计一个 5 V 直流数字电压表并通过 1602 字型 LCD 显示出来。

(2)利用 DAC0832 将数字信号转换为 0~+5 V 的锯齿波电压。

知识链接

10.1   模/数(A/D)转换器件的基本知识

在工业控制和智能化仪表中,常用单片机进行实时控制及实时数据处理。由于单片机所能处理的信息必须是数字量,而控制或测量对象的有关参量往往是连续变化的模拟量,如温度、电压、速度和压力等,因此必须将模拟量转换成数字量。模拟量转换成数字量的过程就是模/数(A/D)转换,能实现 A/D 转换的设备称为 A/D 转换器或 ADC。

1. A/D 转换基本知识

A/D 转换过程如图 10-1 所示,模拟信号经采样、保持、量化和编码后就可以转换为数字信号。这个转化过程可以由专用的集成芯片完成,使用非常方便。A/D 转换器分为逐次逼近式 A/D 转换器、双积分式 A/D 转换器、并行式 A/D 转换器。逐次逼近式 A/D 转换器在精度、价格和转换速度上都适中,是目前最常用的 A/D 转换器;双积分式 A/D 转换器具有精度高、抗干扰性好、价格低廉等优点,但转换速度较慢,经常用于对速度要求不高的仪器仪表中;并行式 A/D 转换器是一种用编码技术实现的高速 A/D 转换器,转换速度快,价格高,通常用于视频信号处理等场合。

图 10-1   A/D 转换过程

2. 逐次逼近式 A/D 转换器的转换原理

图 10-2 是逐次逼近式 A/D 转换器的工作原理图。由图可见,ADC 由比较器、D/A 转换器、逐次比较寄存器和控制逻辑组成。

图 10-2　逐次逼近式 A/D 转换器的工作原理图

在时钟脉冲的同步下,控制逻辑先使 N 位寄存器的 D7 位置 1(其余位为 0),此时该寄存器输出的内容为 80H,此值经 D/A 转换器转换为模拟量输出 V_N,与待转换的模拟信号 V_{IN} 相比较,若 V_{IN} 大于或等于 V_N 则比较器输出为 1。于是在时钟脉冲的同步下,保留 D7 = 1,并使下一位 D6 = 1,所得新值(C0H)再经 D/A 转换器转换得到新的 V_N,再与 V_{IN} 比较,重复前述过程;反之,若使 D7 = 1 后,经比较,若 V_{IN} 小于 V_N,则使 D7 = 0,D6 = 1,所得新值 V_N 再与 V_{IN} 比较,重复前述过程。依次类推,从 D7 到 D0 都比较完毕,转换便结束。转换结束时,控制逻辑使 EOC 变为高电平,表示 A/D 转换结束,此时的 D7 ~ D0 即为对应于模拟输入信号 V_{IN} 的数字量。

3. 双积分式 A/D 转换器的转换原理

图 10-3 是双积分式 A/D 转换器的工作原理图。控制逻辑先对未知的输入模拟电压 V_{IN} 进行固定时间 T 积分,然后转为对标准电压进行反向积分,直至积分输出返回起始值。对标准电压的积分时间 T_1(或 T_2)正比于模拟输入电压 V_{IN}。输入电压大,则反向积分时间长。用高频率标准时钟脉冲来测量积分时间 T_1(或 T_2),即可得到对应于模拟电压 V_{IN} 的数字量。

图 10-3　双积分式 ADC 原理图

4. A/D 转换器的主要技术指标

(1)转换时间。从发出启动转换命令到转换结束获得整个数字信号为止所需要的时间称为转换时间。

（2）分辨率。分辨率表示转换器对微小输入量变化的敏感程度,通常用转换器输出数字量的位数来表示。例如,8 位 A/D 转换器的数字输出量的变化范围为 0~255,当输入电压的满刻度为 5 V 时,数字量每变化一个数字所对应输入模拟电压的值为 5 V/255=19.6 mV,分辨能力就是 19.6 mV。当检测信号要求较高时,需要采用分辨率高的 A/D 转换器。目前常用的 A/D 转换集成芯片的转换位数有 8 位、10 位、12 位和 14 位等。

（3）转换精度。转换精度是指转换后所得的结果相对于实际值的准确度,可以用满量程的百分比来表示,如±0.05%。

5. A/D 转换器 ADC0832

A/D 转换器的种类非常多,本项目以具有串行接口的 ADC0832 为例来介绍它们的使用方法。ADC0832 芯片是由美国国家半导体公司生产的一种 8 位分辨率、双通道 A/D 转换芯片,具有体积小、兼容性强、性价比高等优点,应用非常广泛。

ADC0832 是 8 引脚双列直插式双通道 A/D 转换器,引脚排列如图 10-4 所示。它能分别对两路模拟信号实现 A/D 转换,可以在单端输入方式和差分输入方式下工作。

ADC0832 各引脚说明如下：

$\overline{CS}$:片选端,低电平时选中芯片;

CH0:模拟输入通道 0;

CH1:模拟输入通道 1;

GND:芯片接地端;

DI:数据信号输入,选择通道控制;

DO:数据信号输出,转换数据输出;

CLK:芯片时钟输入;

V_{CC}:电源输入端。

图 10-4　ADC0832 的引脚排列

6. ADC0832 的控制原理

ADC0832 的工作时序如图 10-5 所示。当 ADC0832 未工作时,必须将片选端$\overline{CS}$置于高电平。此时,芯片禁用。当要进行 A/D 转换时,应将片选端$\overline{CS}$置于低电平并保持到转换结束。

图 10-5　ADC0832 的工作时序

芯片开始工作后,还需要让单片机向芯片的 CLK 端输入时钟脉冲,在第 1 个时钟脉冲的下降沿之前,DI 端的信号必须是高电平,表示起始信号。在第 2、3 个时钟脉冲的下降沿之前,DI 端则应输入 2 位数据用于选择通道功能。

当 DI 依次输入 1、0 时,只对 CH0 通道进行单通道转换;

当 DI 依次输入 1、1 时,只对 CH1 通道进行单通道转换;

当 DI 依次输入 0、0 时,将 CH0 作为正输入端"IN+",CH1 作为负输入端"IN-";

当 DI 依次输入 0、1 时,将 CH0 作为负输入端"IN-",CH1 作为正输入端"IN+"。

在第 3 个时钟脉冲下降沿后,DI 端的输入电平就失去了作用,此后数据输出端 DO 开始输出转换后的数据。在第 4 个时钟脉冲的下降沿输出转换后数据的最高位,直到第 11 个时钟脉冲下降沿输出数据的最低位。至此,1 字节的数据输出完成。然后,从此位开始输出下一个相反字节的数据,即从第 11 个时钟脉冲的下降沿输出数据的最低位,直到第 19 个时钟脉冲数据输出完成,也标志着一次 A/D 转换完成。后一个相反字节的 8 个数据位作为检验位使用的,一般只读出第 1 个字节的前 8 个数据位即能满足要求。对于后 8 位数据,可以让片选端 CS 置于高电平而将其丢弃。

正常情况下,ADC0832 与单片机的接口应为 4 根数据线,分别是 $\overline{CS}$、CLK、DO、DI。但由于 DO 和 DI 两个端口在通信时并未同时使用,而是先由 DI 端口输入 2 位数据(0 或 1)来选择通道控制,再由 DO 端口输出数据。因此,在 I/O 口资源紧张时,可以将 DO 和 DI 并联在一根数据线上使用。

作为单通道模拟信号输入时,ADC0832 的输入电压 V_I 范围为 0~5 V。当输入电压 $V_I = 0$ 时,转换后的值 VAL = 0x00;而当 $V_I = 5$ V 时,转换后的值 VAL = 0xFF,即十进制数 255。所以,转换后的输出值(数字量 D)为

$$D = \frac{255}{5} \times V = 51V$$

式中,D 为转换后的数字;V 为输入的模拟电压。

10.2　数/模(D/A)转换器件的基本知识

单片机在执行内部程序后,往往要向外部受控部件输出控制信号,但它输出的信号是数字量,而大多数受控部件只能接收模拟量,这就需要在单片机的输出端加上 D/A 转换器,将数字量转换成模拟量。

1. D/A 转换器 DAC0832

D/A 转换器的种类非常多,本任务以应用较多的 DAC0832 为例来介绍 D/A 转换器的使用方法。DAC0832 是一个 8 位分辨率的双列直插式 D/A 转换器,引脚排列如图 10-6 所示。

DAC0832 各引脚功能说明如下:

DI0~DI7:8 位数据输入端,TTL 电平,有效时间大于 90 ns。

ILE:数据锁存允许信号输入端,高电平有效。

$\overline{CS}$:片选信号输入端,低电平有效。

$\overline{WR1}$:输入锁存器写选通信号输入端。

$\overline{XFER}$:数据传送控制信号输入端,低电平有效。

$\overline{WR2}$:DAC 寄存器写选通信号输入端。

Iout1:模拟电流输出端 1,当 DI0~DI7 端都为"1"时,Iout1 最大。

Iout2:模拟电流输出端 2,该端的电阻值与 Iout1 之和为一常数,即 Iout1 最大时它的值最小;一般在单极性输出时,Iout2 接地;在双极性输出时,Iout2 接运算放大器。

图 10-6　DAC0832 的引脚排列

Rfb:反馈信号输入端,芯片内已有反馈电阻。

V_{CC}:电源输入端,可接+5~+10 V 电压。

V_{ref}:基准电压输入端,可接-5~-10 V 电压,它决定了 D/A 转换器输出电压的范围

AGND:模拟信号地,它是工作电源和基准电源的参考地。

DGND:数字信号地,它是工作电源地和数字电路地。

2. DAC0832 的使用

在只要求有一路模拟量输出或几路模拟量不需要同时输出的场合,DAC0832 和 STC89C52RC 单片机的接口电路如图 10-7 所示。图中,V_{CC}、ILE 并联于+5 V 电源,$\overline{WR1}$、$\overline{WR2}$并联于单片机的 P3.6 引脚;$\overline{CS}$、$\overline{XFER}$并联于 P2.7 引脚(片选端)。此时,使 DAC0832 相当于一个单片机外部扩展的存储器,地址为 7FFFH。只要采用对片外存储器寻址的方法将数据写入该地址,DAC0832 就会自动开始 D/A 转换。

图 10-7　DAC0832 与 STC89C52RC 单片机的接口电路

（1）选中 DAC0832。单片机通过 P2.7 送出一个低电平到 DAC0832 的$\overline{\text{CS}}$和$\overline{\text{XFER}}$引脚，由 P3.6 引脚送低电平到$\overline{\text{WR1}}$和$\overline{\text{WR2}}$引脚，DAC0832 就被选中。

（2）向 DAC0832 输入数据。单片机通过 P0 口向 DAC0832 输入 8 位数据。

（3）DAC0832 对送来的数据进行 D/A 转换，并从 Iout1 端输出信号电流。

DAC0832 的输出是电流型的，但实际应用中往往需要的是电压输出信号，所以电路中需要采用运算放大器 UA741 来实现电流–电压转换。输出电压值为

$$V_O = -D \times \frac{V_{\text{ref}}}{255}$$

式中，D 为输出的数据字节，取值范围为 0～255；V_{ref} 为基准电压。所以，只要改变输入 DAC0832 的数字量，输出的电压就会发生变化。

项目实施

【技能训练 10.1】　基于 ADC0832 的 5 V 直流数字电压表

利用 ADC0832 设计一个 5 V 直流数字电压表。要求将输入的直流电压转换成数字信号后，通过 1602 字符型 LCD 显示出来。采用的接口电路原理图如图 10-8 所示。（本技能训练

图 10-8　基于 ADC0832 的 5 V 直流数字电压表的接口电路原理图

电路原理图中的电源电压为 7.2 V,经串联分压后的输入电压为 3.6 V)。

1. 实现方法

(1)ADC0832 的启动。首先将 ADC0832 的片选端$\overline{CS}$接地（置低电平"0"),然后在第 1 个时钟脉冲下降沿之前将 DI 端置为高电平即可启动 ADC0832。

(2)通道选择的实现。本技能训练选 CH0 作为模拟信号输入的通道。根据协议,DI 在第 2、3 个时钟脉冲的下降沿之前应分别输入 1 和 0。因为数据输入端 DI 与输出端 DO 并不同时使用,所以将它们并联在一根数据线(P1.1)上使用。

(3)软件流程图。本技能训练的软件流程图如图 10-9 所示。

图 10-9　基于 ADC0832 的 5 V 直流数字电压表的软件流程图

2. 基于 ADC0832 的 5 V 直流数字电压表的程序设计

先建立文件夹"Ex10.1",然后建立"Ex10.1"工程项目,最后建立源程序文件"Ex10.1.c"输入如下源程序:

```
//技能训练10.1:基于 ADC0832 的 5 V 直流数字电压表
/////////////////////////////////////////////////////////////
//设计项目:基于 ADC0832 的 5 V 直流数字电压表            //
//设 计 人:                                          //
//设计时间:2017.5.15                                   //
//设计说明:用 ADC0832 检测电压转换为数字信号,用 1602 字符型 LCD 显示电压  //
//硬件连接条件:(1)单片机 P1.0 接 ADC0832 的 CLK 端口          //
//             (2)P1.1 接 ADC0832 的 DI、DO 端口            //
//             (3)P3.4 接 ADC0832 的 CS 端口               //
//             (4)P2.2~P2.4 接 LCD1602 液晶的 RS、RW、E 端口   //
/////////////////////////////////////////////////////////////
#include<STC89C52RC.H>                //包含单片机寄存器的头文件
#include<intrins.h>                   //包含_nop_()函数定义的头文件
sbit CS=P3^4;                         //将 CS 位定义为 P3.4 引脚
sbit CLK=P1^0;                        //将 CLK 位定义为 P1.0 引脚
sbit DIO=P1^1;                        //将 DIO 位定义为 P1.1 引脚
sbit RS=P2^2;                         //寄存器选择位,将 RS 位定义为 P2.2 引脚
sbit RW=P2^3;                         //读写选择位,将 RW 位定义为 P2.3 引脚
sbit E=P2^4;                          //使能信号位,将 E 位定义为 P2.4 引脚
sbit BF=P0^7;                         //忙碌标志位,将 BF 位定义为 P0.7 引脚
unsigned char code digit[10]={"0123456789"};  //定义字符数组显示数字
unsigned char codeStr[]={"Volt="};   //说明显示的是电压
/////////////////////////////////////////////////////////////
以下是对液晶模块的操作程序
/////////////////////////////////////////////////////////////
```

```
///////////////////////////////////////////////
//函数名称:void delay1ms( )
//函数功能:延时 1ms
//入口参数:y(存储待写入的数据)
//出口参数:
//函数说明:(3j+2)*i=(3×33+2)×10=1010(μs),约为 1 ms
///////////////////////////////////////////////
void delay1ms( )
{
  unsigned chari,j;
  for(i=0;i<10;i++)
  for(j=0;j<33;j++);
}

///////////////////////////////////////////
//函数名称:void delaynms(unsigned char n)
//函数功能:延时若干毫秒
//入口参数:n
//出口参数:
//函数说明:
///////////////////////////////////////////
voiddelaynms(unsigned char n)
{
  unsigned chari;
  for(i=0;i<n;i++)
  delay1ms( );
}

///////////////////////////////////////////////
//函数名称:bit BusyTest(void)
//函数功能:判断液晶模块的忙碌状态
//入口参数:
//出口参数:result。result=1,忙碌;result=0,不忙
//函数说明:
///////////////////////////////////////////////
bitBusyTest(void)
{
  bit result;
  RS=0;                        //根据规定,RS 为低电平,RW 为高电平时,可以读状态
  RW=1;
  E=1;                         //E=1,才允许读写
  _nop_( );                    //空操作
  _nop_( );
  _nop_( );
```

```
    _nop_();                      //空操作 4 个机器周期,给硬件反应时间
    result=BF;                    //将忙碌标志电平赋给 result
    E=0;                          //将 E 恢复低电平
    return result;
}
//////////////////////////////////////////////////////////////
//函数名称:void WriteInstruction (unsigned char dictate)
//函数功能:将模式设置指令或显示地址写入液晶模块
//入口参数:dictate
//出口参数:
//函数说明:
//////////////////////////////////////////////////////////////
voidWriteInstruction (unsigned char dictate)
{
    while(BusyTest()==1);         //如果忙就等待
    RS=0;                         //根据规定,RS 和 RW 同时为低电平时,可以写入指令
    RW=0;
    E=0;                          //E 置低电平(根据表 5-2,写指令时,E 为高脉冲)
                                  //就是让 E 从 0 到 1 发生正跳变,所以应先置"0"
    _nop_();
    _nop_();                      //空操作 2 个机器周期,给硬件反应时间
    P0=dictate;                   //将数据送入 P0 口,即写入指令或地址
    _nop_();
    _nop_();
    _nop_();
    _nop_();                      //空操作 4 个机器周期,给硬件反应时间
    E=1;                          //E 置高电平
    _nop_();
    _nop_();
    _nop_();
    _nop_();                      //空操作 4 个机器周期,给硬件反应时间
    E=0;                          //当 E 由高电平跳变成低电平时,液晶模块开始执行命令
}
//////////////////////////////////////////////////////////////
//函数名称:void WriteAddress(unsigned char x)
//函数功能:指定字符显示的实际地址
//入口参数:x
//出口参数:
//函数说明:
//////////////////////////////////////////////////////////////
voidWriteAddress(unsigned char x)
{
```

```
    WriteInstruction(x |0x80);  //显示位置的确定方法规定为"80H+地址码 x"
}
//////////////////////////////////////////////
// 函数名称:void WriteData(unsigned char y)
// 函数功能:将数据(字符的标准 ASCII 码)写入液晶模块
// 入口参数:y(为字符常量)
// 出口参数:
// 函数说明:
//////////////////////////////////////////////
voidWriteData(unsigned char y)
{
  while(BusyTest()= =1);
  RS =1;                      //RS 为高电平,RW 为低电平时,可以写入数据
  RW =0;
  E = 0;                      //E 置低电平(根据表 5-2,写指令时,E 为高脉冲)
                              //就是让 E 从 0 到 1 发生正跳变,所以应先置"0"
  P0 =y;                      //将数据送入 P0 口,即将数据写入液晶模块
  _nop_();
  _nop_();
  _nop_();
  _nop_();                    //空操作 4 个机器周期,给硬件反应时间
  E =1;                       //E 置高电平
  _nop_();
  _nop_();
  _nop_();
  _nop_();                    //空操作 4 个机器周期,给硬件反应时间
  E =0;                       //当 E 由高电平跳变成低电平时,液晶模块开始执行命令
}
//////////////////////////////////////////////
// 函数名称:void LcdInitiate(void)
// 函数功能:对 LCD 的显示模式进行初始化设置
// 入口参数:
// 出口参数:
// 函数说明:
//////////////////////////////////////////////
voidLcdInitiate(void)
{
  delaynms(15);              //延时 15 ms,首次写指令时应给 LCD 一段较长的反应时间
  WriteInstruction(0x38);    //显示模式设置:16×2 显示,5×7 点阵,8 位数据接口
  delaynms(5);               //延时 5 ms,给硬件一些反应时间
  WriteInstruction(0x38);
  delaynms(5);               //延时 5 ms,给硬件一些反应时间
```

```
    WriteInstruction(0x38);        //连续 3 次,确保初始化成功
    delaynms(5);                   //延时 5 ms,给硬件一些反应时间
    WriteInstruction(0x0c);        //显示模式设置:显示开、无光标、光标不闪烁
    delaynms(5);                   //延时 5 ms,给硬件一些反应时间
    WriteInstruction(0x06);        //显示模式设置:光标右移、字符不移
    delaynms(5);                   //延时 5 ms,给硬件一些反应时间
    WriteInstruction(0x01);        //清屏幕指令,将以前的显示内容清除
    delaynms(5);                   //延时 5 ms,给硬件一些反应时间
}
//////////////////////////////////////////////////////////////////////////
以下是电压显示的说明
//////////////////////////////////////////////////////////////////////////
//////////////////////////////////////////
//函数名称:void display_volt(void)
//函数功能:显示电压符号
//入口参数:
//出口参数:
//函数说明:
//////////////////////////////////////////
void display_volt(void)
{
    unsigned chari;
    WriteAddress(0x03);            //写显示地址,将在第 1 行第 4 列开始显示
    i = 0;                         //从第一个字符开始显示
    while(Str[i] ! = '\0')         //只要没有写到结束标志,就继续写
    {
      WriteData(Str[i]);           //将字符常量写入 LCD
      i++;                         //指向下一个字符
    }
}
//////////////////////////////////////////
//函数名称:void display_dot(void)
//函数功能:显示电压的小数点
//入口参数:
//出口参数:
//函数说明:
//////////////////////////////////////////
voiddisplay_dot(void)
{
  WriteAddress(0x09);             //写显示地址,将在第 1 行第 10 列开始显示
  WriteData('.');                 //将小数点的字符常量写入 LCD
}
```

```
/////////////////////////////////////
// 函数名称:void display_V(void)
// 函数功能:显示电压的单位(V)
// 入口参数:
// 出口参数:
// 函数说明:
/////////////////////////////////////
voiddisplay_V(void)
{
  WriteAddress(0x0c);        //写显示地址,将在第 1 行第 13 列开始显示
  WriteData('V');            //将字符常量写入 LCD
}
/////////////////////////////////////////////
// 函数名称:void display1(unsigned char x)
// 函数功能:显示电压的整数部分
// 入口参数:x
// 出口参数:
// 函数说明:
/////////////////////////////////////////////
void display1(unsigned char x)
{
  WriteAddress(0x08);        //写显示地址,将在第 1 行第 7 列开始显示
  WriteData(digit[x]);       //将百位数的字符常量写入 LCD
}
/////////////////////////////////////////////
// 函数名称:void display2(unsigned char x)
// 函数功能:显示电压的小数部分
// 入口参数:x
// 出口参数:
// 函数说明:
/////////////////////////////////////////////
void display2(unsigned char x)
{
  unsigned chari,j;
  i=x/10;                    //取十位(小数点后第 1 位)
  j=x%10;                    //取个位(小数点后第 2 位)
  WriteAddress(0x0a);        //写显示地址,将在第 1 行第 11 列开始显示
  WriteData(digit[i]);       //将小数部分的第 1 位数字字符常量写入 LCD
  WriteData(digit[j]);       //将小数部分的第 2 位数字字符常量写入 LCD
}
/////////////////////////////////////////////
// 函数名称:unsigned char A_D()
```

```c
// 函数功能:将模拟信号转换成数字信号
// 入口参数:
// 出口参数:
// 函数说明:
///////////////////////////////////////
unsigned char  A_D()
{
  unsigned char i,dat;
  CS=1;                           //一个转换周期开始
  CLK=0;                          //为第1个时钟脉冲做准备
  CS=0;                           //CS置0,片选有效
  DIO=1;                          //DIO置1,规定的起始信号
  CLK=1;                          //第1个时钟脉冲
  CLK=0;                          //第1个时钟脉冲的下降沿,此前DIO必须是高电平
  DIO=1;                          //DIO置1,通道选择信号
  CLK=1;                          //第2个时钟脉冲,第2、3个时钟脉冲下降沿之前,DI必须输
                                  //入2位数据用于选择通道,这里选通道CH0
  CLK=0;                          //第2个时钟脉冲下降沿
  DIO=0;                          //DI置0,选择通道CH0
  CLK=1;                          //第3个时钟脉冲
  CLK=0;                          //第3个时钟脉冲下降沿
  DIO=1;                          //第3个时钟脉冲下降沿之后,输入端DIO失去作用,应置1
  CLK=1;                          //第4个时钟脉冲
  for(i=0;i<8;i++)                //高位在前
  {
    CLK=1;                        //第4个时钟脉冲
    CLK=0;
    dat<<=1;                      //将下面存储的低位数据向右移
    dat |=(unsigned char)DIO;     //将输出数据DIO通过"或"运算存储在dat最低位
  }
  CS=1;                           //片选无效
  return dat;                     //将读取的数据返回
}
///////////////////////////////////////////////////////////////////
// 函数功能:主函数
///////////////////////////////////////////////////////////////////
main(void)
{
  unsigned int AD_val;            //存储A/D转换后的值
  unsigned char Int,Dec;          //分别存储转换后的整数部分与小数部分
  LcdInitiate();                  //将液晶初始化
  delaynms(5);                    //延时5 ms,给硬件一些反应时间
```

```
display_volt();          //显示 volt
display_dot();           //显示小数点
display_V();             //显示单位
while(1)
{
  AD_val = A_D();        //进行 A/D 转换
  Int =(AD_val)/50;      //计算整数部分
  Dec =(AD_val% 51) * 100 /51;//计算小数部分
  display1(Int);         //显示整数部分
  display2(Dec);         //显示小数部分
  delaynms(250);         //延时 250 ms
}
}
```

3. 利用 Proteus 软件仿真

经 Keil C51 软件编译通过后,可利用 Proteus 软件进行仿真。根据电路原理图 10-8,在 Proteus ISIS 编辑环境中绘制仿真电路图,将编译好的"Ex10.1.hex"文件载入单片机中。启动仿真,即可看到液晶屏幕上显示出"Volt = 3.60 V",这与输入电压(7.2 V)经串联分压的输入电压(3.6 V)一致,表明软硬件的设计正确,仿真电路图如图 10-10 所示。

图 10-10　仿真电路图

4. 采用实验板试验

程序仿真无误后,将 Keil C51 软件编译通过后产生的"Ex10.1.hex"文件下载到实验板上的 STC89C52RC 芯片中,连接各器件间的导线,通电运行即可看到和仿真类似的试验结果。

【技能训练 10.2】　基于 DAC0832 产生锯齿波电压

用 DAC0832 将数字信号转换为 0~+5 V 的锯齿波电压,采用的接口电路原理图如图 10-7 所示。

1. 实现方法

如果要使 DAC0832 输出电压是逐渐上升的锯齿波,只要让单片机从 P0.0~P0.7 引脚端输出不断增大的数据即可。由于 DAC0832 相当于片外存储器,因此可以采用由"ABSACC.H"头文件所定义的指令"XBYTE[unsigned int]"来实现对 DAC0832 的寻址。例如,下列指令可在外部存储器区域访问地址 0x000F:

```
xval = XBYTE[0x000F];        //将地址"0x000F"中的数据取出送给 xval
XBYTE[0x000F] = 0xA8;        //将数据"0xA8"送入地址"0x000F"
```

2. 基于 DAC0832 产生锯齿波电压的程序设计

先建立文件夹"Ex10.2",然后建立"Ex10.2"工程项目,最后建立源程序文件"Ex10.2.c"输入如下源程序:

```
//技能训练10.2:基于 DAC0832 产生锯齿波电压
////////////////////////////////////////////////////////////////////
//设计项目:基于 DAC0832 产生锯齿波电压                               //
//设 计 人:                                                         //
//设计时间:2017.5.15                                               //
//设计说明:用 DAC0832 将单片机发出的数字信号转换成模拟信号            //
//硬件连接条件:(1)单片机 P0 口依次接 DAC0832 的 DI0~DI7 端口          //
//             (2)P3.6 接 DAC0832 的 WR1、WR2 端口                  //
//             (3)P2.7 接 DAC0832 的 CS、XFER 端口                  //
////////////////////////////////////////////////////////////////////
#include<STC89C52RC.H>        //包含单片机寄存器的头文件
#include<absacc.h>            //包含对片外存储器地址进行操作的头文件
sbit CS = P2^7;              //将 CS 位定义为 P2.7 引脚
sbit WR12 = P3^6;            //将 WR12 位定义为 P3.6 引脚
void main(void)
{
  unsigned char i;
  CS = 0;                    //输出低电平以选中 DAC0832
  WR12 = 0;                  //输出低电平以选中 DAC0832
  while(1)
  {
    for(i=0;i<255;i++)
    XBYTE[0x7fff] = i;        //将数据 i 送入片外地址 07FFFH,实际上就是通过 P0 口将数
                             //据送入 DAC0832
  }
}
```

3. 利用 Proteus 软件仿真

经 Keil C51 软件编译通过后,可利用 Proteus 软件进行仿真。根据电路原理图 10-7,在 Proteus ISIS 编辑环境中绘制仿真电路图,将编译好的"Ex10.2.hex"文件载入单片机中。最后将示波器连接在输出端,启动仿真后再将示波器的电压幅值设置为 1 V/格;分辨率设置为

0.5 ms/格,即可以看到锯齿波电压输出。仿真图如图 10-11、图 10-12 所示。

图 10-11　仿真电路图

图 10-12　电路仿真示波器显示

4. 采用实验板试验

程序仿真无误后,将 Keil C51 软件编译通过后产生的"Ex10.2.hex"文件下载到实验板上的 STC89C52RC 芯片中,连接各器件间的导线,通电运行即可看到和仿真类似的试验结果。

自我测试

10-1　A/D 和 D/A 转换器的作用分别是什么？各在什么场合下使用？

10-2　D/A 转换器的主要性能指标有哪些？设某 DAC 有二进制 14 位，满量程模拟输出电压 10 V，试问它的分辨率和转换精度各为多少？

10-3　决定 ADC0832 模拟电压输入路数的引脚有哪几条？

10-4　简述 ADC0832 的特性。

10-5　ADC0832 的时钟如何提供？通常采用的频率是多少？

10-6　简述 DAC0832 的用途和特性。

10-7　DAC0832 和 STC-51 单片机接口时有哪 3 种工作方式？各有什么特点？适合在什么场合下使用？

10-8　试编程输出 10 kHz 的方波和三角波。

项目 **11** 家用智能豆浆机系统设计与实现

 学习目标

1. 了解单片机应用系统的组成及开发过程。
2. 熟悉 STC-51 单片机的结构及内部资源。
3. 理解家用智能豆浆机结构及控制器。
4. 理解单片机常用外围电路的工作原理。
5. 掌握单片机项目的分析方法。

项目描述

目前单片机已渗透到我们生活的各个领域,几乎很难找到哪个领域没有单片机的踪迹。单片机应用已涵盖到消费类电子(如电视机、录像机、空调控制器等)、汽车电子(如恒温空调、胎压检测仪、倒车雷达、汽车内各种控制器等)、农业类产品(如温湿度控制、自动灌溉等产品)、数据采集类产品(如气象数据采集、电量数据采集)、智能仪器仪表(如各种电量测量仪、高精度测试电源等)、智能大厦安全防护产品(如录像监控、火灾报警、门禁系统等)、计量类产品(如民用 IC 卡电表、水表、燃气表、标准表等)、休闲娱乐类产品(如智能玩具、跑步机、按摩椅等)。据统计,我国的单片机年容量已达 10 亿片左右,且每年都在以一定速度增长。单片机作为智能器件,在日常生活中使用越来越多。

本项目以基于单片机控制的家用智能豆浆机为载体,通过对该单片机应用系统较深入的分析,以其实现读者对单片机及单片机应用系统的基本概念、单片机基本结构及特性、单片机的工作原理有个基本的了解和掌握。

 知识链接

11.1　家用智能豆浆机的机械结构

本项目所涉及的家用智能豆浆机,采用微计算机控制,实现预热、打浆、煮浆和延时熬煮过程全自动化,具有"文火熬煮"处理程序,使豆浆加工过程更加科学合理,提高了豆浆的加工品质。其机械结构组成如图 11-1 所示。

(1)杯体:杯体像一个硕大的茶杯,有把手和流口,主要用于盛水或豆浆。杯体有的用塑料制成,有的用不锈钢制成,但都是符合食品卫生标准的不锈钢或聚碳酯材质。在杯体上标有"上水位线"和"下水位线",以此规范对杯体的加水量。杯体的上口沿恰好套住机头下盖,对机头起固定和支撑作用。

(2)机头:机头是豆浆机的总成,除杯体外,其余各部件都固定在机头上。机头外壳分上盖和下盖。上盖有提手、工作指示灯和电源插座;下盖用于安装各主要部件,在下盖上部(也即机头内部)安装有计算机板、变压器和打浆电动机。伸出下盖的下部有电热器、刀片、网罩、防溢电极、温度传感器以及防干烧电极。

(3)电热器:加热功率为 800 W,不锈钢材质,用于加热豆浆。

(4)防溢电极:用于检测豆浆沸腾,防止豆浆溢出。它的外径为 5 mm,有效长度为 15 mm,处在杯体上方。为保障防溢电极正常工作,必须及时对其清洗干净,否则会造成接触电阻太大,单片机对溢出信号检测失灵。

(5)温度传感器:用于检测"预热"时杯体内的水温。当水温小于设定温度时,内部继电器触点断开;当水温达到设定温度(一般要求 80 ℃左右)时,内部继电器触点闭合。接通电源,启动打浆电动机开始打浆。

图 11-1　家用智能豆浆机机械结构组成

(6)防干烧电极:该电极并非独立部件,而是利用温度传感器的不锈钢外壳兼作。外壳外径为 6 mm,有效长度为 89 mm,长度比防溢电极长很多,插入杯体底部。杯体水位正常时,防干烧电极下端应当被浸泡在水中。当杯体中水位偏低或无水,或机头被提起,并使防干烧电极下端离开水面时,控制器通过防干烧电极检测到这种状态后,为保安全,将禁止豆浆机工作。

(7)刀片:外形类似船舶螺旋桨,用高硬度不锈钢材质制成,用于粉碎豆粒。

(8)网罩:用于盛豆子,过滤豆浆。图 11-1 为了能够看清其他部件,图中未将网罩的网孔画出来,而且将网罩与机头下盖画成分开的,实际工作时,网罩通过扣合斜楞而与机头下盖是扣合在一起的。

11.2　家用智能豆浆机的控制系统

该家用智能豆浆机控制系统整体框图如图 11-2 所示。其中控制器为一片 8 位的单片机。单片机接收的输入信号包括温度传感器、防干烧电极、防溢电极、按键电路,输出信号用于控制工作状态显示、打浆电动机、加热器及蜂鸣器等。单片机在内部程序的作用下,可以实时检测输入端信号的变化,在设定程序的控制下,控制输出端的电平信号,从而控制工作状态显示、打浆电动机、加热器及蜂鸣器做相应的动作。最终实现豆浆的研磨、蒸煮、报警等功能的自动化。该控制系统是一套典型的单片机应用系统,其中作为控制器的单片机在该系统

图 11-2　家用智能豆浆机控制系统整体框图

中处于核心地位,相当于整个控制系统的大脑。系统中,各部分器件在单片机预设程序的统一指挥下,有序工作。

项目实施

【技能训练 11.1】　家用智能豆浆机硬件系统设计

系统的整体硬件电路如图 11-3 所示。家用智能豆浆机控制系统以单片机 STC89C52RC 为核心控制器,包括系统电源电路,晶振电路,复位电路,按键及传感器检测电路,加热、打浆、报警及指示电路等。

图 11-3　系统的整体硬件电路

1. 电源电路

单片机工作电源为低电压直流电源。普通家用豆浆机大多从市电获取电源,而我国工频交流电电压为 220 V,频率为 50 Hz。220 V 的交流电源不能直接接在单片机的电源端 V_{CC}

端口。大部分的单片机的工作电源是 3.3 V 或 5 V。3.3 V 的单片机工作电压范围为 2.5~3.6 V,5 V 的单片机工作电压范围为 2.0~5.5 V,不同的单片机具体要求又有所不同,对不同的单片机选择工作电源时,应参照该型单片机的数据手册。

这里所涉及单片机 STC89C52RC 的工作电源为 5 V,其工作电源电路如图 11-4 所示。电源电路由电源变压器、桥式整流器件、滤波电容、78 系列固定三端稳压块 7805 等组成。

图 11-4　工作电源电路

电源电路中保护熔断器 F1 的熔断值为 5 A,对配合 800 W 的电热管比较合适。如使用快速熔断器,可以将熔断值降为 4 A,这样对电热管的保护更为有效。

2. 晶振电路

单片机是一种时序电路,必须有脉冲信号才能工作。在它的内部有一个时钟产生电路,有两种振荡方式,常用内部振荡方式,只要接上两个电容和一个晶振即可,如图 11-5 所示。

晶振电路是单片机工作的主时钟电路。单片机所有的工作都是在由晶振产生的节拍的控制下工作的。晶振就是单片机的心脏,用它的上下变化产生的时钟来触发单片机操作。

晶振的作用是选频,其实它就是起频率选通的作用。晶振生产出来后就具有一个固定的谐振频率,它的工作原理是利用谐振去选择频率的;电路工作时会有很多不同频率的分量,当晶振接于电路时,与晶振发生谐振的频率分量将被选通,从而再进一步放大,形成一个闭环工作。

3. 复位电路

复位就是让单片机从程序的最初开始重新运行,就像计算机的重启一样。单片机执行程序时总是从地址 0000H 开始的,所以在进入系统时必须对 CPU 进行复位,又称初始化;另外,由于程序运行中的错误或操作失误使系统处于死锁状态时,为了摆脱这种状态,也需要进行复位,就像计算机死机了要重新启动一样。

智能豆浆机控制系统所采用的复位电路如图 11-6 所示。它由电解电容和电阻串联组成,

图 11-5　晶振电路　　　　　　　　　　　　图 11-6　复位电路

在系统加电时,加在单片机复位端 RST 一段高电平信号,完成复位操作后,RST 端电平信号变低。有了复位电路,就保证了每次开机时,系统都是从固定的初始状态开始运行的。

4. 按键及传感器检测电路

智能豆浆机,包括 1 个按键,3 个传感器。

S1 是一只轻触按钮,与单片机 P3.3 引脚相连。在烧煮豆浆程序中,当按下 S1,则单片机检测豆浆机符合工作条件,启动豆浆机工作程序。

SK1 和 SK2 分别是水位检测传感器。为了减少制造成本,许多厂家采用探针来代替这两个传感器。使用中,将金属杯接控制电路的公共点"地",探针分别通过传输线与单片机 P3.5 引脚和 P3.2 引脚连接。

TK 是一只双金属片传感器。TK 在 80 ℃温度下时,内部呈现断开形式;在 80 ℃以上温度时,内部呈现接通形式。

按键及传感器检测电路如图 11-7 所示。S1、SK1、SK2、TK 的公共端接地,另一端分别送单片机的输入、输出口。系统中采用单片机的 P3.2、P3.3、P3.4、P3.5 四个引脚,内部带上拉电阻。这样,当外部无输入信号时,各端口为高电平;但某一传感器检测到信号变化,如 TK 闭合时,则 P3.4 引脚变为低电平。单片机根据各输入口电平的变化,可以判断出外部信号的变化。

图 11-7　按键及传感器检测电路

5. 加热、打浆、报警及指示电路

该家用智能豆浆机,通过 U 形发热管对豆浆进行加热;通过小型单相异步电动机打浆;通过蜂鸣器进行豆浆加工完成的报警工作;通过发光二极管进行工作电源指示。

U 形发热管的功率为 800 W,也有一些豆浆机中用的是 600 W 的发热管。打浆电动机为异步交流电动机。该种电动机力矩大、转速高,特别适合豆浆机中使用,其功率为 60~120 W。BL 为一只外径为 12 mm 的蜂鸣器,直流电阻为 32 Ω 左右。

加热、搅拌、报警及指示电路如图 11-8 所示。其中 K1、K2 为普通的 12 V 小继电器,其触点最大电流为 2 A,型号为 4123/12 V。VD2 和 VD3 是两只整流二极管,在电路中起整流作用,以提高 K1、K2 的复位速度,减小触点间的接触火花,保护继电器触点。

K1、K2 通过三极管接到单片机的 P3.7、P1.2 引脚,三极管起到提高驱动电流的作用(普通单片机 I/O 口的驱动能力较小,只有几或十几毫安)。当 P3.7 引脚在单片机内部程序的控制下,输出为低电平时,三极管 VT1 基极为低电平,则 VT1 截止,继电器 K1 线圈不得电,则

加热器不工作;当 P3.7 引脚在单片机内部程序的控制下,输出为高电平时,三极管 VT1 基极为高电平,则 VT1 导通,继电器 K1 线圈得电,则加热器工作。P1.2 引脚控制的打浆电动机、P1.3 引脚控制的蜂鸣器的工作原理,和加热器的控制工作原理一致。当 P1.2 引脚输出低电平时,则打浆电动机停止;当 P1.2 引脚输出高电平时,则打浆电动机转动。当 P1.3 引脚输出低电平时,则蜂鸣器停止;若 P1.3 引脚输出高电平时,则蜂鸣器工作。可见,可以通过软件控制单片机输入/输出口的电平状态,配合合适的驱动电路,可以控制外围设备的工作状态。

VD1 为发光二极管,用于指示单片机处于工作状态。若单片机的 P1.4 引脚输出高电平,则发光二极管 VDI 处于截止状态,不发光;若单片机通过软件,设定 P1.4 引脚输出低电平,则发光二极管 VD1 处于导通状态,正常发光,表示单片机处于工作状态。

图 11-8 加热、打浆、报警及指示电路

【技能训练 11.2】 家用智能豆浆机软件系统设计

1. 家用智能豆浆机工作过程

这里所涉及的家用智能豆浆机各部分在单片机的统一控制下,有序工作,最终完成豆浆的加工流程。具体的工作过程如下:

单片机完成初始化后即开始运行程序。程序的第一步是通过单片机中的 CPU(中央处理器)将 P1.4 引脚变成低电位,使绿色发光二极管 VD1 发光显示,以示电源电路正常,单片机也已开始工作。

第二步为水位检查程序。单片机进入工作状态后 CPU 将以访问 P3.5 引脚电位的形式来判断、检查豆浆机中是否有水,以及检查水位是否符合要求。如果 P3.5 引脚为高电位,说明水位不符合要求,单片机就令 P1.3 引脚输出提示信号,通过 VT3 放大后推动,使蜂鸣器发出"嘀、嘀、嘀"的急促响声,同时 CPU 令 P1.4 引脚输出间断的电信号,使 VD1 闪烁发光显示。如 P3.5 引脚为低电位,则说明水位的高度符合要求,单片机即进入下一

工作程序。

第三步为水加热程序。当水位符合要求后,CPU 就令 P3.7 引脚由低电位变成高电位,使 VT1 导通,驱动继电器 K1 动作,通过触点作用将电热管与 220 V 电源接通,于是电热管对冷水开始加热,直至将水加热到 80 ℃左右。这种加热又称预加热,主要是为了防止在以后粉碎黄豆等物时,避免产生大量的泡沫。在烧煮豆浆时就不会因泡沫过多而造成频繁的溢出,造成加热频繁的被迫停止,延长了豆浆的加工时间。所以,预加热在智能豆浆机中是很有必要的。当冷水被加热到 80 ℃左右时,温度传感器 TK 的内部触点就闭合,通过 P3.4 引脚给单片机输入一个控制信号。当 CPU 接收到来自 P3.4 引脚的"停止加热"控制信号后,即令 P3.7 引脚为低电位,使 VT1 截止→K1 释放→电热管失电而停止加热,直至水加热程序结束。

第四步为粉碎程序。当水温加热到 80 ℃左右后,单片机进入粉碎程序。在粉碎过程中,CPU 令 P1.2 引脚输出高电位,使 VT2 导通,驱动继电器 K2 吸合,再接通粉碎电动机的工作电源,使粉碎电动机高速旋转,带动刀片高速切削,实施对粉碎物的粉碎。为了减少电动机的发热量,粉碎电动机每粉碎 15 s,就休息 5 s,然后再开始第二轮粉碎。在粉碎过程中,如果出现溢出现象,CPU 即令 P1.2 引脚停止高电位输出而变成低电位输出,于是 VT2 截止→K2 复位→电动机失电停转→粉碎停止。待溢出现象消失,粉碎工作再次进行。粉碎电动机以每粉碎 15 s,休息 5 s 为一轮,这种工作过程共循环 5 次,然后停止粉碎程序。

第五步为煮豆浆程序。当粉碎程序结束,接下来就进入烧煮豆浆阶段。虽然黄豆是在 80 ℃左右水温下进行粉碎的,但是还会产生较多的泡沫。所以,该阶段表现的是加热与溢出的一对矛盾。为了使豆浆机适应更多种类植物的加工需要,该程序中采用了一次加热如溢出一次为一次循环,并对循环次数进行累计计算,或是计算总的加热时间(包括溢出时间在内)的两种计算方式并用,即在"加热→溢出→停止加热"共循环 10 次或是煮豆浆到达 2 min 的两种计算方式中,只要一种先被确认,就告"烧煮豆浆程序"结束。这种智能控制设计,可以保证得到满意的豆浆加工效果。煮豆浆过程为:P3.7 引脚高电位→VT1 导通→K1 吸合→开始煮豆浆;如果出现溢现象时,就将豆浆的防溢出电极与溢出触点相通路,将 P3.2 的高电位拉低为低电位,CPU 即令 P3.7 引脚为低电位→VT1 截止→K1 释放→电热管失电→煮豆浆停止。当 P3.2 引脚的电平信号由低电位变为高电位时,表示溢出现象消失,则 CPU 令 P3.7 引脚为高电位,电热管又一次得电开始加热。

第六步为报警程序。一旦豆浆煮好,CPU 令 P1.3 引脚输出缓慢的 1 000 Hz 音频信号,径 VT3 通过蜂鸣器 BL 发出"嘀、嘀、嘀"的响声;同时,P1.4 引脚输出间断的电信号,使 VD1 也随着"嘀、嘀、嘀"节奏而闪光。

至此,智能豆浆机的整个工作过程结束。

2. 家用智能豆浆机软件流程图

为了更直观地表示家用智能豆浆机的工作过程,可将单片机的工作程序用流程图进行表示,如图 11-9 所示。

图 11-9　家用智能豆浆机工作程序流程图

项目 **⑫** 　多功能电子时钟的设计与实现

1. 了解单片机应用系统的组成及开发过程。
2. 熟悉 STC 单片机的结构及内部资源。
3. 掌握多功能电子时钟中相关器件的使用。
4. 掌握单片机项目的分析方法。

项目描述

　　电子时钟被广泛应用于家庭、公共场所及工业测控中,是生活中的必需品。本项目将设计一个多功能电子时钟,能够准确显示时间、温度,并通过按键切换显示内容;自行检测环境光线,能够自动调节显示亮度。一段时间无操作时,自动进入掉电模式,关闭显示。

　　通过这个项目的设计学习,掌握 DS18B20 温度传感器、DS1302 时钟芯片、74HC595 驱动芯片、数码管、光敏电阻、按键等外围器件的工作原理及使用方法,提高单片机应用编程能力。

知识链接

12.1　多功能电子时钟的主控电路

　　主控电路采用 STC15F2K60S2 芯片,这款单片机芯片具有丰富的内部资源。时间采集部分使用专门的时钟芯片 DS1302。采用 DS18B20 作为温度采集元件。另外,接一个光敏电阻来检测环境光线,外接红外线一体化接收头来接收红外线。

12.2　多功能电子时钟的显示部分

　　显示部分用 4 个数码管显示时间,第 3 个数码管倒置后的小数点位与第 2 个数码管的小数点正好构成一个冒号作为分隔,冒号以前显示时,冒号以后显示分。

项目实施

【技能训练 12.1】　多功能电子时钟硬件系统设计

　　本设计中需要检测的物理量有温度、光线、时间、红外线 4 种。对应传感器的外围电路比较简单,不过用光敏电阻检测光线时需要用到单片机的内部模/数转换功能,而这个功能并不是所有的I/O口都具备的。重点是各传感器接口与单片机功能引脚相匹配,各个传感器在电路板上位置的选取等。

1. 主控电路

图12-1中采用STC12C5608AD主控芯片。从右上角逆时针依次是:按键电路,DS18B20温度采集电路,DS1302时间采集电路,单片机晶振电路,复位电路,显示接口,电源接口。

图12-1 主控电路原理图

2. 按键电路

图12-2为5路按键电路。其中10 kΩ电阻用来保护单片机I/O口,在没有按键按下的时候,I/O口与VCC相接,为高电平;按键按下后,I/O短接到地,为低电平。系统加电后,判断I/O口状态,若I/O口被拉低,则说明有按键按下,读取端口值,从而判断是哪个按键按下。按键从上到下为S1~S5。S1负责掉电唤醒和进入调节时间模式;S2作为"+"按键;S3作为"−"按键;S4作为时间/光线强度之间的切换;S5第一次按下显示当前环境温度,第二次按下显示年份,月日,再按一次返回时间显示。

图12-2 按键电路原理图

3. 时钟电路

现在常用的时钟电路很多,但主要集中在串行时钟芯片上,如DS1302、DS1307、PCF8485等。这些电路的接口简单、价格低廉、使用方便,被广泛地采用。该系统时钟电路应用的是

DS1302 芯片,封装电路如图 12-3 所示。因为 DS1302 是一款低功耗时钟芯片,可对年、月、日、时、分、秒进行精确计时,具有自动进行闰年补偿功能,并且这款芯片的外围电路简单,使用方便,工作电压范围宽(2.5~5.5 V),芯片自身具备为备用电源进行充电的功能,可大幅提高备用电池的使用时间,使系统更稳定。

图 12-3　DS1302 封装电路

　　单片机与时钟芯片之间采用 3 线串行通信,复位/通信允许引脚接到单片机 P2.5 引脚。RST=1,允许;RST=0,禁止。通信输入 SCLK 接到单片机 P3.5 引脚,数据输入/输出 I/O 引脚接到单片机 P3.4 引脚。X1、X2 是晶振接口,此处需要接一个 32.768 kHz 的晶振。V_{CC2} 与单片机共电源,V_{CC1} 为备用电源,外接可充电纽扣电池。

　　DS1302 的控制字如图 12-4 所示。控制字的最高有效位(位 7)必须是逻辑 1,如果它为 0,则不能把数据写入 DS1302 中;如果位 6 为 0,则表示存取日历时钟数据,为 1 表示存取 RAM 数据;位 5 至位 1 指示操作单元的地址;最低有效位(位 0)如为 0 表示要进行写操作,为 1 表示进行读操作,控制字节总是从最低位开始输出的。

7	6	5	4	3	2	1	0
1	RAM/$\overline{CK}$	A4	A3	A2	A1	A0	RD/$\overline{WR}$

图 12-4　DS1302 的控制字

　　DS1302 有 12 个寄存器,其中有 7 个寄存器与日历、时钟相关,存放的数据位为 BCD 码形式,其日历、时钟寄存器及其控制字如图 12-5 所示。

读	写	位7	位6	位5	位4	位3	位2	位1	位0	范围
81h	80h	CH		10s			秒			00~59
83h	82h			10min			分			00~59
85h	84h	12/$\overline{24}$	0	10 $\overline{AM/PM}$	h		时			1~12/0~23
87h	86h	0	0	10日			日			1~31
89h	88h	0	0	0	10月		月			1~12
8Bh	8Ah	0	0	0	0	0		日		1~7
8Dh	8Ch	10 年				年				00~59
8Fh	8Eh	WP	0	0	0	0	0	0	0	—
91h	90h	TCS	TCS	TCS	TCS	DS	DS	DS	RS	—

图 12-5　DS1302 日历、时钟寄存器及其控制字

图 12-5 中寄存器 1 的最高位 CH 是一个时钟停止标志位。可以通过这一位判断时钟在单片机系统掉电后是否持续运行。如果时钟电路有备用电源部分,加电后,先检测一下这一位,如果这一位是 0,说明时钟在系统掉电后,存在备用电源的供给,时钟持续正常运行;如果这一位是 1,说明时钟在系统掉电后,时钟部分不工作。如果 V_{CC1} 悬空或者是电池没电,当系统重新加电时,读取这一位,这一位的值就是 1,也就是说可以通过判断这一位的值分析时钟在单片机系统掉电后是否持续运行。其余 7 位的高 3 位是秒的十位,低 4 位是秒的个位,这里注意实际应用时,DS1302 内部是 BCD 码,而秒的十位最大是 5,所以需要 3 个二进制位。

寄存器 2 的最高位 bit7 没意义,余下的 7 位中高 3 位是分的十位,低 4 位是分的个位。

寄存器 3 的最高位 bit7 是 1,则代表 12 h 制;是 0,则代表是 24 h 制。bit6 固定是 0。bit5 在 12 h 制下 0 代表的是上午,1 代表的是下午;在 24 h 制下和 bit4 一起代表了时的十位,低 4 位代表的是时的个位。

寄存器 4 的高 2 位固定是 0,bit5 和 bit4 是日的十位,低 4 位是日的个位。

寄存器 5 的高 3 位固定是 0,bit4 是月的十位,低 4 位是月的个位。

寄存器 6 的高 5 位固定是 0,低 3 位代表了星期。

寄存器 7 的高 4 位代表了年的十位,低 4 位代表了年的个位。这里特别注意,这里的 00 到 99 年指的是 2000 年到 2099 年。

寄存器 8 的最高位 bit7 是一个保护位,是 1,禁止给任何其他的寄存器或者内部 31B 的 RAM 写数据。所以,在写数据之前,这一位必须先写成 0。

DS18B20 是一种数字温度传感器,采用单总线方式与 MCU 进行通信。其 1、3 引脚为电源端口,与系统主电源连接。数据端口 DQ 与单片机 P1.7 引脚连接。DS18B20 需要严格按照时序协议运行,确保数据采集准确。其中通信信号有:复位信号、存在信号、写 1、写 0、读 1、读 0。单片机与 DS18B20 通信前要进行初始化。温度转换完成后,测量结果以二进制补码形式放在片内暂存器中,低字节放在 LSB 暂存器中,高字节放在 MSB 暂存器中。

4. 数码管显示电路

本项目显示电路采用 4 个独立的七段数码管作为显示器件来实现数字显示,具有亮度高、显示稳定、成本低的优点,驱动电路如图 12-6 所示。七段数码管是由 8 个独立的 LED 共阴极连接后封装而成的,其中一个为小数点,显示特定数字时,则将对应的 LED 点亮即可。当加在数码管两端的电压超过 2.5 V,电流达到 2 mA 以上,就可发光。图 12-6 中电阻阻值为 330 Ω,起到分压限流的作用。每个数码管由一个 74HC595 驱动,4 个 74HC595 之间采用级联方式连接,另外,每个芯片旁边要加电容滤波。

5. 电源电路

本项目中 DS1302 芯片需要一块备用电源(8 引脚 V_{CC1}),来保证在主电源断电的情况下,仍能保持精确计时,如果主电源(8 引脚 V_{CC1})处增加一个 10 μF 的电容,可以运行 1 min,在断电更换电池时时间不停顿。

图 12-6　数码管显示电路原理图

【技能训练12.2】 多功能电子时钟软件系统设计

(1)显示程序:本设计中使用4个独立的74HC595级联驱动数码管。数据传输函数一次写入4B数据,再统一输出显示。为消除数据传输中的残影,在进入函数时首先将使能端OE置1,关闭数码管显示,当4B的数据传输完毕,再把OE端拉低显示。

(2)按键程序:按键程序分为3段,即按键扫描判断,判断标志位,键值散转。

具体处理过程为对5个按键进行轮流扫描,如果有按键按下,将对应标志位置1;然后根据标志位进行键值处理;最后根据键值执行相应的程序。

(3)DS18B20程序设计:DS18B20转换温度需经过初始化、ROM操作命令、存储器操作命令、数据处理等操作。程序应严格按照数据手册提供的时序进行设计。设计中在进入DS18B20温度采集程序时屏蔽中断,完成采集后再开启中断,以避免中断对DS18B20数据采集产生的影响。

(4)光线采集程序设计:此部分是对单片机内部A/D转换的设计,需注意相关SFR寄存器的设置。

附录 A STC 单片机选型说明

一、STC89C52RC/STC89C58RD 单片机的特点

(1)STC 系列单片机加密性强,难以解密,抗干扰能力强。具有以下优势:

①高抗静电[ESD(静电释放保护)]。

②经过 2 kV/4 kV 电快速脉冲群干扰测试(EFT 测试)。

③宽电压,不怕电源抖动

④宽温度范围,−40~+85 ℃

⑤I/O 口经过特殊处理。

⑥单片机内部的电源供电系统经过特殊处理。

⑦单片机内部的时钟电路经过特殊处理。

⑧单片机内部的复位电路经过特殊处理。

⑨单片机内部的看门狗电路经过特殊处理。

(2)降低单片机时钟对外部电磁辐射的三大措施:

①禁止 ALE 输出。

②6 时钟/机器周期和 12 时钟/机器周期可以任意选择,如选 6 时钟/机器周期,可将外部时钟频率降低一半运行。

③单片机时钟振荡器增益可设为(1/2)Gain。

(3)超低功耗:

①掉电模式:典型电流损耗<0.1 μA。

②空闲模式:典型电流损耗 2 mA。

③正常工作模式:典型电流损耗 4~7 mA。

④掉电模式可由外部中断唤醒,适用于电池供电系统,如水表、气表、便携设备等。

(4)在系统可编程,无须编程器,可远程升级。

内部集成专用复位电路,原复位电路保留,也可以不用。若不用时,可将 RESET 引脚直接短接到地。

二、STC12C2052/STC12C4052 主要性能

(1)高速:1 个时钟/机器周期,RISC 型 CPU 内核,速度比普通 8051 快 12 倍。

(2)宽电压:3.4~5.5 V,2.0~3.8 V(STC12LE2052AD 系列)。

(3)低功耗设计:空闲模式、掉电模式(可由外部中断唤醒)。

(4)工作频率:0~35 MHz,相当于普通 8051 的 0~420 MHz。

(5)时钟:外部晶振或内部 RC 振荡器可选。

(6)512 B/1 KB/2 KB/3 KB/4 KB/5 KB 片内 Flash 程序存储器,擦写次数在 10 万次以上。

(7)256B 片内 RAM 数据存储器。

(8)芯片内 E^2PROM 功能。

(9)ISP/IAP,在系统可编程。

(10)2 个模拟比较器。

(11)8 通道高精度 8 位 ADC。

(12)2 通道捕获/比较单元(CCU/PCA/PWM),提供 PWM 功能。

(13)2 个 16 位定时器。

(14)硬件看门狗(WDT)。

(15)高速 SPI 通信端口。

(16)增强型 UART。

(17)先进的 RISC 结构,兼容普通 8051 指令集 111 条功能强大的指令。

三、STC 单片机选型表

STC 单片机选型表见表 A-1。

表 A-1　STC 单片机选型表

型号	工作电压/V	Flash 程序存储器/KB	SRAM/B	定时器	UART 异步串口
STC12C1052	3.5~5.5	1	256	4	有
STC12C1052AD	3.5~5.5	1	256	4	有
STC12C2052	3.5~5.5	2	256	4	有
STC12C2052AD	3.5~5.5	2	256	4	有
STC12C4052	3.5~5.5	4	256	4	有
STC12C4052AD	3.5~5.5	4	256	4	有
STC12C5052	3.5~5.5	5	256	4	有
STC12C5052AD	3.5~5.5	5	256	4	有
STC12LE1052	2.2~3.8	1	256	4	有
STC12LE1052AD	2.2~3.8	1	256	4	有
STC12LE2052	2.2~3.8	2	256	4	有
STC12LE2052AD	2.2~3.8	2	256	4	有
STC12LE4052	2.2~3.8	4	256	4	有
STC12LE4052AD	2.2~3.8	4	256	4	有
STC12LE5052	2.2~3.8	5	256	4	有
STC12LE5052AD	2.2~3.8	5	256	4	有
STC12C5402	3.5~5.5	2	512	6	有
STC12C5402AD	3.5~5.5	2	512	6	有
STC12C5404	3.5~5.5	4	512	6	有
STC12C5404AD	3.5~5.5	4	512	6	有
STC12C5406	3.5~5.5	6	512	6	有

续表

型号	工作电压/V	Flash 程序存储器/KB	SRAM/B	定时器	UART 异步串口
STC12C5406AD	3.5~5.5	6	512	6	有
STC12C5408	3.5~5.5	8	512	6	有
STC12C5408AD	3.5~5.5	8	512	6	有
STC12C5410	3.5~5.5	10	512	6	有
STC12C5410AD	3.5~5.5	10	512	6	有
STC12C5412	3.5~5.5	12	512	6	有
STC12C5412AD	3.5~5.5	12	512	6	有
STC12LE5402	2.2~3.8	2	512	6	有
STC12LE5402AD	2.2~3.8	2	512	6	有
STC12LE5404	2.2~3.8	4	512	6	有
STC12LE5404AD	2.2~3.8	4	512	6	有
STC12LE5406	2.2~3.8	6	512	6	有
STC12LE5406AD	2.2~3.8	6	512	6	有
STC12LE5408	2.2~3.8	8	512	6	有
STC12LE5408AD	2.2~3.8	8	512	6	有
STC12LE5410	2.2~3.8	10	512	6	有
STC12LE5410AD	2.2~3.8	10	512	6	有
STC12LE5412	2.2~3.8	12	512	6	有
STC12LE5412AD	2.2~3.8	12	512	6	有
STC89C51RC	4.0~5.5	4	512	3	有
STC89C52RC	4.0~5.5	8	512	3	有
STC89C53RC	4.0~5.5	13	512	3	有
STC89C54RD+	4.0~5.5	16	1 280	3	有
STC89C58RD+	4.0~5.5	32	1 280	3	有
STC89C516RD+	4.0~5.5	61	1 280	3	有
STC89LE51RC	2.2~3.8	4	512	3	有
STC89LE52RC	2.2~3.8	8	512	3	有
STC89LE53RC	2.2~3.8	13	512	3	有
STC89LE54RD+	2.2~3.8	16	1 280	3	有
STC89LE58RD+	2.2~3.8	32	1 280	3	有
STC89LE516RD+	2.2~3.8	61	1 280	3	有

附录 B 图形符号对照表

图形符号对照表见表 B-1。

表 B-1 图形符号对照表

序 号	名 称	国家标准的画法	软件中的画法
1	二极管		
2	发光二极管		
3	滑线式变阻器		
4	按钮开关		
5	晶振		
6	电解电容		
7	接地		
8	变压器		
9	蓄电池		